Truth In Fantasy 88
酒の伝説

朱鷺田 祐介　著

新紀元社

もくじ

序章 ………………………………… 007
酒杯の中に世界の神話伝承と歴史を見る ‥ 008

1章 酒 概論

酒の語源 ……………………………… 014
酒の定義 ……………………………… 015
製造法による分類 …………………… 016
酒の分類方法 ………………………… 019
スターターによる分類 ……………… 021
蒸留、砂糖革命と氷革命、低温殺菌 … 022
濁酒と清酒 …………………………… 023
新酒と熟成酒 ………………………… 024
人類と酒の関係 ……………………… 025

2章 伝説の古代酒

神々の糧、蜂蜜酒（ミード） ……… 030
口噛みの酒 …………………………… 043
ソーマと神々の酒 …………………… 053
ヤシ酒 ………………………………… 063
馬乳酒 ………………………………… 068

3章 さけ

縄文時代の月の酒 …………………… 072
麹による米醸造酒 …………………… 073
白酒 …………………………………… 076
八塩折之酒
スサノオのヤマタノオロチ退治 …… 080
酒に酔う古代の国津神 ……………… 082
日本の酒神 …………………………… 086
日本酒の発達と分化 ………………… 095
酒塚 …………………………………… 102
酒宴の暗殺者、ヤマトタケル ……… 104
酒呑童子〜酒に負けた平安の鬼 …… 105
日本酒の古酒 ………………………… 107

4章 ワイン

- 酒の王者 112
- ワインの誕生 115
- メソポタミア文明とワイン 119
- エジプトのワイン 124
- ディオニュソス 127
- バッカス 148
- キリスト教とワイン 151
- ワインの守護聖人 160
- ワインと世界史 167
- 大航海時代で変化するワイン 178
- シェリー（ヘレス） 179

5章 ビール

- ビールの歴史 184
- 古代エジプトを支えたビール 192
- ビールの神様ガンブリヌス 194
- エーギルの大鍋 195
- 近代ビールへの進化 200
- ピルスナーの世紀 202
- ビールの守護聖人 204

6章 スピリッツ

- 錬金術の生んだ蒸留酒 208
- アラックあるいは、獅子の乳 210
- ウィスキー 212
- スコッチ・ウィスキー 220
- アイリッシュ・ウィスキー 227
- バーボンとアメリカン・ウィスキー 228
- 日本のウィスキーの誕生 234
- ブランデー 237
- ジン 242
- ウォッカ 248
- ラム 255
- テキーラ 260
- 泡盛と焼酎 263

7章 リキュール

- リキュールの定義 270
- リキュールの分類 271
- リキュールの造り方 272
- 薬用酒としてのリキュール 274
- ハーブ・リキュール 277
- アブサン　緑の魔酒 283
- そのほかのリキュール 286
- 医食同源を求め、薬酒を飲む 289

8章 カクテル

- 無限の可能性を持つカクテルの世界 .. 292
- カクテルの語源 294
- バーとバーテンダー 296
- カクテル作成の技術 299
- カクテルにまつわる伝説 301
- 日本を代表するカクテル、酎ハイ ... 308
- SFに登場する幻のカクテル 310

9章 中国と朝鮮半島の酒

- 中国の酒の伝説 312
- 曲 314
- 酒の発明に関する伝説 316
- 酒の作法と伝説 321
- 中国の酒にまつわる逸話 322
- 朝鮮半島の伝統酒 329
- 酒道　韓国風の酒のマナー 332

- あとがき 336
- 地図 339
- 参考文献 342
- 索引 349

酒杯の中に世界の神話伝承と歴史を見る

　神話の本を読みながら、しばし酒杯を傾けると、意外にもしっくりくる。そして、読んでいる物語の中にも、ずいぶんとお酒が出てくる。
　八岐大蛇や酒呑童子、熊襲猛は酒に酔わされて敗北する。イエス・キリストは自らの血をワインに例える。三国志の猛将、関羽は温めた酒の冷えぬ前に、敵将を打ち破り、戻ってくる。北欧の雷神トールはエールを造るために、巨人に大釜を借りに行く。
　有名なシーンばかりだ。
　そこで、ふと考えてみる。
　「この神々や英雄が飲んだ酒はいかなるものであろうか？」
　それがこの本の始まりである。

酒とは？

　酒とはすなわち、アルコール発酵をした飲料を指す。ただし、古代においては、現代における嗜好品という位置よりも、食品としての位置があったので、アルコール飲料およびそれに準じる食品を含める。
　酒は大きく分けて、醸造酒、蒸留酒、混成酒の3つに分類される。材料、製造の技法、飲み方、サーブする環境（サーブとは、酒食の提示のしかた）によりさらにいくつかに分かれ、世界中の全ての酒の種類を把握することはほぼ不可能である。例えば、スペインのヘレスにしかないシェリーだけでも醸造所が60ヵ所あり、それが複数の種類を出荷しているのだから、シェリー酒だけで25の製法と1000種類のブランドがあるといわれている。そのため、ここで紹介するのはほんの一部であるとご理解いた

だきたい。

　酒はまず、醸造酒として誕生した。果実、蜂蜜、穀物（粥）などを素材にアルコール発酵をしたもので、ワインやビール、日本酒などである。日本の清酒は火入れ加工など高度に進化した醸造酒の究極型のひとつだ。もっとも古い醸造酒は、蜂蜜酒（ミード）であるといわれているが、ビールやワインもシュメールやエジプトで飲まれていたほど非常に歴史が古いし、穀物による口噛み酒は、さらに麦芽発酵酒より古く、各地に伝わっている。

　酒は常に文明と一緒に歩んできた。

　世界各地の古代文明ではかならず、醸造酒に関する神話や伝承が残されている。ワインやビールはメソポタミアで確立し、エジプト経由で地中海世界に広がっていった。

　次に、醸造酒を蒸留し、アルコール度数を高めた蒸留酒が中世アラビアで誕生する。これは錬金術の副産物であるが、モンゴルの大征服と十字軍遠征の過程で、蒸留器が世界中に広まっていき、アラビアのアラック酒から始まり、日本の焼酎や泡盛、中国の白酒、あるいは、ヨーロッパのブランデー、ウィスキー、ウォッカ、ジンなど名だたる銘酒が誕生した。

　やがて、これらの酒に何かを混ぜてさらに味や効用を追求した混成酒という発想が生まれる。本来は薬用であったが、媚薬や強精剤、ひいては不老長寿が目的にもなった。メディチ家からフランスに興入れしたカトリーヌ・ド・メディシスは、媚薬としてリキュールを持ち込んだという。さらに近代にはカクテルという技術が発達する。

酒が人を作り、人が酒を造る

　さて、最初にいくつかお断りを。
　まず、酒の功罪について。

これは、いくつもの議論がある。百薬の長という人もあれば、百害の長とする人もいる。飲酒そのものを禁止する国もあれば、酒税収入に頼る国もある。それはその地域文化ごとの特色であり、なぜ、その文化圏がそういう結論に達したかも本書では少々触れる予定である。啓典宗派であるキリスト教がワインを重視する一方、禁酒法を出してしまう。同じく啓典宗派であるイスラム教が飲酒を禁じる。逆に、日本では宴会というと羽目を外して騒ぐのがよいようにもいわれるが、これは祭りのハレ＝祭祀空間を演出するために、酒を用いてきた歴史的な経緯がある。
　ここには酒文化の土台となる環境的、歴史的な理由がある。オール・オア・ナッシングではなく、総合的に見て、あれもこれも楽しむのが酒との粋な付き合い方かと。
　その上で、筆者としては、酒の飲みすぎはよくないと思う。酒の旨みも分からなくなってしまうし、酔って車を運転するのは他人に迷惑を与え、場合によって命を損なうことにもなるので論外である。
　次に、酒の評価について。
　多くの酒の先達の本、特にグルメ系の本では、どうしても至高の1杯、極上の1本という究極の酒を求める瞬間があるし、ワインや日本酒のように具体的な格付けが存在している場合がある。
　私は割と節操のない上に、総じて酒に弱いただの飲兵衛なので、どの酒が至上の一品だとかはいえない。実際、酒のうまさというのは、飲む状況に左右される。どう飲むか、文化や気候、飲む状況、飲む側の体調などでうまくもまずくもなる、ということだけを述べておきたい。
　分かりやすいのが、ビール系の発泡酒で、気温と湿度が大きく影響する。実際、ビールをうまく飲みたければ、そのビールの生まれた地場に近い環境の、それも蒸した夏の日がよい。よくハワイのビールは、ハワイのプールサイドで飲むのが一番といわれるし、ドイツの黒ビールはやや乾燥した日本の冬場にも似合う。逆に梅雨のムシムシした暑い夕刻には、タイの「シンハービール」がずいぶんと心地よいし、日本流のすっきり発泡

酒やドライ・ビールもうまいものである。

　つまり、酒は、自然、文化の双方の環境との相性が強く、そこで土地に合わせた飲み方をするのが一番おいしいのだ。この本では近代ワインの話はあまりしないが、フランスという歴史と環境、そして人々が、地中海世界の「生命の水」（アクア・ヴィタエ）であったワインが、フランス共和国という独自の美学を持つ国家の文化の中で洗練されて行く過程はひとつの物語である。だから、「フランス人以外がフレンチとワインを語るな」という原理主義者の言葉も分かるし、同時に、フレンチだけでなく、世界中の国の料理や酒を日本で食べられるようにして下さった人々の努力も貴重なものだと思う。このあたりは、もっと専門の方が語ってくれているので、そちらをご参照いただきたい。

　その上で、この本は「酒の伝説」であるので、主に古代世界や神話伝承、宗教儀式、あるいは、物語、歴史上の事件などの中で、酒がどのように飲まれ、どのような味わいとドラマをもたらしたかに注目していく。

　古代エジプトが名産品としたワインの味わいはどんなものだったのか？　ヤマタノオロチが飲んだ樽酒は白酒だったのか？　なぜ、キリストの血としてワインが選ばれたのか？

　そんな過去に夢を馳せつつ、読み、盃を傾けていただければ幸いである。

朱鷺田祐介

※日本では、20歳未満の飲酒は法律で禁止されています。ほかの国家でも同様の飲酒制限、あるいは、飲酒禁止の法令がありますので、それにしたがって下さい。
※酒を飲んでの運転は危険ですので、絶対に止めて下さい。また、法的にも強く罰せられます。
※日本では、法的な許可のない酒の製造および販売は禁止されています。自家用の果実酒（梅酒）など一部混成酒の作成は許容範囲とされていますが、無許可で販売することはできず、あくまで、自家消費に限られます（酒税は製造場所から移動する段階でかかります）。
※また、酒は百薬の長といわれていますが、酒の飲みすぎは健康を害します。遺伝子的に、日本人は比較的酒に弱い民族とされています。ほどほどに楽しいお酒を。

1章 酒 概論

酒の語源

日本語の「さけ（酒）」という言葉の語源には、いくつかの説がある。

まず、「栄えのケ（食物）」であるという説だ。「ケ」は食物や飲み物を指す。例えば、神の食べ物を「神饌（みけ）」と呼ぶ。つまり、繁栄を約束する食べ物であるのだ。この別説として、「栄之水」であったものの「さかえ（SAKAE）」が圧縮されて「さけ（SAKE）」になる。また、酒の「サ」は祝う意味の接頭語であり、酒は「神に祝福されたケ（食物）」の意味とする説もある。

第2に、「咲くケ」である。「咲く」は「割く」にも通じるが、分かれて増えるという意味がある。増殖である。増えるということには、多くの喜ばしい意味合いがあった。酒を造る過程では、発酵によって盛り上がる。サク、サキという言葉は、古代日本語では非常によい意味があることが多く、そこには豊饒の願いが込められているのであろう。

第3に、元々は、「クシ」の転じたものという説で、これは「奇シ」であり、同時に「薬」であり、貴重な薬剤を指したというものである。「酒」が薬であった時代の名残というものだ。

第4に、酒は「避け（さけ）」で、邪気を避けるという呪術的な意味があるともいう。日本の酒の名前は、非常に呪術性が高く、ハレの宴などで飲まれた風習を思わせる。

他方、ヨーロッパでは、酒にあたる言葉は、「生命の水」（アクア・ヴィタエ）、または「ワイン」に近くなる。これは後に語るが、酒が日常的に摂取されていたことを示す。このあたりは、日本とヨーロッパにおける酒の立ち位置による違いであろう。

酒の定義

　酒の古代史を辿っていくと、近代以前の酒が、我々現代人の酒のイメージからかなり違うことが分かってくるが、その話に踏み込む前に、まず、酒を定義しておこう。

　一般に、酒といえば「アルコールを含む飲料」と受け取られる。事実、日本の酒税法では「アルコール度数1%以上の飲料」(または、それの材料となる粉末)を指す。

　酒は、その製造方法により、大きく分けて、醸造酒、蒸留酒、混成酒となり、材料、製造技法、アルコール度数、混入物、製造地域などで無数に分かれる。

　日本の酒税法では第二条において以下のように定義される。

　第二条　この法律において「酒類」とは、アルコール分一度以上の飲料(薄めてアルコール分一度以上の飲料とすることができるもの(アルコール分が九十度以上のアルコールのうち、第七条第一項の規定による酒類の製造免許を受けた者が酒類の原料として当該製造免許を受けた製造場において製造するもの以外のものを除く。)又は溶解してアルコール分一度以上の飲料とすることができる粉末状のものを含む。)をいう。

　第二条2項　　酒類は、発泡性酒類、醸造酒類、蒸留酒類及び混成酒類の四種類に分類する。

製造法による分類

　酒の製造過程にはいくつもの微妙な技術があるが、酒造の基本的な仕組みは簡単である。

　糖分に変化しうるでんぷん質を用意し、麹、またはイーストを投入してでんぷんを糖化するか、最初から糖の多い材料を用意する。そこに酵母菌をつけ、酵母菌がアルコール発酵をできるように適切な温度を維持すればよい。温度は12℃から24℃前後までが望ましいが、これは使用する菌によってかなり異なる。酒になる速度も状況でかなり異なり、例えば、アフリカ南部の地場醸造酒チブクの場合、早ければ、約半日で飲める酒になる（その代わり、蒸留しない限り、1週間で腐敗してしまう）。このため、アフリカの酒はしばしば「セブン・デイズ・ビール」と呼ばれる。

　醸造酒をろ過し、蒸留すれば、蒸留酒として長期保存が可能になる。

　また、一旦、60℃で数分の低温殺菌をすれば、醸造酒も発酵を停止し保存が可能になるが、蒸留酒ほどのタフさはない。この低温殺菌の技法は、18世紀にパスツールが発見した。彼はワイナリーの関係者であったという。日本では、室町時代（14〜16世紀）にはすでに火入れの技法が誕生し、日本酒が長期保存できるようになっていたという。また、灰による清澄の手法も早くから開発されていた。そういう意味で、日本は酒先進国ともいえる。

　アルコールがあれば、これに果実や薬草を漬け込んだり、水や果汁を混合したりするのは必然の結果である。古代ギリシア人は、エジプトから伝わったワインを、水で割って飲んでいたという。

1 醸造酒

　醸造酒は、糖、あるいは、でんぷんからアルコール発酵を行ったもので、日本酒やビール、ワインなどがこれにあたる。醸造酒の歴史は古く、紀元前5400年頃、イラン北部ザクロス山脈にあるハッジ・フィルズ・テペ遺跡から発掘された陶器から、ワインの痕跡が見つかっており、また中国の賈湖(かこ)遺跡から出土した紀元前7000年前の陶片に、米・果実・蜂蜜から造られた酒の痕跡があったとされる。

　果実や蜂蜜が自然発酵した原初「自然発酵酒」においては、おそらく人類以前から存在していただろう。「酒はアダムよりも古い」という言葉もあるが、人類が造ったもっとも古い酒は、おそらく狩猟採集の過程で集めた蜂蜜が自然発酵してできた蜂蜜酒ではないかとされる。

　醸造酒のうち、ビールとワインは特に重要な酒のジャンルであり、地中海世界を中心に、酒を表す言葉にワインやビールと類縁の言葉が多い。アジアでは、米や穀物から造った醸造酒が多い。

　発酵は、蜂蜜や葡萄、果実などの素材に含まれる糖が直接、酵母菌によって発酵する「単発酵」と、麦や米などの穀物、あるいは、芋などのでんぷんを糖に変換し、その糖を発酵させる「複発酵」に分かれる。ワイン、蜂蜜酒などは前者の単発酵醸造酒、日本酒、ビールなどは後者の複発酵醸造酒である。

2 蒸留酒

　蒸留酒は、醸造酒を蒸留して、アルコール度数を高めたもので、焼酎、ブランデー、ウィスキー、ウォッカ、ジンなどがこれにあたる。

　蒸留器（アランビク）は、10世紀以前の発明とされ、3世紀にはメソポタミアの錬金術師に知られていたとも、紀元前、バビロンで香水の精製に使われていたともいわれている。アラビアでは7～8世紀には一般的

となっていたが、十字軍の遠征とモンゴルの世界征服により、ヨーロッパやアジアに広がっていった。

■酒の基本的な製法

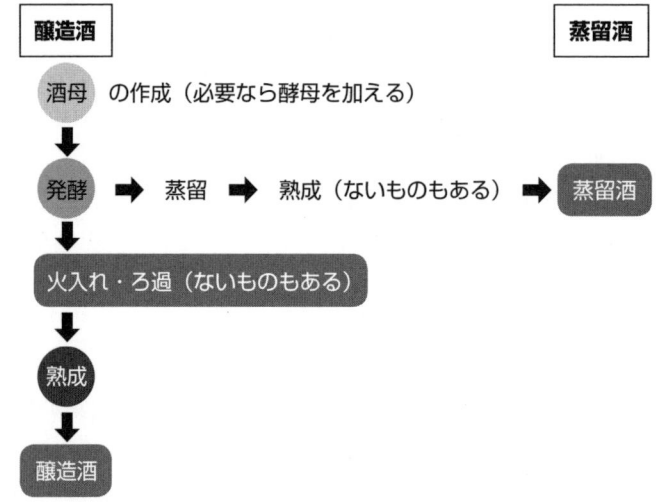

3 混成酒

　混成酒は、酒と何らかの素材を混合したもので、リキュール、果実酒や薬草酒のような漬け込み酒を指す。
　リキュールの歴史は非常に古く、錬金術や漢方医学の歴史そのものに重なる。蒸留酒に何かを漬け込むのであるが、大きく分けて、ハーブ系、果実系、種子系、そのほかに分かれる。

4 酒の混合、混酒

　混成酒はあらかじめ、酒に何かをまぜて調整したものであるが、飲む

直前に酒と何かを混合する習慣は古くからあった。昔のワインやビールは、あまり味がよくなかったので、飲む直前に蜂蜜や果汁を加えて飲んだ。古代ギリシアでは、ワインを水で割って飲み、専用の混酒器が用いられた。

17世紀にインドでパンチが開発され、酒を混ぜて飲む習慣はさらに広がった。カクテルは近代に誕生したもので18世紀といわれるが、19世紀末の製氷機発明とともに激しく進化していった。

なお本書では、ブレンデッド・ウィスキーや酒精強化ワインのように、混合した後、熟成したものはその大分類に従う。例えば、ブレンデッド・ウィスキーは蒸留酒の項目のうち、ウィスキーの項で扱うし、酒精強化ワインはワインの項目で扱う。

そのほか、近年の技術進歩により、上記の分類で分けにくい酒（発泡酒や合成酒など）もできているが、本書の趣旨はあくまでも「酒の伝説」なので、それらは簡単に触れるのにとどめることをお許しいただきたい。

酒の分類方法

酒の分類方法はいくつもある。

1 原材料

蜂蜜、果実、穀物、芋、樹液など、主要な原料を指す。レアなものとしては、テキーラの原料とされるリュウゼツランの樹液、馬乳酒（クミス）の乳などがある。

2 製造方法

すでに述べた醸造酒、蒸留酒、混成酒の分類を基礎に、製作技法、混入物、製造地などで多数に分かれる。

3 度数

アルコールの度数が異なれば、異なる酒である。主に蒸留の回数や発酵の方法で異なる。

4 サーブ方法

実際に、どのように飲むのか？　提供方法である。

例えば現在、ワインはそのまま出されることが多いが、実際にはデキャンタに移して少し開花させるなど、細かい技法がある。また古代史上ではワインを温めたり、海水で割ったりした例もある。

日本酒における「冷や」「お燗」もサーブ方法であるし、ウィスキーなどのスピリッツをショットで飲むか、氷を入れてロックにするか、あるいは、水やソーダ、トニック・ウォーターで割るかという選択肢もある。

ここには、食事との兼ね合いも含まれる。食前酒、食中酒、食後酒、薬用酒、ナイトキャップ、祭祀専用酒など、いつ飲むか、飲む際には何かと食べ合わせるべきか？　それは酒の個性や起源に関わってくる。

いわゆる酒と食事のマリアージュは、料理との相性のよい組み合わせを見つけ、それを面白がるということである。

スターターによる分類

　酒の起源を研究する場合、発酵をどのようにコントロールする技術を得たのか？　という問題が浮かんでくる。自然発酵ではなく、人類が意図的に発酵させ、酒にするという技術はどこから来たのであろうか？

　『東方アジアの酒の起源』を執筆された吉田集而氏は、発酵を開始させる「スターター」に注目している。麹はもっともよく知られたスターターであるが、実際のところ、これはほんの一部にしかすぎない。

1 素材由来菌

　蜂蜜や葡萄のように、素材の糖度が高く、自然発酵酵母を含んでいるものがある。これらは収集し、液状にして蓄積しておくだけで発酵を開始する。

2 唾液

　伝説の古代酒の項目で解説するが、初期の酒の一形態として、「口噛みの酒」があり、唾液ででんぷんを糖に分解し、発酵を開始した。日本の古語では「酒を醸(か)む」というし、多くの酒の神話の中に「神々が唾を吐く」とか、「噛んだものを吐き出す」場面があるのは、おそらくこの「口噛み酒」のことであろう。現在でも、アジアや南米などでは生産されているが、偏見と経済性から減少しつつある。

3 植物酵素

　適切な酵素を確実に手に入れる方法は、それが付きやすい植物を育て、酒の製造時に加えることである。

　この手法の筆頭が「穀芽」で、穀物のモヤシを造り、その芽に宿る酵素を利用してでんぷんを糖化する方法である。典型的な例が麦芽で、ビールを始め、麦由来の酒造りに広く用いられている。

4 菌類（カビ）

　カビの一種も、加えることで酒の発酵を始めるスターターである。

　アジア各地で醸造に使われる「麹」が代表的なものである。麹の造り方や形状により、穀物粒で造る撒麹（ばらこうじ）、穀物粉から造る粉麹（こなこうじ）、穀物団子から造る餅麹（もちこうじ）がある。

　このほかアカザの葉など、ある種の発酵カビが宿りやすい植物体を醸造時に併用するというものがある。

蒸留、砂糖革命と氷革命、低温殺菌

　酒の歴史を語る際、4つの技術的な革命がある。

　まず、第1は蒸留で、醸造した酒を蒸留し、よりアルコール度数の高い酒を造ることができるようになった。蒸留技術を開発したのはオリエントの錬金術師たちで、技術そのものは紀元前から存在したが、本格的に酒の製造に使われるようになったのは、10世紀頃とされる。十字軍前後に、蒸留酒がヨーロッパに入ってきた。

　第2は砂糖の大量生産で、大航海時代の頃にアフリカや中南米でのプランテーションで砂糖が大量生産されるようになり、酒の甘味を簡単に増せるようになった。この砂糖生産の余波で誕生したのが、ラムである。
　第3は、1873年、ドイツの技術者リンデが開発した製氷機に始まる19世紀の氷革命で、製氷機および冷蔵庫の登場により、いつでも冷たい酒を提供できるようになった。これにより、きりりと冷えたビールが飲めるようになり、氷を前提にしたカクテルが発達したのである。現在、ピルスナー・タイプのラガー・ビールが世界的にビールの大勢を占めるにいたったのは、このためである。
　第4は、同じく19世紀に、パスツールが発見した低温殺菌技法で、この結果、ワイン、ビールなど醸造酒の保存期間が格段に長くなった。日本酒の場合、室町時代に、すでに同様の効果を「火入れ」という技術で開発していた。

濁酒と清酒

　醸造された酒には、醸造に用いた穀物や果実が含まれているが、古代の酒は、この醸造材料を含めた粥やスープに近く、飲料ではなく、栄養補給食品に近いものであった。日本の白酒（しろざけ）やドブロク、韓国のマッコリはその典型で、米麹がそのまま含まれており、食べるように飲む。また、インドの下層階級シュードラしか飲めない酒粥「スラー」は、穀物粥を元にアルコール発酵させたままの酒であったという。
　これらは濁った状態であるため、濁酒（だくしゅ）と呼ばれる。
　やがてこれらは、食事から分離され、アルコール飲料としてストローで吸ったり、この濁酒の上澄みだけを汲み上げたりして飲むようになる。

そうなると酒としての純粋さがうまさとして認識されるようになり、醸造原料を漉したり、清澄化したりした清酒が誕生する。現在、一般酒販店にある日本酒のほとんどは、清澄させた清酒である。さらに、最新のろ過技術により、発酵を行う菌さえもろ過することで発酵を止めた「生ビール」が誕生している。

新酒と熟成酒

　酒造技術として、発酵後、酒を長期保存することで、熟成によって味わいを増す技法がある。火入れした醸造酒や蒸留酒を、樽や壺、甕などに詰め、長期間安置することで少しずつ濃度を増し、さらに樽から香り成分を獲得する。通常は低温低湿度の酒蔵に安静状態で熟成させるが、ポート・ワインのように、あえて船底に置き、高温多湿の環境で揺らせて特殊な熟成をさせる例もある。
　基本的に、生物である醸造酒の場合、新酒で飲む酒のおいしさもあり、ビールや日本酒は熟成よりも新鮮さを評価するが、江戸時代には7～9年の熟成酒も飲まれていたし、ヨーロッパでもベルギーやオランダなどで熟成ビールを製造している。
　同じく醸造酒であるワインの場合、経年熟成を常とし、長期熟成されたヴィンテージ物のワインを尊ぶ傾向がある。その一方で、日常の飲用として用いる部分があり、日用のワイン、いわゆる、ヴァン・ド・ターブルの場合、そこまで熟成にこだわらないし、できたてのワインのフレッシュさも評価される。ブームとなったボジョレ・ヌーボー・ワインは、今年できたばかりのフレッシュなワインの味わいを楽しむというものである。

1章 酒 概論

人類と酒の関係

　現在は、嗜好品としての立場が強い酒であるが、古代史における酒の立場は現代とはかなり違っていた。酒は必需品であり、共同体において重要な意味合いを持っていた。その立場は、大きく3つに分かれる。

1 食品としての酒

　まず、日本とそのほかの地域での酒事情の違いを語る上で重要なことは、酒の日常性である。

　日本人にとって、酒は休息や娯楽、あるいは冠婚葬祭といった特別な時間の象徴である。ビジネス中には酒を飲まないのが普通だし、晩酌というように、一日の疲れを取るように飲む。その代わり、宴で飲まないのは野暮のようにいわれる。あくまでも嗜好品としての要素が強い。

　しかし、日本以外の地域、あるいは古代史上では、酒は多くの地域でその地の食料事情上、欠かせない補助食料だった。

　ヨーロッパで、ワインやウィスキーが「生命の水」（アクア・ヴィタエ）と呼ばれたのはいくつもの理由があるが、第一にヨーロッパの飲料水環境がよくなかったからである。日本には名水が多く、多くの河川水や井戸水が清涼な軟水であるのに対し、ヨーロッパの水は硬水で、非常にまずく、そのまま飲むと腹を壊すことが多々あった。そのため中世以降、ワインやエールなどの酒類を飲料水代わりに飲む、あるいは水を飲む際に酒を加えて水を消毒するということが行われていた。

　さらに、糖をアルコール分解した酒は、非常にエネルギー効率のよい食料で、労働に疲れた筋肉を癒し、血行をよくし、疲労を回復する効果

がある。世界各地に肉体労働者向けの酒が多数あるのは、そのためである。記録によれば、中世の地中海で働いていた港湾労働者たちは、1日3ℓのワインを飲んだという。また、ジンが工業生産された18世紀産業革命期のロンドンでは、ジンに対する市民の依存度が高く、「ロンドン市民の主食はジンであった」ともいわれる。

　一説には、旧約聖書に登場するマナは、ビールであったのではないかともいわれている。ビールはアナトリアで麦栽培に続いて誕生し、メソポタミア、エジプトで発達した。ピラミッドやジッグラトを築いた人々にとって、ビールは重要な栄養補給食料であったといわれる。

2　医薬品としての酒

　古代において酒とは消毒、栄養補充、代謝強化、薬物送達のために用いられる薬品でもあった。19世紀にいたるまで、どこの地域でも傷を洗うために酒を用いていた。例えばワインで傷を洗うのは、一般的な医療行為であったし、日本でも焼酎で傷を消毒していた。

　漢方や錬金術などにおいて、酒に薬草をつけて薬効成分を引き出す技法があり、薬酒を飲ませることで薬効成分を吸収させることができた。

　また、アルコール自体が非常に栄養効率のよい食品であり、村の中でも新婚夫婦、英雄的な戦士、老人などに与えられた。もっとも古い酒といわれる蜂蜜酒（ミード）は、ヨーロッパの英雄たちを育てるために数多く用いられた。新婚生活を表すハネムーンは、ヨーロッパで新婚家庭が結婚から1カ月、強精剤である蜂蜜酒を造って飲みながら、子作りに励んだという故事から来たものだ。蜂蜜酒の薬効から、薬（メディスン）という言葉が生まれている。

　リキュールを筆頭とする各種の混成酒は、不老不死を目指して、錬金術師や修道士によって発達した。そのため、エリクシール（不死の霊薬）の名を冠した酒がいくつも存在する。東洋でも漢方で酒を用いた例が多

く、日本の御屠蘇は、中国の伝説の名医、華陀が造った屠蘇散を酒や味醂と混ぜて飲むものである。

　さらに時代が下がり、大航海時代には、長期航海中のビタミン不足を補うため、ワイン、ビール、ラムなどの酒が用いられ、酒精強化ワインは地球を巡る航海の中で発達した。逆に、航海中の水代わりである酒が尽きた結果、予定の南米にたどり着けないまま北米に入植した、ピルグリム・ファーザーズのような事例もある。

3　祭具としての酒

　酒は、宗教行事で重要な役割を果たしていた。

　まず、発酵という工程そのものが神秘的なものであった。葡萄の果汁や穀物粥が発泡し、アルコールを含んだ新たな食べ物に変わるというのは、細菌の働きを知らぬ古代人にとって、神の存在を示すものであった。発酵の過程で盛り上がる様子は、特に印象的なものであり、繁栄の象徴とされた。

　神霊を憑依させるシャーマニズムにおいては、酒は神聖体験への導入要素であり、祭りで酒を酌み交わすことが酩酊による祭祀空間を作り上げ、村落共同体を結束させた。酔い、踊り、歌うハレの空間を作る重要な要素が酒なのだ。日本におけるお神酒は、まさに神道祭祀における酒の重要度を示すものにほかならない。

　さらに、シュメール、インカ、そのほかの古代文明を支えた神殿経済においては、「農産物から酒への変化還元」が「死と再生のサイクル」を象徴し、神官および酒造りの巫女による国家経営を支えていた。インカ帝国におけるチチャ酒の存在は、その原型というべき口噛みの酒の姿を色濃く残している。おそらく、シュメールなどメソポタミアの神殿でも同様の文化があったと考えられている。万葉集時代の古代日本でも、村落で酒造りを統括する女性、刀自があり、大きな権力を持っていたと見

られている。
　一説には、古代では酒こそが最初の代用貨幣だったともいわれている。バビロンの『ハンムラビ法典』では、穀物を酒屋の女主人に渡し代わりにビールをもらうとき、女主人がその量を誤魔化した場合、水に投げ込むように規定している。酒と穀物の交換レートが成立していたのである。

2章
伝説の古代酒

神々の糧、蜂蜜酒（ミード）

　「世界最古の酒は何か？」これにはいくつかの説があるが、もっとも古い酒といわれているもののひとつが、蜂蜜酒（ミード＝Mead）である。蜂蜜酒はその名の通り、蜂蜜を発酵させた醸造酒で、日本ではあまり知られていないが、世界各地で愛飲されている。
　ワインやビールが入ってくる前のヨーロッパでは、もっとも一般的な酒であり、古代ローマ時代の英雄ジュリアス・シーザーは、蜂蜜酒をこよなく愛したといわれるし、アイルランドの英雄クー・フーリンもまた、蜂蜜酒を愛飲したという。近年、『ハリー・ポッター』シリーズに登場するのも、世界最古の酒とされるからだ。
　蜂蜜酒（ミード）が世界最古のお酒といわれる理由はいくつもある。
　第1に、蜂蜜採取の歴史自体が古いという事実がある。
　蜂蜜は古代より貴重な栄養源として珍重されており、1万4000年前、氷河期以前に描かれたスペインやフランスの洞窟絵に、蜂蜜を採っていると見られる図柄がある。紀元前6000年頃とされるスペインのアラーニャ洞窟の絵には、明らかに蜂蜜採取の絵柄がある。
　蜂蜜は、自然界から得られるものの中でも特に糖度が高く、糖のほかに多くのビタミン、ミネラルを含み、また決して腐敗しない高い殺菌力を持っている。そのため、蜂蜜は早くから食生活に取り入れられ、直接食べるほか、果実を蜂蜜に漬け込んだり、水に溶かしたりして摂取していた。カナダ・インディアンは、ラズベリーを蜂蜜漬けにして、長い冬を耐える保存食にしていた。
　そのため、神話に登場する「甘い神の酒（甘露）」は、その多くが蜂蜜酒ではないかといわれている。文字の記録だけ取っても、約5000年前

古代インドで書かれたヒンドゥー教の教典『リグ・ヴェーダ』において言及される、神の酒ソーマや神々の蜜水アムリタ、ギリシア神話において神々の飲み物とされるネクタル（ネクター）は、どれも蜂蜜酒といわれている（なお、異説は後述する）。

またヨーロッパでは、しばしば原初のパラダイスや死後の楽園を表す場合、蜂蜜が流れるという表現をする。聖書で約束の地とされたカナンの地は、乳と蜂蜜が流れる土地であったし、ヴァイキングが死後向かう英雄の宮殿ヴァルハラには、蜂蜜の河が流れているともいわれる。2007年には、イスラエル北部のレホブ遺跡で、3000年前の養蜂場跡が発見されている。まさに、聖書に書かれたカナンの地は、蜂蜜の豊かな土地であった。これは、天と地を結ぶメッセンジャーとして古代地中海世界で蜜蜂の女神が信仰されていたためである。

今も愛されるミード

蜂蜜酒が古い酒とされる第2の理由として、その造り方のシンプルさが挙げられる。

ミードを造るには、蜂蜜を2〜3倍の水で割り、軽く温めた後、常温（18〜24℃）程度の暗所で保存すればよい。蜂蜜にはもともと野生酵母が含まれているが、強い殺菌作用もあるので、そのままでは発酵しない。しかし、お湯に溶かすことで浸透圧が低下して殺菌作用だけが消え、発酵が始まるのである。このように、水を加えるだけで酒母となるため、蜂蜜酒はハイドロメル（ハイドロ＝水、メル＝蜂蜜）ともいわれる。

近年の醸造所では、湯に溶かし、ワイン用の酵母を加える方法が好まれている。夏は2〜3日、冬は1週間ほどで酒となる。酵母を加えてすぐに発酵が始まり、1晩経たぬうちにアルコールの匂いが漂う。この段階ではアルコール度数も10度以下で、そのまま飲めば、スパークリング・ワインのように甘い発泡醸造酒として楽しめるが、ミードの醸造所（ミー

ダリーと呼ばれる）では、さらに1～3年、寝かせて熟成させ、度数は10～13度となる。スウィート・タイプは非常に甘いが、ドライ・タイプの場合、酒石酸などが酸味をつけるため、蜂蜜の甘さをあまり感じさせないすっきりした白ワインのような芳香を放つ。

　蜂蜜は、天然酵母を含むため、果実酒を造る際にスターター（発酵を誘発する化合物）として添加されることも多い。リンゴ酒（シードル）などの果実酒に混ぜたり、ジャムを添加したりすることにより、多くのバリエーションが楽しめる。ジャムを入れたものをメロメルという。

　日本では酒税法の関係で、ミードなどの蜂蜜酒や蜂蜜果実酒の自家醸造は法律で禁止されているが、欧米各国では趣味として蜂蜜酒の自家醸造を楽しむ愛好家（ミードラバー）が多い。現在も、蜂蜜酒は世界各地で造られ、ミード専門の醸造所が500カ所以上あり、毎年、ミード・フェスティバル「メイザーカップ」がアメリカで開催されている。

　近年、日本でもミード造りが始まり、例えば会津の酒蔵「峰の雪酒造」が、栃の蜂蜜と日本酒酵母を使った国産ミードを生産しているほか、近年いくつもの酒蔵がミードに参入している。

酒偶然起源説と猿酒

　水を加えることで簡単に発酵し、酒となることから、蜂蜜酒は「酒偶然起源説」の好例として上げられる。野外の蜂蜜が木のウロに溜まり、雨を受けて薄まり、野生酵母で発酵する可能性があるのだ。

　この話をすると、いわゆる猿が果実を溜め込んで造る伝説の猿酒が思い出される。猿酒の話は中国の伝承で、果実酒の起源とされるが、実際、現在でもアフリカなどで、地面に落ちた果実が自然に発酵しアルコール分を含んだ状態になる場合があり、これを食べた象が暴れた記録がある。

　猿酒は、我々が日頃体験しているような液体の酒ではなく、果実がやや崩れ、腐敗しかかったため発生したアルコールを含む粥状の果実食品

であるが、栄養価が高く、美味であったと考えられる。

なお、猿酒については、2008年7月29日付けでユニークなニュースが流れた。マレーシア西部の熱帯雨林にあるヤシ類の一種は、花の蜜が酵母の作用で発酵して軽いビール並みの度数となり、リスに似た小さな哺乳類で、原始的な猿の一種、ハネオツパイが、日常的に「飲酒」していることが分かった。ツパイ類は、ヒトを含む霊長類の5500万年以上前の祖先と生態が近いと考えられており、大方のヒトが酒を飲める体質の起源は、当時に遡る可能性があるという。ヤシ酒については次の章で紹介するが、実際に猿が酒を常飲している報告がなされたのは興味深い。

蜜月（ハネムーン）

蜂蜜酒は、ビールやワインに席巻される前のヨーロッパでは、非常にポピュラーな飲み物であった。

古代のスカンディナヴィアに住んでいたゲルマン人たちは、この蜂蜜に強精効果があることに気づき、新婚夫婦は結婚後1カ月の間、蜂蜜酒を造って飲みながら、子作りに励んだ。このことから、新婚直後のことを「蜜月」（ハネムーン＝Honeymoon）と呼ぶようになった。

医学的には、蜂蜜にはセックス機能を強化する亜鉛が大量に含まれており、ほかのビタミンや糖分とともに、これを摂取できる蜂蜜およびアルコールの混合物である蜂蜜酒は、当時としては最高の媚薬であったとも考えられる。

蜂蜜酒を飲みながら、女性の排卵周期1サイクル分の間に子作りに励むのは、子供を待望する新婚夫婦に絶好の方法であっただろう。また、蜂蜜は腐敗しにくいという特性があり、引き篭もって子作りをした夫婦にとって、絶好の保存食でもあっただろう。

東欧では今でも、新婚夫婦の掌に1さじの蜂蜜を垂らし、夫婦揃って最初の食事を取る前に、互いの掌を舐めあう風習がある。こうすると、

夫が妻に手を上げるのは妻を愛撫するときだけになり、妻の唇は愛しか語らないようになるという。

このように、結婚と蜂蜜は切っても切れない関係にあり、同様に、6月の花嫁（ジューン・ブライド）が祝福されるのは、花が咲き乱れる初夏で、気温も蜂蜜酒の発酵に適した温度となるからである。

蜂蜜酒の薬効は非常に高く、ミード（Mead）という言葉は、その後、メディスン（Medicine＝薬剤）という言葉の元になる。

アッティラ大王と蜂蜜酒

蜂蜜酒が結婚に関わる酒であることは、歴史的な記録にも残っている。

5世紀に、フン族を率いてローマ帝国を脅かしたのが、アッティラ大王（406?～453年）である。この当時、東西に分裂し衰退していたローマ帝国は、アジアからやってきた多数の遊牧民族に圧迫されていた。

2章 伝説の古代酒

　アッティラの叔父が率いたフン族は、すでにパンノニア（今のハンガリーのあたり）を割譲させ、さらに多くの物を奪おうとしていた。そして、叔父の後を継いだアッティラは「神の災い」と呼ばれるほど恐れられた存在で、何回も東西ローマ帝国に襲いかかった。

　そして、40歳のある日、新たな妃を迎えたアッティラは、その結婚式の宴会で酒の飲みすぎで泥酔、そのまま脳溢血で死に、偉大な王を失ったフン族は分裂することになる。このとき、アッティラが飲んでいたのが、結婚祝いの蜂蜜酒であったといわれる。例え健康によくても、過度の飲酒はやはりよくないという好例である。なお、この事件は結婚を強いられた若き地元の王女が、蛮人の王を初夜の床で暗殺した物語としても知られている。

神々の糧

　蜂蜜は、ギリシア神話において神と同じだけ古い「最初の食べ物」とされ、神々の糧とされた。

　例えば、ギリシアの主神ゼウスは、蜂蜜と山羊の乳で育てられた。

　ゼウスの父であるクロノスは、子供のいずれかが自らを殺すだろうという予言を恐れ、次々と子供を飲み込んでしまうが、その妻レアはゼウスを産んだとき、産着で石をくるんで代わりに飲み込ませ、赤ん坊であるゼウスをクレタ島に隠した。その際に見張りを命じたのが蜜蜂であり、蜜蜂の蜜と山羊の乳でゼウスは育つことになる。

　当時、蜜蜂はどのように発生するか、その理由が分かっておらず、また蜂蜜のような神秘的な食品を作ること、毒針を持つことから神秘化されており、古代の地中海世界では、蜜蜂の女神が秘密の叡智の守り手、あるいは不死の領域の守り手とされていた。

　その後ゼウスが、テーバイの王女セメレーに産ませたディオニュソスもまた、ニュサ山に隠され、蜂蜜で育てられることになる。

クロノスの眠り

　成人したゼウスは、食べられた兄姉達の仇を討つことにした。ゼウスはメティスに命じ、メティスは嘔吐薬をネクタル（神酒）に混ぜてクロノスに飲ますことに成功して、兄弟を取り戻すとされる。

　吟遊詩人オルフェウス作とされる詩では、この神酒が蜂蜜であるとし、蜂蜜を飲んで蜜に酔ったクロノスが寝てしまうと、ゼウスに隙を突かれ、クロノスは鎖で縛りつけられてしまう。

　おそらく、その蜂蜜は「加水によって自然発酵し、アルコールを含む状態」、すなわち、蜂蜜酒であったのだろう。つまり、クロノスは、ギリシア神話の世界で最初に登場する酔っ払いである。

酒の伝説

アンブロシアとネクタル

その後も、蜂蜜は貴重な神々の糧として何回も神話に登場する。

アンブロシア（ambrosia）は、ギリシア神話に登場する神々の食べ物である。「不死」を意味する言葉で、不死の効力があり、アキレウスはアンブロシアを軟膏として用いて、塗り残されたアキレス腱の部分を除いて不死身の肉体を手に入れたという。

多くの場合、アンブロシアは蜂蜜および蜂蜜を入れた栄養豊かな食品とされるが、時折、神々の飲み物とも呼ばれ、ギリシアの神酒ネクタルと混同されることもある。

どうしてこのようなことが起こるかといえば、古代世界では酒に関しては今ほど「食べ物」か「飲み物」か、という区別がなかったからだ。パンや米などの主食が明確化され、アルコール飲料が嗜好品に分類されている現在からすると、アルコールを含む液体は食べ物とはいいがたいが、当時の感覚からいえば、濃厚な蜜の様相を残す蜂蜜酒も「食べ物」であったし、特に蜂蜜や果汁を含んだ酒は元気を出す栄養源であった。

アンブロシアと並んでギリシアの神酒とされるネクタルは、日本では果肉と果汁を多量に含んだ清涼飲料水「ネクター」で知られるが、そもそものネクタルは、果実をすり潰して造るソフトドリンクとスイーツの中間のような存在で、より濃厚な味わいとどろりとした食感を持つ。完熟した果実を集めて、蜂蜜を加えて1〜2日置くと、発酵を始め、やはり甘く濃厚な果実醸造酒となる。

ギリシアの神々はこれを常食とし、生命の酒、不老不死の霊薬とした。

トリアイ　神託の三女神

トリアイとは、アポロンの乳母を務めた3人のニンフのことであるが、3人姉妹で予言能力を持つ運命の女神モイライや自然の諸力を体現する

三女神セムナイとも呼ばれる有翼の女神だ。彼女らは蜜蜂であり、その証拠にその頭には花粉にも似た白い粉がふりかかっていた。この蜜蜂のニンフたちは、神々の食物である蜂蜜を味わい楽しむことで、予言を行うためのトランス状態に入る。

速い翼を身に誇る、畏（かしこ）い三人姉妹の娘がいる。（中略）
彼女たちは家からあちこち飛びまわっては、蜂の巣を食となし、予言をすべからく成就させている。黄金の蜜を食して霊感を得た時には、すすんで真を語ろうとする。逆に、神々の甘い食物が手に入らぬ時は、互いにうなり声を交わすだけで、語る言葉は嘘になる。
（岩波書店『四つのギリシャ神話 ―ホメーロス讃歌より』逸身喜一郎、片山英男訳 より）

ネクタルとアドニス

　神々はネクタルを常飲するため、その血もまたネクタルであるといわれる。ここで、本書において非常に重要な存在となる、ある神の物語が関わってくる。穀物霊である樹木の美少年アドニスである。
　アドニスは、アッシリア王テイアースの娘スミュルナの子とされる。スミュルナは美と愛の女神アフロディーテへの祭祀を怠ったため、父親に対して愛情を抱く呪いをかけられてしまい、ついに策を弄してその想いを遂げた。
　禁断の近親相姦であり、ギリシアにおいては厳罰である。
　このことが露見したため、彼女は父親に追われ殺されそうになるが、そこで神に祈り、没薬の木（スミュルナ）に変じた。
　このとき、彼女は父親の子を孕んでおり、この子アドニスは没薬の木の中で育ち、やがて幹の割れ目から産み落とされた。
　生まれながらにして匂うような美を有していたアドニスは、美と愛の

2章
伝説の古代酒

女神アフロディーテに見出され、彼女の愛人となるべく庇護された。やがてアドニスは、アフロディーテに恋い焦がれる軍神アレスの嫉妬を買い、狩猟の途中にアレスの操る猪に襲われ、その牙で引き裂かれて死んだ。

その猪は、アレス自身の変身した姿ともいわれる。

アドニスの死を悲しんだアフロディーテは、自らの血であるネクタルを、アドニスが死んだ場所の大地に注いだ。そこから生えたのがアネモネ（キンポウゲ科の多年草、春先に咲く花）である。そしてアドニスは、アネモネとともに復活したともいわれている。

また、アドニスは赤子の頃から美しく、アフロディーテは彼を箱に入れて、冥府の女王ペルセポネに預けた。そのとき、アフロディーテは「決して箱を開けてはならない」とペルセポネに告げたが、冥府の女王は約束を守らず、箱を開けて中のアドニスを見てしまい、魅了されてしまう。ペルセポネとアフロディーテは美少年アドニスを取り合い、やがて、アドニスを分け合うことにした。1年の3分の2は、地上にあってアフロディーテの恋人となり、1年の3分の1は地下に下って、ペルセポネの恋人となる。

この物語は、冥界の神に連れ去られる穀物の女神デメーテルの物語と一緒であり、アドニスもまた植物の神霊であり、その死と再生の循環を象徴することから、酒とも縁のある存在となったのである。

アフロディーテはアドニスの死後、彼を祭ることを誓った。これがアドニス祭であるが、アテーナイ、キュプロス、そして特にシリアで執り行われた。この説話は、地母神（イシュタル）と死んで蘇る穀物霊としての少年（タンムズ）というオリエント起原の宗教の特色を色濃く残したものである。この系譜は、後に酒の神ディオニュソスに受け継がれる一方で、タンムズ神話はパレスチナへも伝わり、イエス＝キリストの復活神話と融合する。

聖書において、キリストは自らを1粒の麦に例える。

「1粒の麦が地に落ちて死ななければ、それはただ1粒のままである。しかし、もし死んだならば、豊かに実を結ぶようになる」

酒の伝説

彼らは酒の神でもあり、穀物の象徴なのである。これ以降はワインの項目でもう少し語ろう。

アド・パトレス

　アイルランド人もまた、蜂蜜酒を不死の霊薬と見なし、神聖視していた。彼らはケルト由来のサウィン祭のときに、皆で蜂蜜酒を飲んで酔い、霊的な交流を行って共同体の絆を強めた。

　古代アイルランドでは、王は神聖な存在であったため、失脚した際には敬意を持って、王を蜂蜜酒で溺死させることが定められていた。これをアド・パトレス（祖先の元に送る）という。

クヴァシル　叡智の蜂蜜酒

　ワインやビールがオリエントから入ってくるまで、ヨーロッパにおける酒といえば、まず蜂蜜酒であった。

　エッダに登場する蜂蜜酒「クヴァシル」は、北欧神話における叡智の酒である。北欧神話では、アサ神族とヴァン神族が争っていたが、ついに、和解することになった。このとき、双方の神々はひとつの壺に唾を吐き、それを使ってひとりの人間を作り上げた。

　これがクヴァシルである。

　クヴァシルは最高の叡智を持ち、世界を旅して回って多くの経験を得たが、ある日、黒小人たちに殺されてしまい、その血は蜂蜜に混ぜられ、蜂蜜酒となった。この蜂蜜酒を舐めた者は誰でも詩人になれるという。

マヤの蜂蜜酒

　蜂蜜酒は、新世界でも珍重されていた。

マヤの伝承では、蜜蜂は大地の中心で生まれ、火山の火の粉にそっくりで金色で熱く、人間を無知から目覚めさせるために地上に遣わされたのだという。そのためマヤ民族にとって、蜂蜜は神聖な儀式に欠かせないものであり、儀式には蜂蜜から醸造した酒を奉納していた。

黄金の蜂蜜酒

　このように古代世界で珍重された蜂蜜酒は、近代的な蒸留酒やワイン、ビールなどに押されていき、今では余りメジャーな酒とはいえない。その姿は主にギリシア神話に残されてきた。

　やがて、20世紀に生まれた人造の神話『クトゥルフ神話』の中で、蜂蜜酒は古代秘儀の象徴として現れる。心の師であるH・P・ラヴクラフトの死後、クトゥルフ神話を引き継いだオーガスト・ダーレスは、その作品の中で黄金の蜂蜜酒を、宇宙の邪神にまつわる儀式のアイテムとして取り込んだ。

　その作中で、黄金の蜂蜜酒を飲みある呪文を唱えることで、邪神ハスターの眷属で宇宙空間を飛翔する翼ある怪物バイアクヘーを、遥か外宇宙から召喚できるとした。黄金の蜂蜜酒は、そのバイアクヘーに乗り宇宙を旅する間、宇宙空間から術者の身を守る神秘の力を与えてくれるのである。

　そして、黄金の蜂蜜酒を飲んで向かうのはヒアデス星団の中にあるセラエノであるが、この星団の名前になっているヒアデスとは、ギリシア神話の酒の神ディオニュソスを蜂蜜で育てた、ニュサ山のニンフたちのことである。

口噛みの酒

蜂蜜酒や果実酒など自然発酵してできた「偶然の酒」の後に、誕生したとされる酒が「口噛み酒」である。呼んで字のごとく、穀物を口で噛んで造った酒のことをいう。

ご飯をゆっくり噛んでいると、だんだん甘くなってくる。これが唾液に含まれる酵素アミラーゼの効果で、でんぷんが糖化されるという現象だ。これを使って酒造りをするのが、口噛み酒である。穀物を口で噛んで、でんぷんを糖化させるとともに、唾液に含まれる酵素を使って発酵を促進する。

多くの場合、素材となる穀物を生のまま、あるいは蒸した後、口に含みよく噛んで、唾液とともに壺などに吐き出し、醸造のスターターとして用いる。現代でも、南米のチチャ、台湾の先住民である高砂族などが造る口噛み酒が有名である。

古代日本の口噛みの酒

古代日本にも、同様の口噛み酒があった。

8世紀初めの『大隅国風土記』には「くちかみの酒」という項目があり、「男女一所に集まりて、米をかみて、酒船に吐き入れて」と描写されている。このように、酒を造ることを「醸す」というのは、「噛む」に通じる。実際、古語では「酒を醸む」という。日本神話の中でしばしば、神々が何かを噛んで吐き出すという行為を行うのは、「口噛み酒造り」の工程によく似ている。

何かを噛んで吐き出すという行為が、酒造りの一環であることを認識

すると、日本神話で語られる事件はまた別の意味を持ってくる。『古事記』に見られる「アマテラスとスサノオ」の対決である、「天の安の河の誓ひ」合戦の項を思い出して欲しい。

アマテラスとスサノオの誓ひ

　イザナミの死後、冥界から戻ってきたイザナギは、禊ぎを行い、多くの神を得た後、左目からアマテラスノミコト（天照大御神）、右目からツキヨミノミコト（月読命）、鼻からスサノオノミコト（健速須佐之男命）を得た。これを三貴子と呼ぶ。イザナギは彼らに向かい、「（アマテラスは）高天原を、（ツキヨミは）夜の食国を、（スサノオは）海原を知らせ（統治せよ）」と命じた。

　しかし、海の支配を命じられたにもかかわらず、母を恋しがって泣いたスサノオは、父イザナギから追放を命じられてしまう。しかたなく、スサノオは高天原に昇り、アマテラスに会見を求める。スサノオの荒々しい来訪に危険を感じたアマテラスは、武装してスサノオを迎えるが、スサノオは謀反の気持ちなどなく、アマテラスに別れの挨拶に来たにすぎないと主張し、「誓ひ」をしようと言った。

　「然らば、汝の心の清く明きは何して知らむ」とのたまひき。ここに速須佐之男命答へ白ししく、「各誓ひて子生まむ」とまをしき。
　（岩波書店『古事記』　より）

　「誓ひ」は、宣誓というよりも占いの要素が強く、神意を問うものである。神が神意を問うというとややおかしいが、ここでアマテラスが「太陽神の巫女」であるという説、あるいはアマテラスが渡来民の信仰する天津神、スサノオが日本先住民の信仰した国津神を表すという説を考えると、ここは古代史の一幕を神話的に語った王権神話と解釈できる。

2章 伝説の古代酒

問題は、この「誓ひ」の方法である。

なんと2人は互いの持ち物を噛みに噛んで、吐き出し、そこに神の子を生むのである。

アマテラスは、スサノオの持つ十拳剣(とつかのつるぎ)を折り、天の真名井(まない)の水とともに噛みに噛んで吐き出し、3柱の女神を得る。多紀理比売(たぎりひめ)、市寸島比売(いちきしまひめ)、多岐津比売(たきつひめ)で、これらは宗像三女神とも呼ばれ、九州北部の島や宇佐神宮などで信仰されている海洋の女神であるが、同時に酒の女神ともいわれる。

一方、スサノオはアマテラスの装飾品をもらいうけ、同様に、噛みに噛んで、天忍穂耳命(あまのおしほみのみこと)など5柱の男神を得る。天忍穂耳命は、天孫として降臨するホノニニギの父である。ホノニニギは皇祖神であると同時に、稲作の神ともいわれる。稲の神ということは、当然、酒の源となる米の神、稲魂(いなだま)である。

ここで、噛みに噛んだ源が誰であるかにより、それらの神々は女神がスサノオに、男神がアマテラスに属するとされ、女神を得たスサノオがこの儀式に勝利して身のあかしを立てた。このとき生まれたスサノオの娘たちが宗像三女神であるが、ちなみに、これらの女神は、中国の長江南岸より日本に稲作が伝わった際、日本と大陸の仲介役になった海洋民族の守護神であり、非常に酒と縁が深いのである。彼女らが「神が噛んだ物」から生まれるのは、まさに口噛酒そのものである。

穀物神としてのアマテラス

その後、勝利したスサノオは喜びのあまり、田の畦を壊したり、機織り小屋に馬を投げ込んだりするなど大暴れし、高天原を追放されてしまう。このあたりの言動は、酒に酔った者の言動と考えるとさらに興味深い。ぜひ、後述するギリシアの酒の神ディオニュソスの言動と比べて欲しい。

スサノオの大暴れの結果、怒りと悲しみに包まれたアマテラスは、天

岩戸に籠もってしまう。アマテラスという名前の通り、太陽の女神であった彼女が岩戸に籠もったことで、世界は暗黒に包まれる。そこで、高天原の神々は相談し、大宴会をしてアマテラスを岩戸から誘い出す。このとき、半裸で舞いを舞って宴を盛り上げたのが、巫女の祖と呼ばれるアメノウズメである。

　一般的に、この神話は太陽の復活神話と解釈されるが、先の「誓ひ」神話での解釈を受けて、アマテラスが穀物の女神であると考える説もある。この場合アマテラスは、ギリシアのデメテル、シュメールのイナンナ、バビロンのイシュタルと同様の穀物霊となり、岩戸神話は、デメテルやイシュタルが体験した「冥界下り」の派生系として見ることができる。

　稲や麦などの穀物は一年草であるので、冬には枯れてしまうが、春には種から芽吹き、再び夏に向かって育成し、秋には実りをもたらす。この死と再生のサイクルの象徴として、穀物の神は男女問わず、必ず死と再生をモチーフとした神話を持つ。アマテラスを巡る神話は、彼女が太陽神というよりも、穀物の女神であることを示しているようにも見える。実際、アマテラス信仰の中心である伊勢神宮には、アマテラスのほかにもうひとりの御祭神がおり、これが豊受大神、または豊受姫命、別名を保食神という食料の神である。日本の場合、食糧、すなわち稲作であるから、アマテラスと神宮をともにする神は稲作の神なのである。

豊受大神

　天照大神を祭る伊勢神宮の外宮に祭られたもうひとりの神が、豊受大神で、『古事記』によれば、農産の神、和久産巣日神の子、豊宇気毘売神という。神名の「ウケ」は食物のことで、食物・穀物を司る女神である。後に、ほかの食物神のオオゲツヒメ・ウケモチなどと同様に、稲荷神（ウカノミタマ）と習合し、同一視されるようになった。

酒の伝説

2章 伝説の古代酒

　伊勢神宮に伝わる伝承では、雄略天皇の御世、アマテラスが帝の夢に現れ、「自分ひとりではやすらかに食事できないので、丹波の国にいる豊受大神を御饌の神として招いて欲しい」と言ったため、伊勢神宮で神饌を司どる神として丹波から勧請されたという。

　外宮の神職である度会家行が起こした伊勢神道（度会神道）では、豊受大神は天之御中主神、国常立神と同神であって、この世に最初に現れた始源神であり、本来、豊受大神を祭る外宮は内宮よりも立場が上であるとしている。

　別の説では、天照と豊受神は、穀物の女神として同一であったが、雄略天皇の時代に、皇祖神としての天照大神、穀物神としての豊受大神が分離したのではないかといわれる。

大気津比売

　一説には、天岩戸神話と前後して描かれる、食物起源神話がアマテラス神話の一部ではないかという。

　スサノオは高天原を追放されるにあたり、食物の女神、大気津比売に食べ物を求める。すると彼女は、鼻や口、尻などからおいしい食べ物を出して、スサノオに供した。しかし、スサノオはそれがけがらわしいと怒って、彼女を殺してしまった。すると彼女の頭から蚕が、目から稲が、耳から粟が、鼻から小豆が、女陰から麦が、尻から大豆が発生した。これが『古事記』に書かれた食物の起源である。

　『日本書紀』では、これはツキヨミとウケモチノカミの物語になっている。ウケモチは先ほど述べた通り、伊勢神宮でアマテラスと並んで信仰されている神である。同一の神、あるいは同じ神の別御霊（分身＝アヴァター）と考えてもおかしくはない。

　食物起源神話と天岩戸神話は、『古事記』に収録される際、順番が変えられたのではないかと主張する研究者もいる。穀物の女神アマテラスは、

荒ぶる酒の神スサノオに食料を与えようとして「死に」、天岩戸によって「再生」したのではないかというのだ。

豊受姫と羽衣伝説

　さて、アマテラスの分身ともいうべき豊受姫には、酒と羽衣伝説を結びつける神話がある。『丹後風土記』（逸文）に書かれた地名起源伝説である。
　丹波の比治の里に真井という美しい泉があった。ここに8人の天女が舞い降りてきて、水浴びをしていた。近くに住む老夫婦がひとりの羽衣を隠してしまった。帰れなくなった天女は老夫婦の願いにより彼らの養子となった。
　彼女は、酒を醸した。この酒は非常に美味で、高い値段で売れた。1杯の酒を飲むために、荷車1台分の財貨が必要なほどだった。
　こうして、大いに富み栄えた老夫婦は、もはや娘はいらないと彼女を追い出してしまう。
　大いに悲しんだ彼女は羽衣を取り戻せなかったため、天にも戻れず、かといって、愛情のない老夫婦には見捨てられ、各地を流離った後、奈具の社にたどり着いて神となった。これが豊受姫であり、後に、伊勢神宮の外宮に迎え入れられ、伊勢神道ではこの世を支える三大神の1柱とされるようになる。

道主日女命の盟酒

　さて、「誓ひ」と酒の関係に戻ろう。
　「誓ひ」が実際に酒とリンクした神話が、『播磨国風土記』内の賀負の里の項にある。この里で後に「荒田」と呼ばれる村がある。
　この村に道主日女命という女神が住んでいたが、あるとき、父なくし

て子を生んだ。そこで、彼女は盟酒(うけひぎけ)を行うことにした。彼女が7町の田を耕すと、7日7晩の後に稲穂が実った。それを用いて酒を醸した彼女の元に、諸々の神々が集まったので、彼女は酒を捧げ、子供に彼らを見させた。すると子供は、天目一命(あめのめのひとつのみこと)に向かいじっと見つめたので、彼こそが父と分かった。

かくして、子供の父親は分かったが、彼女の田はその後、荒れてしまった。ゆえに荒田という。

賀茂の社にも同様の伝説が残っている。

『山城国風土記』によると、賀茂建角身命(つのみのみこと)の孫娘、玉依姫(たまよりひめ)が川遊びをしていると、丹塗りの矢が川上から流れてきた。彼女はこれを拾い上げ、床の間に置いておいたら、なぜか懐妊し男の子を生んだ。祖父の建角身命は、八尋屋を作り、8腹の酒を醸し、神々を集めて宴会をした。7日7晩の宴の後、建角身命は男の子に向かっていった。

「汝が父と思いし神にこの酒杯を飲ましめよ」

すると、男の子は、酒の杯を持ったまま、天井を破り、稲妻となって天空へ駆け上がっていった。なんと子供の父は、稲妻の神、火雷命(ほのいかづちのみこと)であったのだ。ゆえにこの子は、賀茂別雷命(かもわけいかづちのみこと)と号された。京都下鴨神社の御祭神である。

口噛み酒と巫女

口噛み酒は、アジア各地にあった古代酒の系統である。穀物や根菜類を噛み、でんぷんを糖化することに気づいたのが誰かは不明であるが、東部ユーラシア全域から南米にまで広がっている。

筆者は、この口噛み酒が、穀物生産が発生した直後の古代文明の一段階として、世界各地に存在したのではないかと想像している。麹や麦芽酵素を発見する前の段階で、唯一のスターターである「唾液」による発酵が行われ、それが巫女制度と通底する形で存在したのではないだろう

か？

　口噛み、という形式は、現代から見れば非常にトリッキーに見えるが、その実、幼児のために、母親がよく噛んだ食べ物を与えるという行動は世界各地で行われており、古代の母権制社会の中で巫女の口噛み酒は、信仰と一体化した「聖なる酒」であったに違いない。

　あえて推論を重ねるならば、口噛み酒を造るがゆえに、「神＝カミ」だったのかもしれない。日本の巫女発祥の地ともいわれる三輪山の「ミワ」が酒を意味する言葉であることを考えると、巫女と酒の関係は非常に奥深いものとなる。

沖縄の口噛み酒ミシ

　実際に日本で行われていた口噛み酒の例が、沖縄の神酒、ミシ、またはミシャグである。西表島を始めとする八重山諸島では、大正時代の終

わりまで、ミシは選ばれた神女が口噛みで造っていた。ミシ造りにあたるのは、歯のよさで選ばれた未婚の若い巫女である。

彼女たちは、塩を使って歯を磨いた後、クンガニ（和名ヒラミレモン）の皮をむいてこれを食べる。こうして噛むとミシの味がよくなるというのだ。

ミシの材料はうるち米である。これをふるいにかけて、割れ米を選び出し、水に浸ける。その後、一旦乾かして、臼とたて杵で粉になるまでついて砕く。これをユーラシという目の細かい竹のふるいにかけ、さらに米粉と米片に分ける。ふるいの上に残った米片を集めて炊き、これに米粉を加える。

この混合物を、選ばれた乙女たちが噛んで、鍋に吐き出していく。祭りのために造られるミシは、6升にもおよび、6人の乙女が朝から噛んでも、昼過ぎまでかかったという。噛み終わった物をさらに石臼で挽き、甕に入れておくと3日ほどで5度程度の弱い酒になり、これを神祭りの神酒として使うのである。これは神事の酒であり、大人も子供もこれを飲んだ。さらに日を置くとやや酸っぱくなるので、病人に精をつけるために与えられる。

ミシとは神酒のことであるが、別名のミシャグには「こなごなに潰す」という意味もある。

巫女が口噛みによって酒を造った例はアジア各地に広がっており、アイヌ族の熊祭りでも口噛みの酒が造られたといわれるし、カンボジアにあった真蝋国では口噛みの酒を「美人酒」と呼んでいた。

インカ帝国のチチャ

同じモンゴロイドの末裔であるインカ帝国では、トウモロコシの口噛み酒チチャが、神殿の巫女マクーニャによって造られていた。これは帝国の神殿統治と同一の制度の中で、祭祀の一部として口噛み酒が造られ、

しばしば収穫祭の供物として大衆に与えられた。

　チチャのやりとりは、古代文明の形成に欠かせない神殿経済の一環であった。穀物生産は1年がかりの計画的な労働である。穀物は効率のよい栄養源であるが、種をまいて明日食べられるわけではない。何カ月もの労働があって初めて成立する長期的な視野に立つもので、狩猟や漁労ほど短期的なリターンがない。そこで、これを管理するのが「神殿経済」である。

　民は穀物を育て、収穫し、神殿に納める。神殿は計画的に穀物を再配分し、次の収穫まで労働者が生き残れるようにする。

　しかし、それだけでは民は満足しない。「食料を割り振るだけ」の仕事は、厳しい田畑での働きに比べれば、一見、無駄飯食いにしか見えない。

　だが、神殿には酒造りという武器があった。神殿は穀物から酒を造り、これを与えられた民は癒しを得た。酒によって国と人が結ばれ、国家が維持されていたのである。

　インカ帝国は、チチャによって維持されていたともいえる。高度な石細工や建築技術の背後には、チチャ酒のもたらす喜びがあった。インカ帝国の領地分割区分であったセカ線は、帝国各地に造られた神殿＝聖所ワカとインカ帝国首都を結ぶものであったが、このワカでは、聖なる巫女マクーニャによってチチャ酒が造られていたといわれる。

　筆者はこのワカとチチャの関係に近い神殿経済が古代世界の各地にあったのではないかと考えている。それがおそらく、巫女制度やシャーマニズムと結びつき、酒の神話を生み出したのであろう。

　なお現在でもアンデス奥地では、トウモロコシなどの雑穀を蒸したり煮たりした後に、処女の娘がこれを噛んで造る口噛み酒の伝統が残っており、チチャと総称されている。今もチチャは、祭りの酒であるという。

2章 伝説の古代酒

衰退する口噛み酒の伝統

　残念ながら、口噛み酒は近代、衰退しつつある。

　これは、まず、口噛みの作業が非常に大きな重労働であるからだ。石垣島のミシの場合でも、巫女たちは半日、炊いた米を噛み続け、顎が痛くなった。南米のチチャも同様で、造った酒は村の祭りで飲みきってしまえる量しかない。酒造りが近代化の波にさらされると、安くてうまい工業生産の酒に駆逐されていくのである。

　さらに、1度口で噛んだ物を吐き出すという行為を不潔と感じる偏見も影響しており、南米などキリスト教国に征服された地域では、口噛み酒が消える一因になっている。

ソーマと神々の酒

　神々の酒はまだまだたくさんある。インドのソーマ、アムリタ、ペルシアのハオマ、甘露など多くの神の酒が神話には登場する。

　ソーマは、インド神話における神の酒である。神の不死を約束する甘露で、インドゥという尊称もあり、後にソーマは月の神の名前にもなる。

　神々に捧げられた讃歌『リグ・ヴェーダ』の第9巻は、その神酒「ソーマ」に関する讃歌「ソーマ・パヴァマーナ」（自ら浄化するソーマ）だけで占められている。

　ソーマは、ヴェーダの祭式における重要な供物で、浄化されたソーマ酒を神に捧げた。実際に存在したある種の食物を使った酒であるといわれている。その食物の茎を石で叩き、圧搾してできた酒を羊毛のふるいで漉し、木槽で水や牛乳を混ぜて造った。ある種の興奮剤としての効果

があったとされるが、現在では、どんな草が使われたのかも分からない。アムリタ、あるいは、地続きであるペルシアのハオマもまた同じ神の酒といわれる。

　神酒ソーマの材料となるソーマ草は、鷲がインドラ神のために天上から取ってきて、ガンダルヴァの領地である山地に根付かせた。下半身が山羊であるガンダルヴァは、ギリシアの牧神パンやサテュロスに近い半獣の神で、その後はソーマの番人となり、ソーマの霊感を受けた芸能の神となる。その姿は後述するディオニュソスとパンの関係に近い。さらに仏教に取り入れられて、帝釈天に使える音楽奏者となる。

　ソーマは蜜のように甘く、牝牛の乳と調合して、英雄たる雷神インドラに与えられた。インドラはソーマで賦活された力により、邪悪な悪鬼アスラのひとりであり、干ばつを起こす悪龍であるヴリトラを打ち倒す。ヴリトラは、乾燥した夏を象徴する悪鬼で、7つの川を干上がらせ、あらゆる湿ったものでも乾いたものでも殺せない上に、戦う場合は巨大な龍と化すという恐ろしい存在である。雷神インドラは、これと戦い、1度は丸呑みされてしまうが、ヴリトラがあくびをした隙に体内から脱出し、霊酒ソーマの霊力を得て、ヴァジュラ（雷鳴の金剛杵）でヴリトラを倒す。

　また、インドラに悪魔シャンバラの99の防壁を打ち砕く力を与えたのも、ソーマであった。

　ソーマは智慧、勇気、活力、霊感をもたらす。神々はこれによって英気を養い、不死と武勇を得る。インドラに従う天空の神々であるマルト神群は、ソーマをなめ、興奮し、酩酊し、猛り狂う。詩人は天啓を得る。『リグ・ヴェーダ讃歌』は、ソーマの様子を次のように歌う。

　―ソーマ（神酒）の歌

　その5、第四節
　　ソーマはみずから清まる。われらがために、牡牛・車・黄金・日光・

2章 伝説の古代酒

水・千の〔財宝〕をかち得つつ。このもっとも甘美にして・赤らみ・爽快なる滴(しずく)を、神々は〔その〕飲用の酒と定めたり。
その6、第一節～第三節
シャルヤナーヴァットに生えるソーマを飲めよ。
みずから清まれ、ソーマ、方処の主よ。アールジーカより、もたらされし恵み深きソーマよ。天則の言葉、真実、信仰、熱力をもって搾られ、
インドゥよ。
雨神パルジャニアに育てられしこの水牛を、太陽の娘、詩歌の女神を地上にもたらせ。ガンダルヴァはそ（牛乳）を受け取りて、ソーマに風味を加えたり（牛乳とソーマ液の混合）。

注記：シャルヤナーヴァットは「葦の生える岸辺」の意で、地名とされる。

ここでソーマの名が何回か出てくるものの、現在のところ、本来のソーマ草はまだ発見されていない。
ソーマを飲んだ者は霊感と英気に満ち、喜びを感じる。おそらくはアルコールと蜜のもたらした酩酊と賦活作用であろう。

その8、第二節
体内に滲透したるとき、汝（ソーマ）は、アディティ（「無垢」の女神）とならん、神々の支配力を宿むる者として。
同第三節
我らはソーマを飲めり、我らは不死となれり。
我らは光明に達したり。
我らは神々を見出せり。

そして、ソーマは実際の薬効成分もあったようだ。同じヴェーダの讃

歌に歌われる。

これらソーマの滴は、我を捻挫から守り、我を骨折から遠ざける。
（岩波書店『リグ・ヴェーダ讃歌』辻直四郎 訳　より）

月神となるソーマ

　ソーマはその後、擬人化され、月の神となる。
　月をインドではチャンドラというが、月を「ソーマで満たした盃」に見立てたことから、やがて、ソーマそのものが月と同一視され、英雄神として擬人化されるようになったのである。
　ソーマは、月の神であると同時に、植物の神となった。ソーマ液で造られる霊酒は、神に捧げるヴェーダの儀式に欠かせないものであったので、インドの神官階級バラモンを支配する神となった。

また、月の神であることから、星空の支配者にもなり、星占いに出てくる星宿の支配者にもなった。西洋占星術の原型はインドにあり、今も多くの占いに使われている。
　そのような英雄神でもある月が、なぜ満ち欠けをするのかという理由については、ある説がある。
　ソーマはその薬効成分によって、絶倫であった。
　例えば、『ヴィシュヌ・プラーナ』によれば、彼はブラフマーの子アトリの息子である。あるとき、彼はラージャスーヤの祭祀を行い、授けられた力に慢心した。強大な力に酔ったソーマは、欲望に駆られるまま、神々の指導者であるブリハスパティの妻ターラーを誘惑し、連れ去ってしまう。ターラーは懐妊し、生まれたのが、クリシュナの家系となる王の一族であった。
　さらに、ソーマには、27人の妻がいたともいう。それはダクシャの娘たちだったが、彼はローヒニーという妻だけを溺愛し、ほかの妻を相手にしなかった。当然、ほかの妻たちは不満を父ダクシャに申し出た。それに腹を立てたダクシャはソーマに呪いをかけた。妻たちの哀願によって命を落とすことはなかったが、彼は1カ月の半分の間、脱力状態に陥ってしまうことになった。つまり月の満ち欠けである。

アムリタ　インドの神の酒

　ソーマとほぼ同じ意味合いで使われる神々の不死の霊薬である神酒に、アムリタがある。ソーマと同じ方式で造られる乳白色の濁酒と思われるが、『リグ・ヴェーダ讃歌』にはインドの神々が自らを賦活するため、世界そのものを攪拌して、神酒アムリタを造る「乳海攪拌」の神話がある。
　大昔、世界を支配していた神々は、力を蓄えてきたアスラ（阿修羅）に押され、衰えてきた。そこで、時代の循環によって失われていた不老不死の神酒アムリタを手に入れようと考えた。これを造るためには、海

を攪拌し、そのエッセンスを取り出さなくてはならない。

　そこで宿敵である神々とアスラが手を結び、双方の力を集めて、海の攪拌を行うことにした。

　まず、攪拌のために、世界の中心であるマンダラ山を攪拌棒とすることにしたが、これはあまりに重いため、ヴィシュヌが、大亀クールマに変身してその軸受けになった。マンダラに大蛇ヴァースキを絡ませて、神々とアスラがヴァースキを引っ張りあうことで山を回転させると、海がかき混ぜられた。海にすむ生物が細かく裁断されて、やがて乳の海になった。

　攪拌は1000年間続き、乳海から多くの宝物が生じた。

　白い象アイラーヴァタや宝石、聖樹、天女ラムバー、ヴィシュヌの神妃である女神ラクシュミーが次々と生まれた。

　ラクシュミーは非常に美しく、神々もアスラもこぞって求婚したが、彼女はヴィシュヌの横に座ることを選んだ。乳海のクリームより生まれる美女の女神という図式は、ギリシアのアフロディーテに通じるものといえよう。

　最後に、ようやく天界の医神ダンワンタリが、霊薬アムリタの入った壺を持って現れた。アムリタをめぐって神々とアスラが争いを続けたが、ヴィシュヌの計略により、神々はアムリタを得て、アスラを上回る力を得た。

　アスラとは神々に近い存在であるが、これによってアスラと神々の間に明確な一線が引かれた。アスラとは、「飲まない」という意味でもあり、「神酒を口にできなかった者ども」でもある。

　かくして、アムリタは神々のものとなったが、その際に、ラーフ（羅睺）というアスラのひとりがこっそりアムリタを口にした。それを太陽神スーリヤと月神ソーマがヴィシュヌ神に伝えたので、ヴィシュヌはラーフの首を切断した。ラーフは首だけが不死となり、その体であるケートゥ（計都）とともに凶兆を告げる星となり、月食や日食を起こすようになった。

第2章 伝説の古代酒

　この神話における、乳海攪拌の様子は、チーズやバターを造るための牛乳攪拌、あるいは、酒造りのための発酵材料仕込みの様子に近い。またインドのレリーフを見ると、妙にワイン造りの工程にかぶるのである。これもまた幻の古代酒である。

禁断の悪酒スラー

　さて、この乳海攪拌の際、もうひとつの酒が誕生している。
　「スラー」という酒で、悪酔いするものらしい。乳海攪拌の際、スラーデーヴィー（ヴァルナ神の妃ヴァルニー）が出現したとき、持っていた酒という。
　スラーは、ラージャスーヤ祭の儀式で用いられ、ソーマに匹敵する効用を持つが、その一方で悪酔いし、神々さえもその能力を奪われてしまう。インドラは、ヴリトラ（あるいは、それとほぼ同一視される悪魔ナムチ）を騙して、これを飲ませて倒す。7つの河を干上がらせる悪龍に悪い酒を飲ませて倒すあたり、日本のヤマタノオロチ退治を彷彿とさせるものである。
　インドラ自身も、後にナムチと和解した際に、スラーを飲みすぎて1度は力を失ってしまう。医術の神であるアシュヴィン双神と女神サラスヴァティの働きで事なきを得て、ナムチを返り討ちにする。
　では、スラーはどんな酒なのだろうか？
　ある説では、ヒマラヤに住む仙人スラーが木のウロにたまった果実と蜂蜜から発生した蜜酒を見つけたことから、スラー酒と名づけられたともいう。
　実際には、糖蜜、米粉、蜜で造られた粥状のもので、蜂蜜酒と酒粥の中間にあたる発酵した酒粕状の食品らしい。アルコールと蜂蜜により非常に栄養価が高く、労働者に配布されたようだ。
　しかし、この粥酒は、インドでは下賤な食べ物とされた。

『マヌ法典』によるとスラー酒はヤクシャ（夜叉、いわゆる鬼）、ラークシャサ（羅刹、これも悪鬼）、ピシャーチャ（幽鬼、おぞましい妖魔）の飲み物であり、スラー酒を飲むこと（スラーパーナ）は大罪とされ、最下層のシュードラ階級（奴隷）以外には禁じられている。

　ちなみに、カンボジアで飲まれている米の醸造濁酒が「スラー」（ソー）と呼ばれ、非常に精力のつくお酒であると伝え聞いている。いわゆるドブロク系だが、果実や蛇などを漬け込んだ薬酒もあり、これは強精剤として愛飲されている。いわゆるドブロク系の濁酒は、日本のドブロクも、韓国のマッコリも、農作業時の栄養補給飲料の側面があり、「スラー」は労働者向けの栄養補給用濁酒であったのではないだろうか？

ペルシアの神酒ハオマ

　ペルシア神話でソーマに当たるのが、ゾロアスター教において、供犠の儀式に使われた酒「ハオマ」である。ハオマは全ての農耕植物の王であり、不死の力を司る。現代ペルシア語では、フーム、またはホームと発音される。

　非常に、ソーマと似た存在で、残念ながらどのような植物から造られたのかは分かっていない。それはしなやかな肉質で、芳香を発する緑の植物といわれる。ハオマ草を専用の棒で砕き、潰し、その汁を発酵させて造る。一説には、大黄に似た草、エフェドラとされ、かつてはペルシアの山々に密生していたが、現在では入手困難になっており、地域によっては、ザクロの枝などで代用されている。

　ゾロアスター教において、酒は悪神アエーシュマに属する悪魔の飲み物とされるが、ハオマだけは神聖な酒として、善なる神霊アシャ・ワヒシュタに属し、生命力を活性化させる力を持ち、身体を健康にし、死を遠ざけ、子孫繁栄を司る。擬人化されたハオマ神は、金色の身体を持ち、高山の頂上に座すという。

2章 伝説の古代酒

ハオマに頂礼あれ。ハオマはよきもの。
ハオマはりっぱにつくられ、正しくつくられたもの。
よきもの、癒しの力を賦与され、
美しきからだをもち、すぐれた働きを示し、勝ちを制し、
色は金色、枝はしなやか、
〔それは〕飲むときは最勝のもの。
そして魂にとって第一の道案内です。
(筑摩書房『世界古典文学全集第3巻 ヴェーダ・アヴェスター』
辻直四郎ほか 訳　より)

　以下、祈りはハオマ（ホーム）を通して乞い願う。
　第1の賜物として、光り輝き、すべての幸福を備えた義者のための楽園を、第2の賜物として、身体の健康を、第3の賜物として長寿を願う。第4に邪悪（ドゥルジ）を制する優れた力を、第5に勝利を、第6に、盗賊や狼に先んじる鋭敏な感覚を求める。
　それはまるで、ソーマによって神力を得ようとするインダスの神々に通じるものである。
　ハオマを絞ったといわれる最初の4人は、偉大なる息子を得るという恩恵を受けた。そのひとり、ポルシャスパこそ、ゾロアスター教の始祖ゾロアスターの父である。
　ハオマはゾロアスター教そのものよりも古い古代ペルシアの神格であり、古代の祭文では、供犠に深く関与する神とされ、どの動物の生贄も、初物を最初に天上のハオマに捧げなければならなかった。そうすれば、彼は聖なる祭司として、生贄の魂を安らかにしたのである。もしも、初物がハオマに用意されなかった場合、最後の審判の際に、その動物が供犠を行った者を避難するといわれる。
　供犠の祭祀における祭文では、ハオマは、龍、殺人者、圧制者、売春

婦に対して、鎚矛（メイス）を投げるように要請される。古代ペルシアやエジプトでは、鎚矛や棍棒を投げる武器として用いていたのであるが、おそらく、天空の神の審判という意味合いがここに込められているのであろう。

なお、近年の古代文明の研究において、現在のイランあたりにあったペルシアは、インダス文明とメソポタミア文明を結ぶ重要な役割を果しており、農業はペルシアの丘陵地帯を経由してインドに伝わったという説がある。それが本当ならば、神の酒であるハオマとソーマに似た点があるのは必然であろう。

甘露

ソーマやハオマは中国に伝わり、甘露と呼ばれた。

甘露とは、中国の陰陽五行思想から出た言葉で、天地陰陽の気が調和し、国家王権が正しい徳を有していると、天からこれを祝福して甘い液体が降るという。後に、王が高徳であることだけが強調され、やがて王政の徳となることを願って、甘露という年号が何回も使われた。

残念ながらこの頃には、元々は薬草酒であったハオマの個性は失われ、単なる甘い露になってしまったが、日本に伝わった後、液体のおいしさを描写する言葉となり、いまや日本酒や焼酎の美味を表す代名詞となっている。

2章 伝説の古代酒

ヤシ酒

　古代酒というにはやや語弊があるものの、ヤシ酒（パーム・ワイン）は、アフリカから南アジア、オセアニアにいたるまで、ヤシのある場所であればどこでも造られ飲まれてきた古典的な酒だ。アフリカのジャングル地帯、東南アジア、オセアニアの島嶼部において、現在ももっとも簡単に入手できるアルコール飲料である。

ヤシ酒の造り方

　ヤシ酒はヤシ科の植物の樹液を集めて造るものである。

　ヤシの花が受粉した後、その花芽を切り取り、ヤシの実に回るべき樹液を集める。壺、竹筒、ヤシの実をくりぬいたもの、あるいは、瓢箪などを使って集めていたが、最近は1升瓶やホースをくくりつけておく場合もある。この樹液はトディと呼ばれることが多いが、あくまでもヤシの篩管液であり、ヤシの実であるココナッツの果汁（ココナッツジュース）ではない。味わいはさらに濃厚で糖分が高い。

　ヤシの樹液に含まれている糖はマンナン系の多糖類だが、天然酵母が含まれているので、樹液を溜めているだけで勝手に発酵する。朝方と夕方に採取した段階で、すでに軽くアルコール発酵し、発酵開始後24時間で3～5度の酒になる。

　ヤシ酒は白濁し、やや甘酸っぱい乳酸飲料系の味がする。いわゆるカルピス系の味である。発酵により微発泡しているので、そのままでも、冷やしても、非常に心地よい。辛めのスパイスを使った料理との相性が非常によい。

ヤシ酒は自然発酵した結果なので、熱帯地域の環境ではすぐに発酵のピークを迎える。朝採ったら、昼までに飲まなければいけないという。まるで、シンデレラのようなお酒である。3日もすれば完全に酢になってしまう。そのため、本来のヤシ酒は現地でしか飲めないが、最近は、火入れをして発酵を止めたヤシ酒を瓶詰めしたものも登場し、日本にも輸入されている。

　ここでは、ヤシ酒と一括しているが、地域ごとに様々な呼び方がある。例えば、カンボジアでは「タックタナオトチュー」と呼ばれ、国民的なアルコール飲料となっている。何しろビールより安い。

　アフリカ中部、コンゴのジャングル地帯では、ヤシ酒はメレクと呼ばれ、男たちが村の周辺のジャングルの中で目をつけたアブラヤシから毎日採取し、村の栄養補助飲料として分配する。調査によれば、1本のアブラヤシから年間26ℓのヤシ酒が採れるが、ヤシ酒には多くの糖分と、7種類の有機酸、25種類のアミノ酸、ビタミンC、ビタミンBが含まれている。コンゴ北部のスワンプ（沼地地帯）では、必須栄養素の半分近くを、ヤシ酒に頼っているという報告もある。

　ヤシ酒については、マルコ・ポーロの『東方見聞録』でも、スマトラ島でのヤシ酒採りの様子が描かれている。そこでのヤシ酒の採り方は、「枝を切って樹液を集める」というものであるが、最初は赤い酒が、後に、白い酒が出てくるという。ヤシ酒は一般的に白いので、赤い酒は、もしかすると何か別のものを漬けているのかもしれない。

　蒸留技術が伝わってからは、ヤシ酒から蒸留したヤシ蒸留酒が造られるようになった。およそ30〜50度の澄んだ蒸留酒にする。これをアラックと呼ぶ地域が多いが、アラック、ラク、ラキという言葉は、インド洋沿岸のあらゆる場所で蒸留酒を指す言葉として使われているので、何のアラックか確認するべきだろう。コンゴでは「ハ」または「アフォフォ」、フィリピンでは「ランバノグ」（生ヤシ酒は「トゥバ」）という。ストレートで飲むほか、地域によってはビールで割って飲むこともある。

2章 伝説の古代酒

自然の恵み

　ヤシ酒は天の恵みである。

　なぜならば、ヤシ酒は花芽を傷つけて樹液を採るだけで、勝手に継続的に採れるからである。アフリカや南洋島嶼部などでは、ヤシは神の持ち物であり、誰か個人に属するものではない。従ってそこから採れるヤシ酒もまた天の恵みとして、独占してはならないものであった。

　東インドネシアのフローレンス島では、ヤシ酒そのものが精霊の恵みとされ、ヤシ酒を採る場合、ヤシを処女のように優しく扱う。ヤシ酒採りの仕掛けをする前に、優しく呼びかけ、ヤシ酒を分けてくれるように頼むのである。

　ただし、ヤシ酒が採れるようなヤシは非常に背が高く、品種にもよるが最低でも数m、ココヤシの場合は15〜20mの場所で作業を行わなくてはならないので、慣れていないと危険である。スリランカのトディ・マ

ン（樹液採り職人）は、ヤシ園のヤシの間にロープを張り、10m以上の高さで樹液を集める。フィリピンなど竹が生える地域では、ロープの代わりに竹で渡りを作ることもある。

ヤシ酒に酔った創造神

　日本では「お神酒あげぬ神はなし」というが、これは世界共通のようで、アフリカ大陸ナイジェリアに住むヨルバ族の神話でも、神々はヤシ酒を飲むし、ヤシ酒で失敗した神様の神話が伝わっている。

　ヨルバ族の至高神にして天の主オロルンは、世界の創造をすることに決め、オバタラ神に国づくりを命じた。オバタラは、カタツムリの殻に土を入れ、鳩と5本爪の雌鶏を連れて下界に降りたあと、土を水の上に置き、鳩と雌鶏にその土を蹴散らさせて固い大地を作った。そこを「イレ・イフェ」（乾いた土地の意）と名づけ、ヨルバ最古の都になった。

　次に、オロルンはオバタラに、人間を作るよう命じた。粘土で作られた人間にはオロルンが生命を吹き込んだ。

　しかし、オバタラは作業の途中でヤシ酒を飲みすぎてしまい、おかしな形の人間を作ってしまった。これがイグボ民族になった。酔っ払ったオバタラは呼び戻され、代わりにオドゥドゥアがつかわされ、きちんと作られたのがヨルバ族である。その後、オドゥドゥアはイレ・イフェに王国を作り、最初の王となった。

酩酊して暴れたオグン

　ヨルバ族の戦いの神オグンもまた、ヤシ酒に酔って失敗してしまう。オグンは、火と金属の神であり、戦士の神であり、また酩酊の神、文化の神でもある。オグンは古い神々のひとりであり、大地がまだ固まらずに水浸しだった時代、オロルンに命じられ、地上に降りて人々に火、文化、

鉄器を伝えた。

やがて、彼はイレの街の長老たちに乞われて王となった。彼は国をよく治め、外国との戦争に勝ちつづけた。しかしあるとき、戦いのさなかにのどが渇いたオグンは、エシュ神に騙されヤシ酒を飲み干してしまう。酔っ払ったオグンは暴れ狂い、敵味方を問わず虐殺してしまった。

素面に戻ったオグンは、己のあやまちを恥じて天空に戻った。

チュツオーラの『ヤシ酒飲み』

ヤシ酒の名前を大きく広げた現代のアフリカ小説が、エイモス・チュツオーラの『ヤシ酒飲み』である。

10歳の頃からヤシ酒飲みとなった、資産家の総領息子である「わたし」は、ヤシ酒を飲むしか能がなかったが、ある日父が死に、その半年後には専属のヤシ酒職人まで死んでしまう。ヤシ酒が飲めなくては、まるで能なしの「わたし」は、父のジュジュ（まじないの護符）を持って不思議の世界であるジャングルへと旅立っていく。途中、不思議な力を持った場所や人々と出会い、愛する恋人を得て、苦難を乗り越える。

ナツメヤシ酒

アフリカ、インド洋沿岸、南洋で飲まれるヤシ酒とは別に、古代世界で飲まれたヤシの果汁醸造酒がある。

ナツメヤシの果実（デーツ）の果汁から造った醸造酒は、古代エジプトや古代インドで飲まれていたという。自然発酵に近い酒で、蜂蜜酒と同じように甘い酒だった。現在では、このデーツ酒を蒸留したものがよく飲まれている。

馬乳酒

　モンゴルを中心とした内陸アジアの、騎馬の民が住む地域では、馬の乳を乳酸発酵させた馬乳酒(ばにゅうしゅ)が広く飲まれている。馬乳に含まれる乳糖が酵母によって発酵することでアルコールが生じ、また同時に乳酸菌による乳糖の乳酸発酵も進行するため、強い酸味を有する。乳酸発酵によって発生する爽やかな味わいを持ち、日本の人気飲料「カルピス」は、この馬乳酒にヒントを得たものといわれる。

　馬乳酒は、モンゴル語では「アイラグ」、内蒙古では「ツェゲー」、テュルク系の言語では馬乳酒も含めた乳酒を総称して「クミス」と呼ぶ。ラクダの乳から造られる乳酒は「インゲニアイラグ」という。

　馬乳酒は、酒とはいうが、アルコール度数は1～4度と低く、実際には、ヨーグルトに近い乳製飲料といってよい。肉食中心の騎馬民族は、ビタミンやミネラルを補うために、これを幼児から老人まであらゆる人々が、食事の一環として毎日摂取している。馬乳酒には大量のビタミンCが含まれるほか、数種類の乳酸菌が含まれ、非常に体によいとされる。モンゴルでは、成人で毎日1ℓ以上を摂取し、中には食事代わりに4ℓ近くを飲む場合もあるという。夏にはこれだけで食事代わりにすることさえある。

　馬乳酒の生産は、馬の出産シーズンである夏季（7～9月）に行われる。採取した馬乳に種菌を含む馬乳酒を混ぜて、フフルという皮袋の中で長時間攪拌すると、発酵して1～3日ほどで馬乳酒となる。この攪拌は数千回から1万回におよび、モンゴルの主婦は短い夏を馬乳酒造りに費やす。

　冬に備えて栄養を溜め込むため、モンゴルの人々は、夏には大量の馬乳酒を飲むし、体に塗って皮膚病に備えることもある。現在では、馬乳酒の健康促進効果が注目され、馬乳酒を使った伝統療法も行われている。

クムイス菌の効果により、血中のヘモグロビンが増加し、内臓が頑健になるともいう。

モンゴルでは、この馬乳酒を蒸留した酒「アルヒ」(通称モンゴル・ウォッカ)があり、こちらは強い酒として愛飲されている。蒸留を重ねることにより、ウォッカのような強く澄んだ酒になる。2回蒸留したものを「アルス」や「ホルズ」と呼ぶ。蒸留して残った馬乳酒の粕は濃厚なモロミ状になり、これはそのままチーズにされる。

モンゴル帝国を築いた酒

馬乳酒もまた、自然発酵が生んだ酒である。

広い草原で遊牧生活を送りながら、騎馬生活を送るモンゴルの民は、食事の代わりにしばしば皮袋に馬乳を入れて携帯した。馬を走らせると、乳は自然と攪拌され、やがて発酵し、アルコール分を含むようになる。

移動時の震動が攪拌作業代わりになるのである。

馬乳酒は栄養に富み、しばしば、食事代わりとなった。

世界史上、最大の版図を築いたモンゴル帝国の騎兵たちは、馬上で大量の馬乳酒を飲みながら移動することにより、ほかの国々からは想像もできない長期の遠征を可能にしたのである。モンゴル帝国の機動性は、騎馬民族文化の象徴、馬乳酒によってなされたといってもいいだろう。

しかし、その一方で、モンゴル帝国の開祖チンギス・ハーンは、酒に弱く、馬乳酒を余り飲まなかったともいう。

馬乳酒のマナー

モンゴルでは、酒を飲む場合、最初の1杯をあおる前に杯に指を浸し、天と地に向けて滴を弾く。最初は天の神に、次は地の神に捧げるのである。そして、額にちょんと触れば、酒の恩恵がやってくると信じられている。

また、モンゴルでは、酒に軽く息を吹きかけて運ぶことがある。これは、馬乳酒の神が家に留まることを願ってのこととされる。

3章

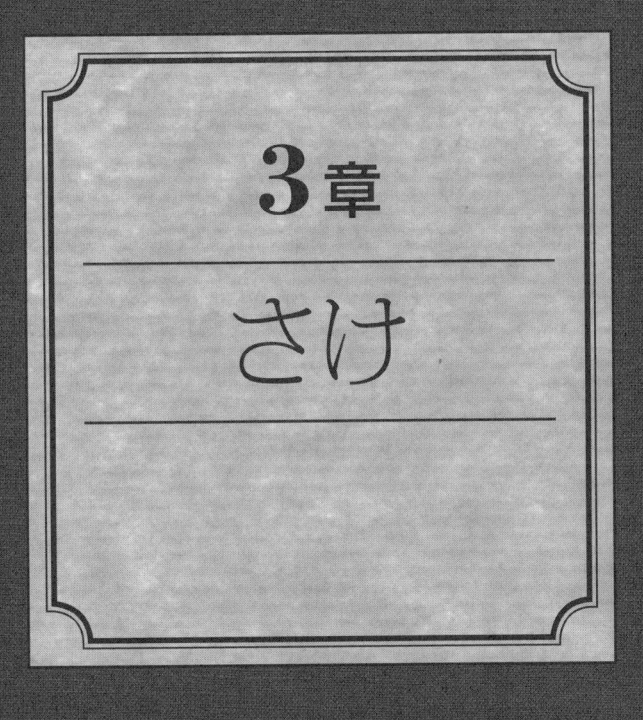

さけ

縄文時代の月の酒

「お神酒あげぬ神はなし」というように、日本の神々と酒の関係は切っても切れないもので、古来より多くの神話や伝承に酒が登場する。稲穂の国、日本は酒の国でもあるのだ。

日本の酒と神話の関係は縄文時代に遡るといわれる。

縄文時代中期、関東から中部・北陸地方にかけての東日本で、有孔鍔付土器と呼ばれる独特の形をした土器が作られている。この土器は酒造具だと推定されており、大きな丸い両目を持ち、四肢を開いた蛙の姿をしている。

これは、蛙の姿をした月の女神が不死の霊薬を持っていて、その姿が月面の陰として見えるという信仰につながるというのだ。

この伝承の手がかりとなるのが、長野県諏訪郡富士見町にある井戸尻遺跡で、縄文時代中期の竪穴住居跡が散在した遺跡群である。ここから、半人半蛙文有孔鍔付樽が発掘され、内部にヤマブドウの種子が残されていた。このことから、発掘者はこれがヤマブドウ、クサイチゴ、アケビなどの液果を仕込んで果実醸造酒を造ったものではないかと推定した。その傍証として、同一住居内から、酒盃らしいカップ状土器も発見されている。

「半人半蛙文有孔鍔付樽」は、高さ50cmにもおよぶ大型の土器で、果実酒を仕込む樽であったと推定される。

表面に描かれた半人半蛙は、多産と雨を司る蛙に、豊饒の力を求めたものである。特に蛙は冬には冬眠し仮死状態になるが、春になると再び目覚め、活発に動き回る。このように蛙は、死と再生の象徴であるが、酒もまた死と再生を象徴する。一旦は腐ったかに見える果実や穀物が、

3章 さけ

その実、芳しい香りを放って盛り上がり、より甘く神秘的な酩酊を与えてくれる酒に変わる。まさに死と再生の姿ではないだろうか？

そして、酒の酒精には強精効果があり、ここに再生の魔力を感じていたと思われる。例えば、沖縄の多良間島の神事「スツウブカナ」の中で、参加者は「ユナオス皿」という大皿に注がれた粟のお神酒を飲み干すが、これによって「ユヤナオル」（蘇る、若返る）という。

麹による米醸造酒

弥生時代となり、日本には中国江南地方から米作りが伝わる。このとき一緒に、米麹を用いた酒造りが伝わってくる。麹に含まれるカビの酵

素ででんぷんを糖化し、酵母菌でアルコール発酵させる醸造法である。

　日本の酒造りの特色は、麹にある。中国では餅麹(もちこうじ)が用いられる。これは穀物粉を一旦練ったものに、麹カビをつけるものであるが、日本では蒸したままの米粒に麹カビをつける撒麹(ばらこうじ)を用いる。これは中国で、粉食が発達し、米や麦を一旦粉にして麺や饅頭にするようになったこと、さらに、クモノスカビを麹に使っているためであるが、日本には、粉食が発達する以前に炊飯や粥の文化が伝わり、麹菌と相性がよいことから、その形式が保存されたのである。

庭酒

　米麹を利用した酒造りの記録は、8世紀に編纂された『播磨国風土記』の宍禾郡「庭音村」の起源に見られる。

大神御糧、沾而生糒。即令醸酒、以献庭酒而宴之。故曰庭酒村。今人云庭音村。
（大神（おおかみ）の御糧米（みかれい）徴生たち。即ち、酒を醸ましめて庭酒を献りて宴す。故、庭酒村と曰ふ。今の人、庭音村（にわとのむら）と云ふ）
（山川出版社『播磨国風土記』　より）

　日本酒は麹による醸造である。
　米穀を放置しておいて生えたカビの力で甘くなった米は、麹となり、これに蒸した米とその2倍ほどの水を合わせて樽や甕に漬け込めば、温度にもよるが2～3日から数日で発酵し、アルコール臭を放ち始める。
　『播磨風土記』に記された様子は、まさに神の御糧米から麹が発見された様子を描いており、麹による酒造りの始まりとされる。なお、播磨は今の兵庫県南西部にあたり、明石、神戸などがこれに含まれる。この土

地が後の酒造りの名所、灘六郷に近いのは、酒造りの伝統であろう。

なお「庭酒」は「にわき」と読む説と、「にわさけ」と読む説があり、関連して「庭音」は「にわき」「にわおと」の2種類の読みの説があるが、ここでは「にわき」説に従った。

瓶落の酒山

同じ『播磨風土記』に、瓶落の酒山という話がある。

まず瓶落は、難波の高津の宮(仁徳天皇)の御世、私部弓取の遠祖、他田熊千が、瓶に入れた酒を持って馬で旅していた際、この村を通ったときに酒瓶が落ちたので、こう名づけられた。

その後、大帯日子の天皇の御世になって、ここから酒の井戸が湧いた。ゆえに酒山と名づけられた。万民が集い、酒を飲んだ。やがて、喧嘩が起こって大騒ぎになったので、埋めてしまった。後年、掘り起こしたら、まだ酒の匂いが残っていたという。

同様に、酒にまつわる地名起源伝説が『風土記』には多数見られる。

斎王所縁の地、楯縫に近い佐香の郷は、その河原に百八十神(多数の神々)が集まって宴会をしたことからその名前がついた。百八十神は佐香の河内に集いて、自ら酒を醸し宴した後、解散したという。

ドブロク、あるいは濁り酒

こうして造られた酒は、米穀を基にした濁酒、つまり現在であれば、ドブロクと呼ばれるものである。

「ドブロク」という言葉には、密造酒のイメージがあるが、本来は米作地帯で普通に自家醸造されていた米濁酒を指すものである。もともと酒は、稲作文化、特に神道祭祀に欠かせないもので、稲作を行う村落では祭りのたびに酒が造られ、農業に従事する村人たちの体力気力の回復に

役立っていた。ドブロクは、もろみを含む濁酒であり、消化がよく、甘いもろみや麹を一緒に飲み干すことで、労働者の健康維持に効果があったといわれる。現在、よく家庭で飲まれている甘酒のアルコール度数を7〜13度まで強くし、糖度を下げたものを考えていただくとよい。甘酒に辛口の清酒を1：1で混ぜるとイメージが近いかもしれない。
　残念ながら、ドブロクは現在、特別な場所でしか飲むことができない。明治時代、国家財政を補うため酒税法が制定され、無届けの酒造が禁止された。また、酒造の最低単位が年間6000ℓ（1升瓶3000本以上）となったため、大型酒造業者以外の酒造が事実上、不可能となったのである。しかし、法律ができたからといって、そう簡単に村の生活に不可欠な自家醸造を止めるわけにはいかず、ドブロクの密造と取り締まりはしばらく続いた。自家醸造の自由を憲法に問う「ドブロク裁判」が行われたが、これも最高裁で敗訴となり、現在もドブロクの製造は違法となっている。
　21世紀に入り、地域振興でドブロク特区ができたり、一部の清酒メーカーが、ドブロクに近い濁り酒を販売するようになったりして、ドブロクも復権しつつある。かなり古式に近いものもあるが、その場合はそのままでは瓶内発酵が継続している生酒で、ガスが溜まるためやや扱いが難しく、スーパーなどで市販されるにはいたっていない。

白酒

　では、今、古代の日本酒を体験することはできないのだろうか？
　実は、古代酒の製造法が残されている場所がある。古社、すなわち歴史の古い神社である。神社では神道祭祀のために、酒が欠かせない。いわゆるお神酒（みき）である。そのため、昔は、多くの神社が自ら酒を造り、あ

るいは、神社に属する信徒が酒を造っていた。例えば、伊勢神宮では現在でも年に3回、御酒殿祭と呼ばれる神酒造りが行われており、でき上がった白酒・黒酒は神嘗祭などの重要な祭典の際に、御神前へお供えされている。

しかし明治時代、神社も酒税法の制限を受ける。ここで多くの神社は、当時すでに日本の酒の主流となっていた清酒に切り替えたが、伊勢神宮、出雲大社、宇佐神宮など、由緒ある神社が酒造免許を取り、あるいは蔵元と提携して、祭祀用の濁酒を自ら醸造する道を選んだ。御神酒清酒醸造免許神社は、全国で伊勢神宮、出雲大社、莫越山神社、岡崎八幡宮の4社で、そのほか40社がいわゆるドブロクの醸造を行っている。

神社で造られる酒は、米麹の残った濁酒であるため、白酒と呼ばれる。ありがたいことに、伊勢神宮と提携した蔵元により、古代の白酒が「伊勢の白酒」というブランド名で再現され、発売されている。本数が少ないため、伊勢の地元での消費がほとんどであるが、東京でも入手できる。

この酒は、中に白い米麹が一緒に封入されている微発泡酒で、まるでシャンパンのような甘味とさわやかな味わいがある。栓を開けたり閉めたりしながら、泡を抜く。その合間に米麹が上下する。このあたりは、韓国の米醸造酒「トンドン酒」の中を米麹が浮かぶ風景も、おそらくこれであろう。甘酒のような外見ではあるが、微発泡のおかげですきっとしておいしい。白酒というように、混濁した状態でも飲めるし、静かに保存することで上澄みの澄んだ部分を清酒のように楽しむこともできるが、一般の清酒とは一味違った深みを持つ。清酒が普及した江戸時代より前に飲まれていた酒は、この白酒が主体とされる。

神功皇后の酒造り

山口県の岡崎八幡に伝わるお神酒は、三韓征伐を行った神功皇后のお手になる酒造りが伝わったもので、同神社は別名、白酒神社ともいわれる。

同神社に伝わる伝承では、三韓、または中国地方で稲作を学んだ神功皇后が畿内に稲作を持ち込み、酒造りを始めたという。同神社の酒醸造法は社家だけの口伝とされる。

　同様に、『播磨国風土記』萩原の里の項目には、神功皇后が韓の国から帰国の途中、この村に滞在し、井戸を掘ったという。この井戸は針間井、または韓清水と呼ばれた。尽きせぬ清水に感動した皇后は、この地に酒殿を築いた。

黒酒

　白酒は発酵が継続しているため、一旦開栓してしまうと、ワインのように味が開いていく生の酒である。現在、市販されている日本酒の多くは、一旦火入れされることで保存性を高めており、栓を抜いても簡単には劣化しない。しかし白酒は発酵が進行し、味が変化していく。

　そこで、灰を使って発酵の抑制を行った古代酒が、黒酒である。黒酒は、白酒の醸造過程で草木から作った灰を加える。これにより、酒をアルカリ性にして雑菌の繁殖を抑え、麹カビと酵母だけを選択的に残すことができる。

　現在でも西日本では、この形の黒酒が造られている。灰を使って腐敗を防ぐことから、灰持酒とも呼ばれる。灰を加えた分、黒っぽい色にな

白酒（しろざけ）

　現在、雛祭り（梅の節句）で祝いの飲料として飲まれている「白酒」は、蒸したもち米に味醂や焼酎を加えて、臼で挽いた練酒である。元々は博多地方の飲み物で、江戸時代あたりから桃の節句のお供えに加わった。それ以前は、桃の花を浸した酒を飲んでいた。

るので黒酒というが、熊本の灰持酒は赤みが差すため、赤酒といわれる。鹿児島では地酒、島根では地伝酒という。灰持酒は、ほんのりと上品な甘味があり、また酒としては珍しいアルカリ性であるため、飲用だけでなく、味醂に代わる料理酒として重宝されている。

灰九

　灰持酒の酒造に用いられた灰は、どんな灰でもいいというものではない。食品、それも高価な嗜好品である酒に用いるのだから、きちんとした灰でなければならない。
　昔は、それぞれの酒蔵が自前の竈(かまど)で草木を燃やした灰を用いていたのだが、やがて食品加工用の特別な灰を製造販売する者が現れた。もともと、我が国では昔からヒノキやツキ（ケヤキ）、ツバキから作る灰が使われていて、酒造りに有効なばかりでなく、染め物にも利用されている。その

ことは『万葉集』に、「紫は灰さすものぞ海石榴市の八十のちまたに逢いし児や誰」という歌が残っているほどである。

『熊本藩町政史料』によると、灰九こと大坂船場一丁目の商人、山口九郎兵衛は屋号を灰屋といい、食品用の灰、特に酒用の灰（これを薬灰という）の製造販売においては全国に知られた名人で、秘伝の灰を全国の造り酒屋に卸していた。その当時の様子を知らせるのが、熊本に残る灰九の子孫が伝える『灰の記』である。これによると、この家には遣唐使の時代に大陸から伝わり、中国では失伝してしまった灰の秘密が伝えられているという。そのため、江戸時代までの数百年にわたり、灰屋として繁栄したのである。江戸中期になると、もろみ仕込みの酒が主流となり、灰持酒の生産が減ったため、灰九の子孫は灰持酒の一種である赤酒を藩の宝とし、藩内で赤酒生産を振興した肥後熊本へ移り住んでいった。（資料提供：瑞鷹株式会社）

八塩折之酒 スサノオのヤマタノオロチ退治

ここでまたもや日本神話、それもスサノオの物語に戻ろう。日本神話で酒が重要なキーワードとなる場面を上げるならば、スサノオのヤマタノオロチ退治である。

高天原を追放されたスサノオは、出雲国、肥の河上、鳥髪という場所に降り立った。そこで、川上より箸が流れてきたので、人の住むことを知ったスサノオが川上に向かうと、1軒の家があり老人と老婆がいて、乙女を間に置いて泣いていた。彼らは国津神、大山津見神の息子、足名椎と、その妻の手名椎、そしてひとり娘の櫛名田比売であった。足名椎と手名椎の間には、8人の娘がいたが、高志の八岐大蛇がやってきて、毎年ひ

酒の伝説

3章 さけ

とりずつ食べてしまった。今年もその季節がやってきてしまい、最後に残った櫛名田比売が食われてしまうに違いないと思い、一家で泣いて別れを告げていたのである。

　それを哀れに思ったスサノオは、櫛名田比売を嫁にもらう代わりに、そのヤマタノオロチを退治することにした。ここでスサノオは、老夫婦に命じて八塩折之酒を醸させ、その悪しき酒において、大蛇を酔い潰し、これを退治するのである。その尾から得られたのが、現在、三種の神器のひとつとなっている草薙太刀である。

　さて、ここでヤマタノオロチを酔い潰す「八塩折之酒」とはいかなる酒であろうか？

　「八」は、日本神話においては「多い」という意味である。ヤマタノオロチの八もまた、多くの山や谷に渡るという強調語である。「塩折」とは、醸造するという意味で、何回も醸造を繰り返した酒という意味である。記紀には詳しい製造法は載っていないが、平安時代の記紀研究文献によ

れば、一旦米麹で酒を仕込んだ後にもろみを取り除いて、その酒に米や麹を入れて、再度醸造するというものである。酒造学上の分類は、「貴醸酒」という。こうすることにより、酒のアルコール度数を上げた酒を造ったものではないかと推測される。

　現在、出雲の酒蔵で再現された八塩折之酒が造られているが、こちらはアルコール度数17～18度に達する濃厚な味わいの酒である。

酒に酔う古代の国津神

　日本を初めて紹介した書物として有名な『魏志倭人伝』には、「その会同座起には父子男女別なし、人性酒を嗜む」とあり、当時の日本人が男女とも酒をよく飲んだことが記されている。

　ヤマタノオロチの故事に従うように、日本の神話伝承の中には、酒に酔った隙を突かれ、英雄に倒されるという伝承がいくつかある。

　まず、『古事記』や『日本書紀』に記された神話で、ヤマトタケルは、九州の支配者クマソタケルの祝宴に女装して忍び込み、クマソタケルが酒に酔ったところを成敗する。

　また、平安京を脅かした鬼の頭領、酒呑童子も、酒に酔ったところを源頼光と四天王によって討ち取られている。

　ここで筆者は考える。

　酒と英雄譚の関係も、3回続けば偶然ではない。これは何か意味があるのではないだろうか？

　調べてみると、面白い研究結果に行き着いた。

　筑波大学の原田勝二教授（現在は引退し、日本醸造協会理事などを歴任）が発表した研究によれば、モンゴロイドの中には、体内でアルコー

3章 さけ

ルを分解した際に発生するアセトアルデヒドを、さらに分解する酵素の一部が不活性な人々がおり、この活性、不活性が「お酒の強い、弱い」を決定するという。アセトアルデヒドは、アルコールより遥かに毒性が高く、そのため分解しきれないアセトアルデヒドの毒性で顔が赤くなり、泥酔することになる。鍵となるのはアセトアルデヒド分解酵素のひとつ、ALDH2で、活性型（N型）と不活性型（D型）の2種類が存在する。不活性型のD型を持つDD型、またはDN型があるのは、日本人や中国人など極東アジアの黄色人種の一部の特徴。それ以外の世界の人々のほとんどがNN型で、より強いアルコール耐性を持っている。これは「酒に強い、弱い」を遺伝的に決めるもので、あえていえば、NN型は「酒豪遺伝子」といってもいいだろう。

原田教授が、さらにこれを日本国内で追跡調査した結果、東北、九州

■都道府県別に見たN型遺伝子の頻度

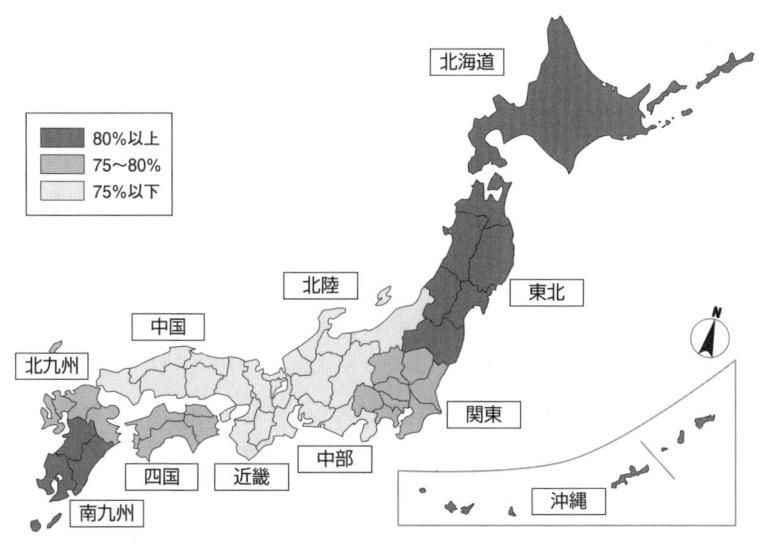

凡例：
- 80%以上
- 75〜80%
- 75%以下

（at home web こだわりアカデミー　原田勝二氏インタビュー より）

でNN型の比率が80％以上となり、中国・近畿・中部地方では75％未満とやや少ないという結果を得た。ここから教授は、南方系で日本先住民族といわれる縄文人は酒に強く、渡来民族系の弥生人の末裔ほど酒に弱い傾向があったのではないか？　と推測している。

　実際、p.083の図を見ていただくと、まるで京都に近いほど酒に弱い傾向があるかのように見える。これは予想と180度、逆の結果である。

　筆者は神話や英雄譚の構造から見て、辺境の国津神、つまり縄文人側こそ酒に弱く、中央の天津神、すなわち弥生人側が酒に強かったので、酒に酔わせて勝ったのではないかと思ったが、弥生人こそ弱かったのである。もしかしたら、どこかで逆転が発生しているのかもしれない。

酒造りの刀自女

　ここにもうひとつ、面白い研究がある。

　帝京大学の義江明子教授は『古代女性史への招待～〈妹の力〉を越えて～』において、「弥生時代の稲作社会の中で村落の酒造を担当した女性、刀自女（とじめ）が強い権力を持っていたのではないか？」と述べている。この論によれば、弥生時代まで巫女は共同体の祭祀指導者として活躍していた。この時代は、男性は狩猟、女性は農耕という男女分業の中で、女性が村落の祭祀を司っており、刀自（とじ）などの名称で呼ばれていた。その祭祀の中には稲作を管理するための各種儀礼、そしてそれに伴う酒造工程の管理が含まれており、その結果、女性が村落の宗教的、あるいは経済的な支配力を持っていた。この傍証として『風土記』の中で、刀自女から酒を借りるという記事がいくつか見られる。

　現在、酒を造る職人を指す杜氏とは、中国の神話で最初に酒を造った伝説の料理人から来た名前であるが、「とうじ」という読み方が、この刀自女と通じているのには、何か理由があるかもしれない。

　確かに、5～6世紀頃は巫女埴輪が作成され、巫女の地位が高かったこ

とが分かる。おそらく、3世紀の邪馬台国の卑弥呼もまた、こうした巫女の力を用いた巫女王(ふじょおう)であったと思われる。筆者としても、弥生時代の初期にはおそらく女権制が残っていたが、稲作社会の完成により、男性も田畑で働くようになって行き、男権社会へ移行するという図式に近いように思われる。

　この視点と先の原田教授の酵素遺伝子説を組み合わせた場合、スサノオのヤマタノオロチ退治はまったく別の解釈が可能になる。例えば本来の話の中では、スサノオとヤマタノオロチの関係は天津神vs.国津神の構図ではなく、逆の国津神vs.天津神の関係ではなかったのだろうか？

　酒に強い国津神スサノオは、酒造りの巫女クシナダの手助けを得て、酒に弱いヤマタノオロチ（製鉄の民＝渡来民）を倒し、剣を手に入れる。またヤマトタケルが女装するのも同様で、実際に女装したのではなく、酒造りの巫女である刀自女の手助けがあったということではないだろうか？

　残念ながら、このあたりの検証はまだなされていない。

　米麹酒は、稲作とともに日本に入ったものであることを考え併せると、大量生産がきかない口噛み酒しか持たなかった縄文人を、米麹で大量生産できる「酒」が圧倒したのかもしれない。

日本の酒神

では、日本の酒造の神々をさらに追いかけていこう。

酒解神と酒解子

　日本には三大酒神社といわれるものがある。京都の梅宮大社、松尾大社、奈良三輪山の大神(おおみわ)神社である。

　京都市右京区にある梅宮大社は、奈良時代の名門・橘氏の氏神であるが、同時に酒造の祖とされる2柱の神、酒解神(さけとけのかみ)と酒解子(さけとけのみこ)を御祭神としている。酒解神は大山津見神(おおやまつみのかみ)、酒解子はその娘の神阿多津比売(かみあだつひめ)（またの名を木花佐久夜比売(このはなのさくやひめ)）で、天孫である天津日高日古番能邇邇藝能命(あまつひだかひこほのににぎのみこと)の妃となる。『日本書紀』では、彼女は狭名田の田の稲を取って、天甜酒(あまのたむけざけ)を醸し、新嘗に供することになる。新嘗祭は、日本における収穫祭にあたるものであり、稲の収穫を神に感謝し、稲から酒を醸造した様子を表現している。皇祖であるホノニニギの妻でもあることから、稲作による醸造の祖神となった。ホノニニギ自身、「稲城(いなき)」に降臨するという稲の神であるから、稲と酒の組み合わせである。

　父の大山津見神は山の神であるが、日本の稲作社会では、山の神は山から流れてくる水の神であり、同時に豊饒の神でもある。すなわち、春になると降りてきて田の神になり、稲を実らせる稲霊(いなだま)なのである。米で醸された酒とは、その稲霊の霊力がぎゅっと詰まった液体であるから、山と酒が非常に近しいのもそういうゆえんである。

松尾様（大山咋神）

　酒造家の神といえば、松尾様である。

　松尾様と呼ばれるのは、京都の松尾大社のことで、「灘の生一本」で知られる灘目の蔵元とつながりが深く、全国の杜氏たちに深く信仰されている。

　御祭神は大山咋神（おおやまくいのかみ）と中津島姫命（なかつしまひめのみこと）である。大山咋神は本来、前項の大山津見神と通じる山の神であり、「鳴鏑を用つ神」ともいわれる。鳴鏑とは射ると音が出る鏑矢（かぶらや）のことで、平安時代までの古式ゆかしい戦では、互いに鏑矢を打ち合い、矢合わせを行った。平安京への遷都にあたり、皇城守護の神社として賀茂神社とともに京洛に勧請され、「賀茂の厳神、松尾の猛霊」といわれ、恐れられた。後に比叡山にも祭られ、また京都の守護者ともなった。

　別名を火雷神（ほのいかづちのかみ）ともいい、雷神であった。このため大山咋神は雨や水

を司り、ひいては雨が重要である田の神、農耕の神となった。松尾大社の社務所裏には、京都の酒蔵が汲んで酒母水とした「神泉亀の井」が湧出しており、良水を求めた杜氏から酒造の神として信仰されている。

　もうひとりの御祭神、中津島姫命は、宗像神社の女神のひとりで、市杵島姫命の異名である。彼女は、スサノオとアマテラスの「誓ひ」で誕生した神の息吹の女神、いわゆる宗像三女神のひとりである。彼女もまた酒造りを伝えた神とされる。松尾様と呼ばれる場合、こちらの姫神様を指す。松尾様は非常にやきもち焼きの女神で、女人を酒蔵に入れると、酒を腐らせるという。

　かつて女性が醸造を司っていたことや、山の神を女性にした場合と同じ事象（嫉妬深いので山に女性が入るとよくないことが起こるといわれる）が発生することを考え合わせると、非常に興味深い。

少彦名神

　酒造の神といえば、三輪山を神体山として信仰し、日本最古の神社といわれる大神神社が全国に知られ、酒造家たちの信仰を集めている。

　大神神社は、酒の２大神・大物主神と、少彦名神および大己貴神を祭り、本殿北側にある活日神社には、杜氏の祖といわれる高橋活日が祭られている。

　大己貴神は、スサノオの末裔、大国主の異名であるが、酒の歴史から見て重要なのは少彦名と大物主である。

　まず少彦名は、渡来神とされる小人神である。

　大国主が出雲の御大（美保）の岬にいると、天の羅摩船（ガガイモを割って作った小さな船）に乗った小さな神がやってきた。その名を問えども答えず、周りに聞いても知らないという。聞きまわると、ヒキガエルが「崩彦に聞け」という。崩彦とは、カカシのことで、カカシは「これぞ神産巣日神の子、少彦名神」と答えた。神産巣日神は、神代の初め、天地

3章 さけ

開闢のときに生まれた3柱の独神の1柱であり、少彦名を見て、「これぞ我が手よりこぼれ落ちたる子、大国主とともに国造りをせよ」と命じた。少彦名は、大国主とともに国造りをした後、粟の穂先から常世の国へ去っていった。

少彦名は、その登場方法から見て、日本海からの漂着者とよくいわれる。朝鮮半島、もしくは大陸からの渡来民が稲作などの技術指導を行い、神格化されたものではないだろうか？　大国主の周辺に知る者がおらず、カカシだけが知っていたというのは、少彦名が稲作と深い関わりを持った神である証拠だろう。最後に穀物の穂先から常世に去るのも、稲霊に相応しい。稲作を伝えたのであれば、同様に大陸の酒造技術を教えた可能性もあり、酒の神となるのもまた相応しい。『日本書紀』の神功皇后紀にある酒楽歌にもある。

この神酒は　わが神酒ならず　神酒の司（くすのかみ）　常世に坐（いま）す　いわたたす
少御神（すくなみかみ）の豊寿（とよほ）ぎ
（岩波書店『日本書紀（二）』より）

このように、少彦名は酒神として信仰されていたのである。おそらくは、穀物霊としての要素が強かったのであろう。

久斯之神

少彦名命と同一であろうといわれるのが、出雲の松尾神社で御祭神となっている久斯之神（または、くしのかみ）で、この神社は古くは「佐香（さか）神社」といい、出雲に漂着した神を祭ったものである。「くし」とは「奇し」であり、「薬」である。おそらくこの神は、本来、朝鮮半島の出身であったのだろう。実際、半島の南端、釜山から船出すると丸木舟でも10日足らずで、出雲に漂着するという。

『出雲国風土記（天平5年2月）』によれば、「佐香の河内に百八十神等集い坐して、御厨立て給いて、酒を醸させ給いき。即ち百八十日喜讌して解散坐しき。故、佐香という」とある。すなわち、酒の語源ともいうべき地名である。石の鳥居には、「酒造大祖佐香神社」の銘が刻まれている。

出雲国は、神々の郷である。年に1度、旧暦10月になると日本全土の神様が出雲に集まり、宴をするという。故に、出雲以外では旧暦10月を神無月と呼ぶが、出雲では神有月となる。

後に、松尾様を勧請して松尾大明神となり、酒神としての酒造家の信仰を集めている。明治時代の酒税法の際にも勅令で「一石未満の酒造は無税」という許諾を受けている。

大物主大神

さて、三輪山の御祭神に戻ろう。

少彦名が常世に去った後、残された大国主は嘆き、「ひとりでどうやって国造りをしようか？」と嘆いた。すると、海を照らして依り来る神がある。その神は「私を祭れば、国造りはうまく行くだろう」と言い、自らを大和の青垣の東の山の上に祭れという。これが、三輪山に祭られた大物主大神である。

大物主は、大和の東を守る三輪山そのものを神体とした神である。春分と秋分の日には、大和から見て、三輪山の直上から太陽が上がる。その先には伊勢があり、古代の「太陽の道」を形成する古代信仰の中心的な存在だ。近年の考古学的な研究では、古代の畿内においては三輪山を中心とした太陽信仰があり、後に皇祖神とされるアマテラスは、三輪山の巫女、「ヒルメ」（太陽の巫女）が神格化されたものではなかったかといわれている。

そして、大物主は山の神である。すでに、大山津見神でも述べたように、古代日本において、山の神はすなわち稲の神であり、酒の神であった。

3章 さけ

　ミワという言葉自体、古代語で「酒」と通じる。『万葉集』巻二にある檜隈女王の歌では、「神酒」にあたる言葉を、万葉仮名で「三輪」と書いている。

　さらに、「三輪」および「神」の枕言葉は「味酒(うまさけ)」である。三輪の神と酒の深い関係を示すものだ。

大神の酒造り、高橋活日

　後に、崇神天皇の時代、疫病が流行り、国が乱れたことがある。
　それまでは、天皇の大殿に天照大神(アマテラス)と大国魂神(おおくにたまのかみ)を祭っていたが、それがおそれ多いことであったようで、アマテラスは大和笠縫村へ移した。それでも足りず神々に問いかけると、大物主神が神懸りで現れ、「我を祭れ」という。神託に従ったが国は治まらず、さらに夢占いに問うと、大物主の子、意富多多泥古(おおたたねこ)を探せという。この意富多多泥古に命じて、大物主を祭らせたところ、疫病が収まった。
　このとき、酒造りの長である高橋活日(たかはしいくひ)が天皇に三輪で造ったお神酒を捧げ、次のような歌を詠んだ。

　　この神酒は　わが神酒ならず
　　倭成す　大物主の醸みし神酒　幾久幾久
　　(岩波書店『日本書紀（一）』より)

　以来、活日は杜氏の祖神とされ、大神神社は醸造家や杜氏の信仰の対象となった。
　活日は、大三輪神、すなわち、大物主の神託を受けて、一夜にして「美し神酒(うまみき)」を造ったという伝説がある。そのため、活日神社は別名、一夜酒之社とも呼ばれる。
　今でも、毎年11月14日には新酒の醸造安全祈願大祭が行われ、仕込

みを前に、全国の酒造家や杜氏たちが醸造安全祈願にやって来る。この日には、拝殿向拝に吊っている大きな杉玉が新しく取り替えられる。「杉玉」は、三輪山の神杉の葉を球状に束ねたもので、酒林（さかばやし）とも呼ばれ、しばしば酒屋の看板となった。仕込みに始まった酒蔵には、杉玉が吊るされ、これが乾いて茶色くなる頃には、新酒の仕込みが終わるのである。

ちなみに、三輪山の大物主は、蛇神とされ、蛇や丹塗りの矢に変身して巫女の下に通うことで知られている。

須須許理

『古事記』には、応神天皇の頃、百済から多くの渡来人がやってきて、貢物を捧げたとある。その中に、酒の醸造技術を持った仁番（にほ）、または、須須許理（すすこり）がいて、神酒を醸造し、当時の天皇に献上した。天皇はこの酒を飲んで非常に喜び、こう歌った。

　須須許理（すすこり）が醸（か）みし御酒（みき）に我酔ひにけり
　事無酒（ことなぐし）、笑酒（えぐし）に我酔ひにけり
　（岩波書店『古事記』　より）

このように歌ってお出かけになった天皇は、杖で坂にあった大石を打ったところ、その大石が逃げ出した。かくして「堅石も酔い人を避ける」という諺ができた。

これ以来、曽曽許理などの異字を含め、百済から渡来した人物が醸造技術を日本に伝えたと多くの書物に記され、しばしばこれが日本酒の起源説話として語られてきた。

ただし、これはやや拡大解釈ともいえる。この項目は百済の朝貢に関するもので、異国の美酒に酔った天皇の愉快な行動を語ってはいるが、それ以前に、八塩折之酒（やしおりのさけ）や活日の酒献上など、醸造の記録がある。おそ

酒の伝説

3章 さけ

らくは、朝鮮半島で発達しつつあった餅麹による醸造酒を製造して、天皇を喜ばせたというエピソードであろう。

日本酒の半島起源説

須須許理に限らず、日本酒の半島起源説がしばしば語られる。稲作が大陸から伝わったこと、サケという言葉が韓国語の酒（Sul）に似ていることなどが証拠とされる。確かに、日本の稲作文化は大陸から伝わってきたものであり、大和朝廷成立に関して、渡来民を通して受けた中国や朝鮮半島の影響は非常に大きいといえる。

その一方で醸造学者の多くは、麹の使い方について、餅麹を使う大陸と撒麹を使う日本では大きな違いがあり、半島起源説に異論を唱えている。おそらくは、古代中国の江南地域で使われていた撒麹による醸造が日本に伝わり、やや古式のまま保存されたが、大陸では粉食の発達に伴い、餅麹へと変化していった。日本酒の起源は独自に存在し、その後、渡来技術をも取り入れつつも、日本の杜氏たちが洗練していったというのが真実であろう。

また、いかなる酒にもいえることであるが、例え起源の一端は海外にあろうとも、酒はその地の気候風土に沿って発達するものである。日本の「さけ」は1500年以上もこの日本列島で稲作とともに発達してきた。今さら、その「国籍」を問うことはまさにナンセンスであろう。

なお、酒造りの中核を担う杜氏の語源は、中国の神話上の王朝、夏王朝五代目の皇帝である杜康が世界で最初に酒を醸したとされる酒の神であったことに基づく。杜康の名は日本ではほとんど忘れ去られているが、もしも酒造りの起源を国外に求めるのであれば、この夏王朝に求めるべきであろう。

造酒司酒殿祭神九座

　酒造司（または、さけのつかさ）は、律令制の下で作られた役所で、宮内省に属し、朝廷のために酒や醴、酢などの醸造を行った。
　ここには酒殿があり、9柱の御祭神が祭られていたという。酒弥豆男神と酒弥豆女神は、酒造用水を守る2柱の男神である。続いて、竈神が4柱、これはカマドそのものでなく、釜を神座とした忌火神で、大陸渡来の火の神とされる。残りの3柱の神は大邑刀自、小邑刀自、次邑刀自で、酒甕の神とされる。おそらく、前述した酒造担当の巫女、刀自女が神格化されたものと思われる。この酒造司には、酒造りの役人がいたが、実際に酒を造ったのは、大和や河内からやってくる人々で、酒部と呼ばれていた。今の杜氏たちの祖先である。おそらく、初期は各村の刀自女が集められ、口噛み酒を、米麹醸造の成立後は、その女性たちが神田から収穫した米から酒を醸造していたのだろう。

酒人王

　愛知県岡崎市にある酒人神社の御祭神、酒人王は歴史上の人物の神格化である。酒人王は、仁徳天皇の子で、愛知県岡崎に派遣され、国土経営の傍ら、酒造りの指導を行った。

現代の酒の神、超神ネイガー

　さて、日本の酒神の最後に、ちょっと現代の酒神のことを。
　秋田県では、御当地ヒーローのお酒がある。その名も「超神ネイガー」といい、「天地無用！魎皇鬼」で有名な漫画家、奥田ひとし氏のラベルを張った純米吟醸酒で、その筋の人々に人気を博している。

3章 さけ

日本酒の発達と分化

　神話の時代より神々に愛でられた日本の酒であるが、現在の日本酒にいたるには、さらに多くの時間を要することになる。ここでは、そんな日本酒の歴史にまつわるあれこれを時代に沿って紹介していこう。

糟湯酒

　万葉時代の酒はおそらく濁酒が主流であったが、独特の飲み方をした人々もいた。
　『万葉集』で、山上憶良（やまのうえのおくら）が、亡くなった友人の大伴旅人（おおとものたびと）を偲んで歌った『貧窮問答歌』（ひんぐう）には、糟湯酒（かすゆざけ）という表記がある。この当時はまた清酒がなく、人々は現在のドブロクに近い濁酒を飲んでいたとされるが、憶良の場合、貧窮のあまり濁酒を飲むこともできず、酒糟を湯で溶いたものを酒代わりに飲んでいたのである。

仁徳天皇のオン・ザ・ロック

　現代では冷蔵庫が普及し、冷やした冷酒や氷入りの酒をいつでも飲むことができるが、昔はそうもいかなかった。だが仁徳天皇（にんとくてんのう）は、オン・ザ・ロックで酒を楽しんだようだ。
　5世紀頃、仁徳天皇は額田大中彦皇子（ぬかたのおほなかつひこのみこ）から、都祁（つげ）の地にあった氷室の氷を献上され、非常に喜んだという。以来、師走になると、氷室に氷を納め、暑いときに水酒に浸して飲んだとある。今でいえばまさにオン・ザ・ロックである。

清酒

　現在のような清酒が誕生するのは室町時代のこととされているが、清酒の表記は奈良時代に遡る。この時代の清酒は、絹の布を使って漉されていたと推測される。当時はまだ木綿がなく、絹は高価な布地だったので、清酒もまた高級酒となった。これは濁り酒をろ過した物で、完全に透明な酒ではなかったが、しばらく置いておくと濁りが底に沈み、上澄みが透明になるので、これを取って澄み酒、または浄酒と呼んだ。

　また、『播磨国風土記』中川の里の項目に、伯耆の加具漏、因幡の邑由胡という2人の長者の名前が出るが、この者らは奢り高ぶり、清める酒で手足を洗うという記述がある。時に、仁徳天皇の御世である。上記のような上澄みの酒であろう。超高級品である。これを聞いた時の天皇はあまりに贅沢であるとし、狭井連佐夜を使わし彼らを罰した。佐夜は一族全員を捕らえ、水漬けの拷問に処したが、執政大臣の縁者である姫君がいたので、さすがにこれは許したという。

義経の首

　鎌倉時代には、酒は防腐剤としても活用されていた。
　『吾妻鏡』の中では、衣川で戦死した源義経の首は、「件ノ首黒漆櫃に納め、美酒に浸す」とある。1189年の6月（新暦で7月中旬から8月中旬）というから、ずいぶん暑い時期であっただろうが、この酒に漬けられ奥羽より1カ月以上かかって運ばれた首を、和田義盛、梶原景時が首実検し、義経と断定したという。

文安の麹騒動

　いつの世にも、酒造業は実入りのいい産業であった。室町時代には幕

3章 さけ

府や朝廷から免状を得た土倉酒屋が酒造を独占し、酒屋の年貢が朝廷、公家、幕府などの大きな収入源となった。その独占状態は反発を呼び、土倉酒屋が高利貸しを兼ねるようになって貧富の差はいっそう加速した。さらに、酒造には欠かせない麹の製造を束ねる麹座もまた免許制度になっており、この権益を巡る対立が激しくなった。

　京都では鎌倉以来、多くの酒屋が繁栄していたが、室町幕府の最盛期を迎えた3代将軍足利義満の時代、幕府は酒造業者へ年貢を課し、これを支配下に置いた。ここで北野天満宮の西宮麹座は幕府に取り入り、多額の運上金と引き換えに、麹の製造販売を独占した。その横暴に土倉酒屋が反発し、自家用の麹を使うようになったが、北野社で麹製造を行う神人たちは幕府役人とともに、酒屋を襲うという強硬な姿勢で臨んだ。

　こうして制圧された京都の酒造業界は、比叡山に助けを求めた。比叡山の西塔に立て籠もり、京都の幕府に対する強訴を行った。義満の死後、勢力が落ちてきた幕府は、比叡山の訴えを入れ、北野麹座の独占を排除しようとしたが、これに対して今度は北野麹座が社に立て籠もった。そこで管領・畠山持国は兵を送り、これを武力で制圧した。北野社は炎上、死者も出る騒ぎであった。これを「文安の麹騒動」（1444年）という。

　これによって、麹の独占時代は終わり、酒屋が自ら麹を造れるようになった。

僧坊酒、酒は諸白

　酒造というのは、信仰と深く関わっており、しばしば、寺社、寺院、神殿、教会が酒の発達を担ってきた。日本もまた例外ではなく、奈良時代以降、酒は仏教寺院（およびこれに習合される神道神社）で多くの発展を遂げた。寺で造られることから僧坊酒と呼ばれた。

　戒律で、飲酒を禁じられているはずの仏教寺院が酒を造るようになったのは、まず神仏習合により合流した神道神社で、酒を儀式に使うため

とされる。お神酒のためにやむなくということであるが、当時、ある種の特権地域であった寺社には権力者が集い、はたまた外界で暮らせない逃亡者や特殊な立場の人々が隠れ住んでいたので、酒は欠かせない存在であったともいえる。また海外との交流が多く、最新知識人を有する寺院は、酒の発達に最適な場所であった。

僧坊酒は、やがて麹米にも、仕込み米にも、精米した白米を使うようになり、独特の旨みを持つようになった。麹米と仕込み米の両方に白米を使うことから「諸白（もろはく）」といい、名酒は諸白で造った僧坊酒に限るという意味で「酒は諸白」といわれた。

残念ながら僧坊酒は、戦国時代に宗教勢力の台頭を嫌った織田軍団の圧迫を受けて衰退した。百済寺の「樽酒」、豊原寺の「豊原酒」は、織田軍団の侵攻で寺社そのものが焼失し、いまや製法すら残っていない。

菩提泉

僧坊酒の中では、奈良の菩提山正暦寺で造られた「菩提泉（ぼだいせん）」が有名で、奈良の酒は「南都諸白」と呼ばれ、もてはやされた。本能寺の遠因とされる徳川家康歓迎の宴で、明智光秀が用意したのは、この「菩提泉」とされる。

現在も伝わる「菩提泉」の造り方は、乳酸発酵を行う。

白米1斗（10升）をよく洗い、その内の1升を「おたひ」（飯）として炊く。炊き上がった飯を笊（ざる）にとってよく冷ました後、残りのまだ炊いていない米の中に混ぜて3日置く。これによって乳酸発酵が始まる。3日後、上澄み液を取り、炊いた飯を取り出す。飯に麹を混ぜておく一方で、炊いていない9升の浸し米を飯に炊き、これもよく冷ました上で、やはり麹を混ぜる。これらを合わせて仕込み、7〜10日ほどででき上がる。やや酸味のある美酒とされる。

天野酒

　本能寺の後、日本を統一した豊臣秀吉は、河内長野の天野山金剛寺の造った僧坊酒「天野酒」を愛飲、朱印状を与えたという。「天野比類無し」「美酒言語に絶す」と褒め称えられた。当時としては最新の醸造技術「澱引き」を行う結果、酒に清澄用の木灰を加えないため、独特の美酒に仕上がっていたのである。

　天野酒は、現在の清酒に近い「寒仕込み」の2段醸造法を行っている。まず、人肌で蒸し米と麹を混ぜて仕込み、発酵によって温度が上がって泡が出てくると、櫂を入れて混ぜ温度を下げる。発酵温度をあえて下げることにより、限界まで発酵させる。甘味が消え辛味が出るほどに発酵させて、酒母とする。

　さらに、熟成させた酒母に米麹、水、冷ました蒸し米を加えて、第2段階のもろみ仕込みを行う。こちらでも櫂入れをして温度の上昇を防ぎ、低温発酵で辛口の酒に仕上げるのである。

　現代でも酒は寒仕込みといい、冬に仕込むのは、発酵の限界である10℃前後という過酷な環境に麹菌を置くことで、麹菌がフルーツのような香りを発するエステル成分を生成するようになる。これがいわゆる吟醸香である。

澱引き

　さて、現在の清酒に近い諸白が誕生するのは澱引きと火入れという、2大酒造技術が導入された結果である。

　もろみが熟成したら、これを絞って酒とするが、この段階の酒の中には細かい成分が浮遊しており、布でろ過を行っても完全には取れないため、まだ白い。そこで、木灰を投じて不純物を沈殿させていたが、やがて10日ほど樽で静かに寝かせ、上澄みだけを別樽に移動する澱引きの技

法が誕生した。これはワインの製造過程でも同様に行われている。

火入れ

　澱引きされた酒は、まだ生の酒でやがて腐敗する可能性があったが、室町時代に火入れの技術が誕生し、長期保存が可能になった。火入れとは、アルコールが気化する直前の低温（55℃から70℃の間）で酒を温め、酒を変質させる雑菌類を殺すという手法である。ワインのためにパスツールが発見した低温殺菌法（いわゆるパストライゼーション）を、300年前に発見し、実用化していたのである。

　この証拠が、興福寺の塔頭で書かれた『多聞院日記』に残されている。「酒ニサセ、初度なり」という記述から、念を入れおそらく2回以上火入れをしていたらしい。

　同時期の半島や大陸でも、火入れ技術の記録がないことから、火入れ

はおそらく、日本で独自に開発されたのだろう。

鴻池の清酒

　木灰を入れて、酒の清澄を計る澄まし灰（直し灰）の技術については、鴻池の清酒発見伝説として巷間に伝わる話がある。

　江戸後期の書物によると、鴻池の山中酒店の下男が、叱られた腹いせに灰桶の灰を酒造りの桶に投げ込んだ。これで酒がダメになってしまえばと思ったのである。ところが、何も知らぬ主人が翌日に酒を見に行くと、昨日まで濁っていた酒が素晴らしく澄んでいるではないか？　驚いた主人は、家人に聞きまわり、下男が灰を投げ込んだことを調べ上げた。酒が澄んだ理由が灰にあると気づいた主人は、灰の清澄効果に気がつき、その後は、澄まし灰を使って酒を清酒にし、大いに儲けたという。

　これが鴻池の清酒伝説であるが、醸造学の専門家は、清酒の起源を奈良正暦寺の諸白造りとし、これは伝承であろうと見ている。

煎酒

　江戸時代後半に、醤油が利根川沿いの野田、銚子などで量産されて一般化するまでは、酒は味噌や塩、酢と並び、非常に重要な調味料でもあった。
　江戸元禄の頃は、町人文化が花開き、初鰹など初物にこだわる食道楽が広がったが、その頃はまだ醤油が高く、初鰹の刺身を食べる場合でも、蓼酢、芥子味噌、煎酒が用いられた。最後の煎酒は、酒に鰹節と梅干、梅酢を加えて煮詰めた調味料で、鰹出汁の風味と梅干の塩味、香りを酒に移したもので、現在の醤油出汁のように用いた。

灘の生一本

　現在の兵庫県西宮市・神戸市などの大阪湾沿いの灘地区には、多くの酒蔵がある。よい米（山田錦）とよい水（宮水）に恵まれた灘目地域には、室町時代から酒造業が発達した。江戸以前は灘目三郷、江戸期には樽回船で江戸に酒を出荷するようになって、さらに発達して灘五郷と呼ばれた。現在でも、今津郷、西宮郷、魚崎郷、御影郷、西郷の五郷に、「大関」、「日本盛」、「金鷹」、「松竹梅」、「白鶴」、「沢の鶴」、「菊正宗」、「剣菱」、「富久娘」など、著名な蔵元がひしめいている。

　江戸時代、江戸が一大消費地になると、関西から多くの酒が運ばれるようになり、やがて灘から樽回船で運ばれるようになる。何と近畿からやってくる船の7割が、酒樽を載せていたという。春の新酒シーズンには、初物酒を運び込む樽回船の競争、番船競争も行われ、大量に酒樽を積んだ船が灘から江戸湾まで一挙に疾駆した。

　この当時の酒は、現在の清酒にかなり近いが、松の樽で海路を運ばれるため、松の香りが強い清涼な酒であったという。

酒塚

　沼津市の牛臥海岸にある大本山日緬寺（にちめんじ）の境内に、酒塚という塚が残されている。杯、瓢箪（ひょうたん）、ひき臼、樽、丸膳を重ねた形の石の塚である。

　江戸時代、宝暦8年（西暦1758年）に備前の人、飛山長左衛門は仏教を深く信仰し、その教えを和歌にして酒塚を造ることにし、全国を行脚して66カ所に建立した。

　建立した酒塚には、次のような和歌が刻まれた。

3章 さけ

瓢箪："ふうたいに このみをのんでしまへとも しるしはあとにのこる ひょうたん"。

樽　："くわっけい（活計）は すこしのむのがよひものに たるほとのめば よいすきるかな"。

挽臼："ひとりきて ひとりゆくらん本の道 むめやうのほかにたれかまねかん すいなみも こころのかとにいやらしき いっそ丸きははまりやすきに"

膳　："ごくらくを ねかわはいそけ一とのみの きえぬうちこそのちのよのたね じりきには 五つのつみがおもいゆえ たらいに丸き ぜんをたよりに"

（日緬寺　酒塚Web より）

　仏教の因果を解説した歌で、曳臼の横周りには、南無阿弥陀仏と刻まれている。

　酒塚は、その後に多くが失われ、残念ながら現存するものは日緬寺のみ。これも当初は、下田港の武山閣鈴木吉兵衛氏邸内にあり、しばらくの間は人目を憚るようにひっそりと安置されていた。現在の酒塚は、下田の人々もその存在を忘れていた頃に、日緬寺住職の結城瑞光が、現場より運んできて日緬寺境内に安置したものである。

　酒塚が日緬寺に移った理由は、代々次のように日緬寺に伝えられている。

　ある晩、瑞光住職がお酒を飲んでまどろんでいると、枕元に、18〜19と思われる美しい女性が現れ、下田の酒塚に宿る酒の精だと名乗った。「妾は酒の精である。下田の酒塚をすみかとするも、置き忘れられ、日夜寂しうてかなわぬ。若しおまえに心あらば、妾を御寺の境内にうつし、酒に心ある人々に参観させて欲しい。」

　住職が目覚めると、畳の上に苔のかけらが落ちていた。果たして、上田の酒塚を訪れると、参詣する者もなく荒れ放題だった。酒好きの住職

は彼女を不憫に思い、早速、酒塚を境内に移してきちんと祭った。これを聞いた人々は、住職の大乗心、すなわち、多くの人を救おうとする心が、石に宿る酒の精にまで伝わったと思った。以来、酒塚には参詣者が絶えないという。

日緬寺では、その後、毎年秋に酒塚の法要を行い、ここには全国各地の酒造業者から寄進された日本酒が集まり、振る舞われるようになった。2009年は酒塚建立250年祭と仏舎利法要が重なり、2月に酒塚祭りが行われた。

酒宴の暗殺者、ヤマトタケル

日本神話の英雄、ヤマトタケル（大和武尊、倭建命）は景行天皇の子、小碓命（おうすのみこと）のことである。タケルとは、勇者を指す。

小碓命は幼児より剛力で、性格も勇猛、悪くいえば乱暴であった。あるとき、兄の大碓命（おおうすのみこと）が、父・景行天皇が側妻にしようと思っていた美女を横取りし、淫楽に耽ったことがある。帝は偽られ、ただ息子のことを心配して、小碓命に見てこいと命じる。だが小碓命は、それが兄の反逆を罰せよという意味であると受け取り、厠で待ち伏せして、素手で兄をひねり殺してしまう。

その乱暴さに恐れを抱いた帝は、少数の従者を与え、九州で反乱を起こした熊襲建（くまそたける）兄弟を討てと命じた。当時、小碓命はまだ16歳であったという。さすがに困った小碓命は、伊勢の斎宮になっていた叔母の倭姫命（やまとひめのみこと）に相談したところ、倭姫はまだ若く美しい美少年であった小碓命に、女性の着物を与えて策を授けた。

小碓命はその着物を着て、美少女になりすまし、熊襲建の新室（にいむろ）（部屋

3章 さけ

を造った祝い）の宴に潜り込んだ。酒宴に紛れて兄弟の近くに辿りついた小碓命は、隠し持った剣で兄建を刺殺し、さらに弟建にも切りつけた。弟建は追い詰められ、致命傷を負いながらも、自分を殺そうとしている美少女が実は若い男であることに気づいた。名を問うと「景行天皇の子、小碓命」と名乗ったので、死に際して弟建は「汝こそ倭の建なり」と言った。それ以来小碓命は、ヤマトタケル（倭建命）と呼ばれるようになった。

酒呑童子
〜酒に負けた平安の鬼

　『御伽草子』に登場する酒呑童子（酒天童子とも）は、平安時代に京都周辺を騒がせた鬼である。大江山に、部下の鬼たちとともにこもり、し

ばしば都に出て、人を食らい姫君をさらうなどの悪行を繰り返した。
　これに困った時の帝は、武将の源頼光にこれを討つように命じた。頼光は、配下の四天王である、渡辺綱、坂田金時、卜部季武、碓井貞光を引き連れ、討伐に向かった。
　これを3人の老人が呼びとめる。彼らは京都を守護する住吉神社、八幡神社、熊野神社の神であり、頼光に酒呑童子を倒すための秘策として、「神便鬼毒酒」を与える。
　この酒は人間が飲めば、神の加護を与え、悪しき鬼が飲めば、鬼の神通力を失わせるという霊力の備わった神酒であった。
　大江山に着いた頼光ら一行は、姫君の血の酒を飲み、人肉を食らっている酒呑童子に近づき、宴と称してこの酒を飲ませてしまう。やがて、泥酔した童子らが神通力を失ったところで、頼光と四天王は武器を取って、えいやと酒呑童子に襲いかかり、討ち取った。部下の鬼たちも酔っているのを幸いと打ち殺した。

3章 さけ

　ただひとり、茨木童子という鬼だけが逃げ出し、後に女性の姿に変身して、四天王のひとりの渡辺綱に復讐しようとするが、名刀髭切で片腕を斬り落とされてしまう。茨木童子は、片腕を取り戻すため、綱の伯母（養母ともいわれる）に化け、片腕を取り戻しにいく。

　さて、酒呑童子もまた酒に敗れていくのであるが、これには少々理由がある。酒呑童子の出自には越後の美少年説など、いくつかの説があるが、そのひとつの比叡山に伝わる伝説では、酒呑童子は伊吹山でスサノオに退治された八岐大蛇の子供とされている。スサノオに敗れたオロチは死んだのではなく、そのまま近江に逃げて、そこで富豪の娘と結ばれた。この子供は、比叡山に預けられたが、父譲りの大酒飲みが止められず、御山を逃げ出し鬼となったという。親子で酒好きだけは治らなかったようである。

日本酒の古酒

　現在の日本酒は、毎年、新酒を飲むものになっているが、これは明治以降の習慣であり、江戸時代までは日本酒もまた、ワインのように長期熟成されて飲まれていた。新酒として飲まれる一方で、高級酒として長期保存された酒が熟成酒として楽しまれていた。

　江戸時代に書かれた江戸のショッピング・ガイドである『江戸買物独案内』や『大江戸番付』によれば、清酒の上物として、「七年酒」や「九年酒」が挙げられ、一般の酒の2倍以上の価格がついていた。

　「七年酒」や「九年酒」は、長期熟成をすることによって味わいを深めるとともに、中国の紹興酒で行われるように熟成年度をおめでたい数にすることで、お祝いの酒としたものである。九はめでたい奇数の中でも

もっとも大きな数であり、現在でも、皇室では婚礼のお祝いにおいて、中国の宮廷儀礼に従い、九年酒が用いられている。

では、これらの古酒はどのような酒であったのであろうか？

近年、古酒研究をすすめる酒蔵の手で江戸時代や平安時代の酒を再現した酒が造られているが、江戸以前の酒は、現在のものよりやや甘く、カラメルのような薄い飴色となり、古酒になれば、どろりとして濃厚なシェリーのような味わいとなる。

当時の古酒が、飴色もしくは赤に近い茶色であったことは、鎌倉時代の名僧、日蓮上人の手紙に書き残されている。その手紙の中で日蓮上人は、松野六郎左衛門から古酒を贈られたことを喜び、「人の血を絞るがごとくなる古酒」と褒めたたえているのである。

近代の日本酒でも、きちんと保存して熟成すれば、旨みが増す。筆者はとある酒のイベントで、神亀酒造に残っていた昭和40年代の古酒を味わう機会を得たが、黄金にも似た飴色の液体は、まさにオロロソ・シェリーのような香気を放っていた。

酒の達人として知られる作家の開高健氏は日本酒の古酒をこのように絶賛している。

「日本のオールドは、ホントいいぞ。日本民族であることに、誇りを覚えたくなるほどだ」

味醂

古酒は、現在でも非常に貴重なものであるが、これに近いものを我々は身近に持っている。味醂(みりん)である。

現在、味醂は調味料として扱われているが、江戸時代までは、リキュールに近い濃厚な甘い酒として、しばしば飲用に供されていた。やや上質の味醂は熟成させられたものが多く、10年、あるいは25年物の味醂は醤油めいた部分があるものの、オロロソ系の甘いシェリーのように感じる

人もいる。

古酒が消えた理由

　さて、なぜ、近代の日本酒は新酒志向になったのか？　ここには2つの理由がある。

　まず、明治維新期に推進された強い欧化政策である。この中で日本政府の外交や政治儀礼でも洋風の様式が導入され、「洋酒養護論」が盛り上がり、「日本酒有害論」にまで進んでしまう。そのため、宮内庁傘下にあった酒造所まで排除され、皇室の婚儀で使用される「九年酒」は本来の形を失った。現在では、黒豆の煮汁を酒と味醂で味付けたものになってしまっている。

　さらに、新酒を開けたまま放置すると、雑菌が繁殖してすっぱくなることがあるため、「酒は放置すると酢になる」と信じられた。これも日本酒有害論の根拠となり、古酒を排除していくことになる。

　この影響は一般市民に広がり、さらに、税制が大きくのしかかる。明治以降、酒は酒税法の対象となった。日露戦争の戦費は酒税でまかなったといわれるほどの重税であった。当時、大国ロシアの脅威をずっと感じていた若き国にとってやむを得ない手段ではあったものの、そこには欠陥もあった。当時の酒税法は、酒造りの樽のサイズで課税する造石税方式で、長期熟成酒に対応していなかった。そのため、造った段階で課税されてしまい、熟成まで資金を回収できない古酒はやむなく淘汰され、日本酒は新酒主体になっていく。

　度数の高くない醸造酒である日本酒は、寒冷なカーヴで保存されるワインとは異なり、湿潤高温な日本の気候もあって保存中に腐ることもある。高い税制の下で古酒を造ることは、蔵にとって負担が大きかったのである。

　こうした長期熟成酒に関する苦難の時代は、国産ウィスキーの父、竹

鶴政孝が山崎蒸溜所を開設し、地元税務署を説得して特例事項を得るまで続くが、日本酒にはなかなか影響しなかった。
　それでも、個々の酒蔵は古酒のうまさを知っていた。偶然、蔵に残っていた酒が年を経るごとに旨みを増していく。そして、海外のワイナリーや蒸留所での経験から、日本酒もまた古酒としての可能性を秘めていることを再発見した人々が、古酒を再評価していくようになったのが現在である。

4章
ワイン

酒の王者

　我々はおそらく、この本でもっとも困難な場所にやってきた。
　ワインである。
　酒の歴史の中で、ワインはビールとともに、5000年以上にもわたり酒の王者であり、ヨーロッパにおいては「酒」そのものだったといえる。そこには余りに多くの神話と物語が詰まっている。
　そして、ナポレオン以降の近代社会にとって、高級ワインは食を極めんとした究極のグルメ酒であり、畑、生産者、製造年代まで指定して楽しむ「旬の食材」になっている。栓を開いた後、変質していくワインの変化さえも「ワインが開く」として楽しむ。それは「酒を飲む」という行為を「伝統を楽しむ」というディレッタントの域にまで進化させた。

「ワイン」という伝説について

　ワインの伝説を語るためには、ワインに関するいくつかの「神話」を語っておかねばならない。
　まず、ワインはナマモノである。しばしば、ワインは熟成させたものがうまいといわれがちだが、ウィスキーなどの蒸留酒と異なり、ワインはあくまでも、生物(なまもの)である。パストリゼーション、タンニンの存在などにより長期保存への耐性は高まっているが、扱いを間違うと、あっさりと劣化する。
　その証拠として、ワインは開栓後、「ワインが開く」という事象が起こる。栓を抜いた直後には眠っていたフレーバーが、外気に触れることで目覚め、より豊かな香りと味わいに変化する。この変化は樽や瓶の中でもゆっ

くりと進む。

　だから、ワインは古ければ古いほどいいというものではない。飲み頃というものがあるし、品によっては若いフレッシュさを楽しむべきである。

　本書では、主に神話時代のワインを扱う。ガラス瓶などのない時代である。ローマ以前ならば、保存や輸送には、人ほどもあり取っ手のついた素焼きのワイン壺、アンフォラの口をコルクで封印したものが多用された。カエサル以降はガリア人がビールを入れていた樽が活躍するようになる。コルク栓がワインの瓶に使われるのは、17世紀、シャンパンの生みの親ドン・ペリニョンからである。神話時代のワインは、一部の事例を除いて、あまり長期熟成された飲み物ではなかったということを脳裏において欲しい。

　第2に、ワインは王の酒であり、民の酒だった。

　日本の読者は、ワインに高級品のイメージがあるかと思う。実際、ワ

インは高級品であった。生食すれば、十分に腹を満たす葡萄をわざわざ搾るのである。これだけで贅沢な行為である。その上、蒸留酒登場以前、ワインは非常に強い部類の酒であった。ほかにある酒は生ぬるくて酸っぱいビールの祖先セルヴォワーズと、蜂蜜酒だけで、いずれもアルコール度数は3〜7度程度であり、16〜17度のワインは、非常に強い酒だったわけである。

　そのため、ローマ帝国時代まで、ワインは水で割って飲むものであったし、王族や貴族、上級市民にしか飲めなかった。最初、ワインはエジプトや東方で生産され、交易品となっていたが、やがて、ギリシア、ローマに葡萄栽培が広がり、ヨーロッパでも生産されるようになった。ワインの普及には、ローマ帝国の富が役立った。現在のイタリアやフランスに葡萄栽培とワイン製造が根付いたのは、ローマ帝国でのワイン・バブルがあったためである。一時期、ローマ帝国の植民地の多くで葡萄栽培が盛んに行われ、小麦の生産まで圧迫するようになり、葡萄畑を減らすように皇帝が命じたこともあった。

　その後、ワインはキリスト教と結びつき、シャルルマーニュによって、葡萄の生育限界を越えたドイツにまで広げられていった。

　これを加速したのがヨーロッパの水事情である。飲料に適さない硬水が多く、疫病対策に生水を避けたいヨーロッパ人たちは、水代わりにエールやワインを飲むようになった。その一方で、王侯貴族向けのよいワインが修道院の貴重な財源として洗練されていく。これは、フランス革命後にパリ万博に合わせて、ナポレオン3世によって行われた格付け制度によってさらに加速し、現在のようにディレッタント的な知識を求める高級品になっていったのである。その歴史上、ワインは「王の酒」、ビールは「大衆の酒」として広がっていった。それが現在のワインのイメージを作っているのである。

　さて、この本はあくまでも「酒の伝説」である。

　ワインは「パンとワインの秘蹟（ひせき）」によって、キリスト教ヨーロッパ世

界において重要な存在であるが、これはキリスト教が発明したわけではなく、それ以前、遥かメソポタミアやエジプト、ギリシアで活躍した「死と再生の酒神」ディオニュソスとその祖先たちが作り上げた物語なのである。

　我々はもっと古く、ワインの誕生から始めよう。それはおそらく、「漿果の酒」と呼ぶべきものである。

ワインの誕生

　ワインとは、葡萄果汁を用いて生産する果実醸造酒である。
　果実醸造酒の歴史は非常に古く、考古学者の中では、1万4000年前に遡るという説もある。日本でも数千年前、縄文時代の壺の中から蜂蜜と果実の痕跡が見つかり、これが世界最古の酒ではないか？といわれた。同様に、中国長江周辺にある約9000年前の遺跡から発掘された壺に、似たような漿果の痕跡が見つかり、これが最古の酒ではないか？ともいわれている。また、イランとトルコの国境地帯にあるザクロス山中から発見された7400年前の壺も、世界最古のワイン候補とされている。
　残念ながら、いずれもアルコールはすでに揮発しており、それが酒であったか、保存された果実であったかは明らかではない。ワインという言葉にこだわるならば、葡萄の原産地に近いザクロスに軍配が上がるかもしれない。
　ワインを突き詰めれば、「葡萄果汁を絞って、自然発酵させたアルコール飲料」である。おそらく、猿酒にもっとも近い原始的な酒である。酒の研究においては、「南のヤシ酒、北のワイン」というほど基本的には単純な酒であるが、同時に、メソポタミア、エジプト、ローマ、ヨーロッ

パと、地中海世界の運命を左右した酒でもある。

　葡萄には大きく分けて2系統あり、旧世界では西アジア原産、新世界では北アメリカ原産で、40種類ほどがある。最古の葡萄の痕跡は紀元前7400年頃から小アジア、チャタル・ヒュユクの遺跡から出土した葡萄の種子が最初といわれる。

　グルジアがワイン誕生の地という説もある。この証拠となっているのは、5000年前の集落跡から発掘された「葡萄の枝」である。指先ほどの葡萄の枝を切り取ったものを銀で飾ったもので、高貴な人の副葬品であり、古くから葡萄がグルジアで珍重されていたことを示しているのだ。

　さらに、物質的なワインの証拠を挙げるならば、古代シュメールの円筒印章が上げられる。これは、ワインを壺に入れて封印をした際に、その封泥の上で転がした円筒形のロール・シールである。約5000年前から6000年前と推測されている。

ゲスチン

　原ワインというべきものは、おそらく、半ば潰れ痛んで果汁が染み出た残り物の葡萄がアルコール発酵してしまったものである。葡萄には天然酵母がついているので、皮が破れて果汁が空気に触れれば、自然に発酵する。

　その結果できるのは、やや発酵し、芳香を放つ半ばとろけかけた葡萄の実である。爛熟というのがよいだろうか？　ある意味、腐りかけたフルーツの甘ったるい旨みを連想して欲しい。古代メソポタミア初期に食された原ワイン「ゲスチン」は、やや発酵して果実粥もどきになった葡萄の実である。おそらく、それはドロドロの栄養食だった。

　これは、いわゆる「漉す」という作業が開発されていなかったためである。葡萄に限らず、果実は重要な栄養食品であり、この汁だけを絞って粕を捨ててしまうなど、最初の頃は考えもつかなかったのであろう。

4章 ワイン

そのため、始原のワインは、どろりとしたものであった。全てを圧搾していたので、軸や皮の渋みや苦味が出てしまい、蜂蜜などで味を調えていた。

やがて、人が足で踏んでから、布袋に入れて絞るという技術がエジプトで開発され、澄んだ果汁を発酵させることで、現在のような澄んだワインができるようになった。ろ過をしてもやはり、今でいう赤ワインだったことから、神話時代のワインは、しばしば血液の象徴ともなる。

ジャムシード王のワイン

古代ペルシアの王がワインを発見したという伝説がある。

伝説の王ジャムシードは、葡萄が大好きで、その王宮では毎年葡萄を収穫し、壺に保存してできるだけ長く食べようとしていた。しかし、いくつかの壺から変な匂いがして葡萄が泡だっていたため、腐ったものと思われ、腐った食べ物は体に毒となるかもしれないからと倉庫の端に分けられた。壺には「毒」という張り紙がされた。その結果、ジャムシード王が毒を隠しているという噂が流れた。

そんな折、王のハーレムにいる舞姫のひとり（妻とも女奴隷ともいわれる）が偏頭痛を抱え、誰も治すことができなかった。彼女は思いつめて自殺を決意し、この毒になった葡萄液を飲んだ。ところが、彼女は死なないどころか、それは非常に美味で、体は温まり不思議に浮き立つ気持ちになった。そしてぐっすり眠って、翌朝には晴れ渡るような気持ちになっていた。

そう、これは「ワイン」になっていたのである。発酵は腐敗の一種であるから、腐った果物が毒となり、死をもたらすと忌避されていたが、これにより葡萄がワインになることが分かり、ジャムシード王の王宮では、ワインを楽しむようになったという。

後世のイスラム詩人、オマル・ハイヤームは、ジャムシード王について、

次のように歌っている。

　　その昔　栄光と酒盛りに映えたジャムシード王の皇宮、
　　今はただ　ライオンと蜥蜴がたむろする棲み家。
　　また　あの類（たぐ）いまれなる狩人　バーラム王のあわれさ---
　　野馬（のうま）に頭（こうべ）踏みしだかれて　なおその眠りさめず。
　　（南雲堂『ルバイヤート　オウマ・カイヤム四行詩集』オウマ・カイヤム　著
　　／エドワード・フィッツジェラルド　英訳／井田俊隆　訳　より）

　この王には、「なみなみと注がれたグラスから王国全体を見通せた」という伝説もあり、今ではオレゴン産ワインの銘柄にもなっている。

4章 ワイン

メソポタミア文明とワイン

ギルガメシュ叙事詩

　ワインに関する最古の文字資料は、メソポタミアで書かれた英雄叙事詩『ギルガメシュ叙事詩』の中にある。英雄ギルガメシュは、親友エンキドゥが神に呪われて死の床についたことから、死を恐れ不死を求めて旅に出た。山を越えて太陽の国で魔法の葡萄園を見つける。ここで創られた神秘の霊薬を飲むことを許されれば、不死を得られるのであるが、ギルガメシュは持ち帰る途中で、蛇にその霊薬を盗まれてしまう。

　さて、この霊薬の正体であるが、葡萄園で造られる霊薬であることから、ワインの可能性が高い。ギルガメシュの旅は、最初はメソポタミアになかったワイン入手の旅であったのかもしれない。

　このとき、葡萄園を管理していたのは女神シドゥリであるが、シドゥリは「酒屋の女主人」と呼ばれている。古代メソポタミアの諸国家は非常に発達した社会制度を持っており、ワインを管理する仕事はビール造りと販売がそうであったように、やはり女性のものだったのだ。

　例えば『シュメール王朝表』によれば、シュメール時代、唯一女性の王として記録されているキシュ第三王朝のクババには、「葡萄酒の婦人」という尊称がついている。これは、ワインを供する酒場の女主人を指す言葉である。

　このように、当時からワインは、王族や上流階級の飲み物であり、ビールに比べて希少価値の高い存在だった。そのため地中海世界において、ワインは非常に価値の高い貿易品となった。

イシュタルとタンムズ

　さて、蜂蜜酒の項目でアドニスの神話を語ったが、その原型となる神話、イシュタルとタンムズの物語がメソポタミアにあり、ワインの誕生に深く関わっている。

　金星の女神にして、性愛と戦争を司るバビロンの最高女神イシュタルは、植物の神である若者タンムズを夫としていたが、彼が死んだため冥界に下り、タンムズを取り戻そうとした。

　冥界には7つの門があり、そのひとつごとにイシュタルは身につけたものを剥がされていき、最後の門を抜けたところで裸になり、冥界に捕らえられてしまった。イシュタルが救いを求める声を聞き、知恵の神エンキが彼女を救い出したが、その結果、タンムズは冬には死に、春には生まれ変わる存在となった。

　このタンムズは一般に、麦などの穀物霊（穀物を司る精霊）とされているが、葡萄の神ともいわれている。葡萄は落葉樹で、秋の収穫の後に葉が落ち、冬にはまるで枯れたように見えるが、春にまた芽吹く。この生命力を体現するのがワイン、落ちた葡萄から生まれいずる霊薬である。それを得るために、最高女神イシュタルは自らの全てを脱ぎ捨てて、冥界に下らなくてはならないのである。

　この神話は、タンムズ教というべき形を取り、紀元前後まで地中海世界の各地で信仰された。聖書の記述によれば、イエスが出現し、最後の晩餐の後に十字架に掛けられた時代にも、タンムズとイシュタルの密儀を行う者がエルサレムにさえいた。原始キリスト教は「死と復活」など、このタンムズ教の影響を受けているといわれる。

4章
ワイン

イナンナとドゥムジ

　近年、復元されたシュメール語の碑文によれば、イシュタルとタンムズの話にはさらなる原型がある。シュメールの豊饒の女神であるイナンナと、ドゥムジの物語である。

　イナンナは、イシュタルの原型とされるシュメールの天空と大地の女神だ。その名前は「天空の女主人」という意味であるが、やがて、大地の女神の職能も吸収し、シュメールの天空と大地の女神、豊穣の女神になった。彼女には多くの尊称があるが、そのひとつに「ワインとビールの貴婦人」というものがあり、酒もまた彼女の恩寵であったことがよく分かる。しばしば、彼女は大地そのものであり、大地から生える恵みもまた彼女の具現化とみなされた。彼女自身が、麦の穂であり、また生命の樹（葡萄）であった。

　イナンナは、牧畜の神ドゥムジと農耕の神エンキムドゥから求婚され、ドゥムジと結婚した。その後、彼女は野心を抱き、姉であるエレシュキガルの支配する冥界をも支配しようと、冥界に下った。7つの門をくぐり、そのたびに力の象徴である宝物「メ」（律令を指す）を奪われてしまい、イナンナは裸で冥界の王座に達するが、そこで姉に捕らわれ裸のまま鉄鉤に吊るされ、死体に変えられてしまう。この結果、地上から豊饒が失われてしまう。

　死者となったイナンナは、天上の神に救いを求めたが、多くの神々はエレシュキガルを恐れてこれを無視し、答えたのは知恵の神エンキだけであった。エンキは、命の草と生命の水を送り、イナンナを蘇らせる。神の使者から説得を受け、エレシュキガルはイナンナを解放することを受け入れるが、その代償として、いずれかの神が死にイナンナの代わりにならなくてはならないと宣言した。イナンナは助けを求めたが、誰も立候補はしてくれなかった。

　かくして、冥界のイナンナは絶望して、己の玉座を見ると、夫のドゥ

ムジがもはやあたり前のようにイナンナの玉座に座っているではないか？　ドゥムジは、もはやイナンナが死んだので、自分が王になるべき時と思っているようだ。怒ったイナンナは、自分の身代わりにドゥムジを指名する。ドゥムジは冥界から送り込まれた死神に追い回され、太陽神ウトゥの力を借りて変身し逃げ回ったが、結局、冥界に連れ去られてしまった。

かくして、ドゥムジは冥界に送られたが、ドゥムジの姉ゲシュティンアンナは弟の死に慟哭し、イナンナに何とか彼を救ってくれるように懇願した。イナンナは、その懇願に心を動かされ、1年の半分は彼女が冥界で過ごし、その間だけドゥムジが地上に帰ってこられるようにした。かくして、豊饒の女神は1年の半分しか地上に恵みをもたらさないのである。

この神話は、大地母神信仰における司祭王の運命を語ったものとされる。巫女王との神聖なる婚姻により、一時的な王権を与えられた男王が、その期間を終えると殺され、大地の豊饒を約束する生贄として捧げられるのである。

この「死んで蘇る豊饒の神」というイメージは、ドゥムジから同系の神であるタンムズに伝えられ、オシリス、ディオニュソス、アレクサンダーを経て、イエス＝キリストに到達することになる。

このときに、葡萄から造られる血のようなワインは、発酵して泡が盛り上がる様子、果汁が霊薬に変わるという神秘、そして血のような赤い色合いから、死と再生の秘儀に結びつけられていく。このようにして、信仰と結びついたワインは、王者に相応しい飲み物として、古代オリエント世界に広がっていくことになる。

エジプトのワイン

　続いて、ワインの物語は、ナイルに花開いたエジプトへと向かう。
　エジプト文明はその曙からワインを楽しみ、その遺跡の壁画にはワイン醸造の過程が明確に描かれている。彼らは葡萄の実を圧搾機で潰し、その混合物を布の袋に入れて絞る技術を使っていた。こうしてできた葡萄果汁を、人間並みに背が高く口の狭いアンフォラという素焼きの壺に入れて、発酵させた。このアンフォラ入りワインは、その後、地中海貿易の重要な交易品となり、地中海全域に広がっていく。
　古代エジプト人は、新しいワインだけでなく、長期にわたって保存され熟成したワインをも楽しんだ。3000年、32の王朝におよんだ古代エジプトではその記録を多数残しているが、それによるとエジプト人は詳細に酒造の記録を取り、できのよいワインは長期熟成を行い、ときには200年以上も保存されたワインを味わったという。
　現在のように、冷涼で湿度の低いカーブ（ワイン貯蔵庫）があるわけでもない。エジプトは非常に暑い上、寒暖の差が激しい気候であるので、発酵はどんどん進み、ワインはやや酸っぱいものとなったと予想される。しかし当時のエジプト人は、これに蜂蜜やハーブを入れ、しばしば水や果汁で割って飲んだ。
　この方法はギリシアにも伝わり、ギリシア人はワインを海水で割って飲み、そのまま飲むのはスキタイ人のような野蛮人の所業だと批判した。当時のワインはかなり強い酒とされていたのである。
　なお、筆者は知人の紹介してくれた山梨のワイナリーにおいて、猛暑で発酵が進み過ぎ、ワインとして適正なアルコール度数を超えてしまった物を味見させていただいたことがある。がつんとくるパワフルな酒に

なっていた。おそらく、当時のエジプト・ワインでもこうした過剰発酵が起こっていたかもしれない。コリン・ウィルソンは『わが酒の讃歌』で、エジプト人がワインに小麦粉を入れて濃厚にして飲んだという話を伝えているが、これはおそらく、酒粥に近い栄養食であろう。

そこまでしてエジプト人がワインを飲んだのは、ワインが「発酵」を通して死と再生を体現する酒であり、彼らの重要な神オシリスから与えられた恩恵だからである。

また、ワインを神が飲む飲み物として尊び、アメノフィス3世は、アモン（隠れたる者という意）神を花とワインにはさんで祭った。

オシリスとイシス

エジプト神話において重要な存在である、冥界神オシリスとその妻である秘儀の女神イシスは、実はワインの神なのである。オシリスとイシスは創造の神であり、エジプトにワインとビールを持ち込んだ神である。

ナイルの豊饒の神であるオシリスは、砂漠の神である弟セトによって殺され、五体ばらばらにされてしまう。妻イシスはナイル河沿いを探し回って、夫の肉体をかき集め、これをミイラにして復活させた。復活したオシリスは、イシスとの間に王権の神ホルスをもうけた後、冥界に戻って冥界の神となった。後にオシリスは聖なる牛アピスと合体し、セラピスとして信仰されるようになった。

オシリスは豊饒の神として毎年死に、妻（女性）の手で復活することでナイルの豊饒を体現するのだ。毎年、氾濫するナイル河の下から、もう一度黒く肥えた土が蘇る姿なのである。

別の神話によれば、エジプトにワイン（エジプト語でイルプ）を広めたのは、このオシリスであるという。オシリスはワインの神であり、死から蘇った後のオシリスからワインを与えられたことで、女神イシスは懐妊し息子ホルスを産んだという。

ワインの原料となる葡萄は、この時期、生命の木と見なされていた。生命の木から採った果汁を飲む。その行為自体が魔術的なものだったのであろう。この伝承は、後に魔術やカバラ（ユダヤ教の神秘思想）に影響し、生命の樹セフィロトという概念を生み出すことになる。生命の樹セフィロトの概念は、地中海を渡り、クレタ島で古代ヨーロッパの樹木信仰と合体する。特に紀元前のギリシアでは、エジプトとの交流が深く、オシリスは、ギリシアの酒の神ディオニュソスと同一視される。ヘロドトスは、『歴史（ヒストリアイ）』の中で、ディオニュソス信仰はエジプトから来たとして、オシリスをディオニュソスと同一視している。

セスム

　エジプトには、ほかにも酒の神がいる。
　セスム（またはシェスム）は、古代エジプトのワインとオイルの神で、

4章 ワイン

死者にワインを与えて溺れさせることを好む。罪人であったならば、その頭を引きちぎり、ワイン搾り器にかける。

ディオニュソス

　ワインの神話は、地中海を渡り、古代ギリシアへと上陸する。
　ディオニュソスは、ギリシア神話における酒と秘儀と演劇の神である。若く美しい顔つきに、顎まで覆う髭を蓄え、オリエント風のマントを着用している。襟元を高くしているので、ほとんど首が見えない。手にはカンタロスと呼ばれる、2つの突き出た柄のある高脚の盃を持っているか、葡萄の3股の若枝を持っている。豊かな髪は肩まで垂れ下がり、長い房に分けられていて、こめかみにはキヅタ（常春藤）の冠が巻かれている。マイナスと呼ばれる信女たちや、サティロスやシレノスらの獣人を引き連れている。
　ディオニュソスは、酒の酩酊のような狂気をもたらす神である。もともとは、クレタや小アジアの豊饒の神である。彼の名は神の若子（ゼウスの子）、あるいは、樹木（ニュサ）の神（デウス）を意味する。ニュサ山の神ともいわれる。樹木や沼の神であったが、大地の秘儀を扱うようになり、葡萄酒をアジアから持ち込んだのはディオニュソスとされる。
　ディオニュソスの子供と伝えられる神の中には、エウアンテース（美しい花）と呼ばれるアポロン神の司祭がおり、葡萄酒をギリシアにもたらしたのは彼であるともいわれる。

狂気をもたらす神

　ディオニュソスは、ギリシア神話において狂気をもたらす神とされる。例えば、ティーリュンスの王プロイトスは3人の娘を得たが、いずれも年頃になると、ディオニュソスの呪いにより狂気に落ち、家を捨てあられもない姿でアルゴス全土をさまよい歩いた。彼女らの狂気は各地の女性たちに伝染し、多くの既婚女性が家を捨て、しばしば我が子を殺し、獣のようになって王の娘たちとともに山野をさまよった。
　予言者メラムプースはこの狂気の解決方法を見出し、国土の3分の2と引き換えに、彼女らを癒すことにした。若者のうちもっとも強靭な者たちを引き連れ、大声で彼女らを山から追い出し捕らえて清めた。

ゼウスの子にして、2回生まれた神

　ディオニュソスは、2回生まれたとされる。
　ゼウスは、母なる大地の女神レアと交わり、冥界の女神ペルセポネを産ませたが、その後、蛇に変身して、ペルセポネとも交わった。地下の女王となっていたペルセポネとゼウスの間に生まれたザグレウス（大いなる狩人の意）は、ゼウスの正妻である豊饒と家庭の女神ヘラの嫉妬を買い、タイタン巨人に襲われる。ザグレウスは、ゼウスに変身したが許されず、さらに祖父神クロノス、獅子、馬、角のある蛇、牡牛に次々と変身した。結局、タイタンたちに捕まり、牡牛の姿のまま八つ裂きにされて食われてしまった。ゼウスはその引き裂かれた体のうち、心臓を拾い上げた。
　その後、ゼウスは正体を偽ってテーバイの王女セメレーを誘惑し、その肉体にザグレウスの命を注ぎ込み、子供を孕ませた。引き裂かれた心臓を粉にして飲ませたとも、神の力でセメレーの腹に心臓を送り込んだともいわれる。

4章 ワイン

　この所業もまた、ゼウスの嫉妬深い妻ヘラを怒らせた。ヘラは自分の正体を偽り、老婆の姿でセメレーに近づいた。夫の正体を告げるとともに、真の姿を見せてと懇願するようにと、彼女にささやいた。

　己の子を孕んだ恋人に頼まれ、ゼウスは真の姿を現した。ゼウスは雷霆の神であり、その真の姿は常に稲妻をまとっている。ゼウスの正体を見たセメレーはその稲妻に打たれ、一瞬で焼け死んでしまった。

　だが、胎児だけは神の血を引いていたので生き残り、ゼウスはこの子供を自分の太腿に縫い込んだ。その後、ゼウスの太腿から生まれたのがディオニュソスである。別の神話では、偶然キヅタ（常春藤）の葉が雷光を遮ったので、胎児だけが生き残ったともいう。

ディオニュソスの漂泊

　やがて時が満ち、ゼウスは太ももの傷口を解いて、ディオニュソスを誕生させ、神々の使者たるヘルメスに渡した。

　ヘルメスは最初、赤子のディオニュソスをボイオティアの王であるアタマースとその妻イーノーのところへ連れていき、少女として育てさせることにした。しかし、ヘラの目をごまかすことはできず、女神の呪いが2人に注ぎ、アタマースは自らの子レアルコスを鹿と思って射殺し、イーノーも子供のメリケルテースを煮立った大釜に投げ込み、その後、子供の死体を抱えて海底深く飛び込んでしまった。死んだイーノーは海の女神レウコテアーとなり、嵐にあった人々を助けるようになった。子供たちもパライモーンという海の精になった。

　この夫婦が死んでしまったので、ゼウスはディオニュソスを子鹿に変えてヘラの怒りから逃がし、ヘルメスがこれを受け取り、小アジアのニュサ山（ヘリコン山とも）に住むニンフ（女性の精霊）に預けた。彼女たちは、ディオニュソスを蜂蜜で育てた。ゼウスがそうであったように、蜂蜜は神の糧であり、神秘の力の源である（蜂蜜酒の項参照）。

ニンフたちは、後にゼウスによって星とされた。ヒアデスである。ヒアデスとは「雨を降らす女たち」という意味で、牡牛座の頭部にある星団であるが、その現れが春の雨の到来を告げるとされている。
　そして、ディオニュソスは葡萄の木と出会い、ヘラから狂気を与えられ、エジプトやシリアをさまよい歩いた。最初にエジプトの王プロテウスが彼を受け入れたが、その後フリギュアのキュベラに赴き、クロノスの妹にして妻なる女神レアによって清められ、その秘儀を学んだ。女神よりその衣装を授けられた後、トラキアを通ってインドへと向かった。

ディオニュソスと神罰

　ディオニュソスは神罰を与える神である。
　ディオニュソスは、エジプトやアジア（この場合は、オリエントを指す）を放浪し、レアより秘儀を学んでいたが、ギリシア世界では認められず、何回となく侮辱され、そのたびに神罰を下す。
　最初にディオニュソスを侮辱し、神罰を受けた者は、北トラキアに住むエドノス人の王リュクルゴスである。彼はディオニュソスを侮辱し、その信徒であるバッコスの信女たちと彼に従っていたサティロスたちを捕らえた。ディオニュソスは海中に逃れ、ネーレウスの娘テティスに匿われた。
　ディオニュソスは彼に神罰を下し、狂気に陥らせる。不可解にもサテュロスやバッコスの信女たちが解放された後、リュクルゴスはディオニュソスの象徴である葡萄の木を斧でさんざんに叩き斬るのであるが、実はすでにリュクルゴスの目は狂気で濁っており、彼は葡萄の木と思い込んで息子のドリュアスを打ち殺し、枝と思ってその手足を断ち切ってしまう。
　ディオニュソスの神罰は、これではまだ終わらない。ディオニュソスは、エドノスの不作を見て神託を下す。

4章
ワイン

131

「リュクルゴスが殺されたならば、この地は実るであろう」

　エドノス人たちは、リュクルゴスをパンガイオン山中に連れて行き、樹木に縛りつけた。やがて、ディオニュソスの意志に従い、リュクルゴスは馬に襲われ、滅茶苦茶にされて死んだ。

マイナス

　ディオニュソスの信仰は、野山で樹木を信仰し、人の欲望を解放する異端宗派とみなされた。その信徒の多くは女性で、マイナスと呼ばれた。マイナスは「わめきたてる者」を語源とし、狂暴で理性を失った女性として知られる。彼女らの信奉するディオニュソスは、ギリシア神話のワインと泥酔の神である。ディオニュソスの神秘によって、恍惚とした熱狂状態に陥った女性が、暴力、流血、性交、中毒、身体の切断におよんだ。彼女らは通常、キヅタ（常春藤）でできた冠をかぶり、鹿の皮をまとっ

た姿で描かれる。彼女たちはウイキョウや葦で作られたテュルソスの杖を持ち、これを激しく打ち振りながら、体をのけぞらせるように舞い踊った。そして彼女らは、「エウオイ」という叫びでディオニュソスを崇敬した。

この時代、ギリシアの女性は、多くの労働を担う割に市民権は与えられていなかった。しかし、ディオニュソスは彼女たちの味方であり、ディオニュソスの祭祀のために、女性を含む信徒たちが山に登り、あるいは森に集まり、裸になって踊り狂いながら山野を歩き、乱交し、出会う生き物を次々と皆殺しにして回った。これを「山野行」（オレイバシア）と呼ぶ。

なお、マイナスの中に、狩猟の女神アルテミスを加えることもある。アルテミスは野の女神であり、「樹木の貴婦人」としてニンフ（女精）を引き連れて歩くのであるが、ディオニュソスと同様にしばしば狂乱し、不用意にその前を遮った者を引き裂いてしまうといわれる。またその祭祀では、女性たちによる舞踊が捧げられたが、その際に顔を白塗りし激しく回転するように踊った。憑かれたようにのけぞる踊りは、古代ギリシアの工芸品に描かれたマイナスの踊りに似ている。

ペロポネス戦争の頃、名声を博した詩人ミレトスのティモティオスは、アルテミスをこう呼んでいる。

「マイナス、テュイアス、人を狂気の発作に投げ込む憑かれた女」

バッコスの信女

マイナスの乱行の実例は、エウリピデスの悲劇『バッコスの信女（バッカイ）』で語られている。ここでのバッコスとは、ディオニュソス自身を指すとともに、その祭祀が引き起こす酩酊と乱行のことで、ディオニュソスの信徒たちは「バッコスを起こす者」と呼ばれ、その複数形が悲劇の原題「バッカイ」となる。

物語の舞台となるのは、ギリシア神話の主要な舞台のひとつであるテー

バイ、つまり、ディオニュソスが王女セメレーの腹を借りて第2の懐胎を迎えた場所である。

　アジアを放浪していたディオニュソスが、リュクルゴスに罰を与えたり、インドに神の印たる柱を建てたりした後、彼の信徒である「バッコスの信女」(バッカイ)たちとともに故郷に帰還し、その教えを広げるのである。

　　セメレが故国。テーバイの民よ、
　　　もろともに常春藤(きづた)を挿し、
　　　濃みどりの葉蔭にしるき
　　　紅の実もたわわなる
　　　ミラクスの蔓をめぐらし
　　　青樫の、はた樅の木の小枝をとりて
　　　バッコスに帰依しまつれ。

　　※ミラクスは、サルトリイバラの一種

　(筑摩書房『ギリシア悲劇Ⅱ　エウリピデス』エウリピデス 著／松平千秋 訳　より)

　さて、テーバイのペンテウス王は、セメレーの甥、つまりディオニュソスの従兄弟であったが、ディオニュソス崇拝を行うことをよしとしなかった。テーバイは、先代の王カドモス王が龍の牙をまいて兵士を生んだとされるほどの、尚武の地である。由緒ただしき英雄の国で、カドモスの後を継いだ孫のペンテウスは、従兄弟を自称する酒の神ディオニュソスや、ワインを飲んで乱痴気騒ぎをするその教えを認めていなかった。
　加えて、セメレーの姉妹である王の母アガウェも、ディオニュソスが神の子ではなく、セメレーがどこぞの人の子と契って作ったと言いふらす始末。
　ディオニュソスは故郷の状況、特に母への侮辱に怒り、ペンテウスと

その家族に陰惨な罰を与えることにした。

　まず、国中の女たちが、ディオニュソスの呪いで我を忘れ、街から山へと繰り出してしまう。彼女らはすでに呪いで乱心した王の母アガウェや叔母に導かれ、山の中を走り、牛を素手で引き裂き、生肉を食らい、所かまわず乱行におよんだ。

　老いた先代の王カドモスは、盲目の予言者の忠告を受け、ディオニュソスの教えに従うことを決意する。一方で孫のペンテウスは逆に怒り、ディオニュソス教の行者（実はディオニュソス自身）を捕らえて、厩に閉じ込める。だがそれ自体、ディオニュソスが神罰を下すための仕掛けであった。激しい屋鳴りと火事の幻影がペンテウスの館を襲い、ペンテウスは恐怖におののく。そこで、厩を脱したディオニュソスの幻覚に囚われた王は、ディオニュソスの言うままに女装し、バッコスの信女たちの様子をのぞき見ようと山へ入っていく。

　だが、それは罠であった。信女たちに見つかってしまった王は、王を獅子と思い込んだ信女たちによって引き裂かれてしまう。その首を引きちぎったのは、誰あろう、王の母アガウェであった。

　アガウェは、息子の首を獅子の頭と勘違いしたまま、意気揚々とテーバイの街に帰還する。そこで初めて、カドモスに指摘されて悲劇に気づくのである。

　古代ギリシアにおいて、年頃、あるいは既婚の女性が集団で山野に出て、舞踊と秘儀を行う山野行の伝統が存在していたとされる。その間、彼女らは全裸、もしくは素肌の上に鹿皮をまとい、蛇を帯とした。

　これは本来、大地母神や樹木の神に捧げる奉仕であった。彼女らは集まって、聖域である山へ踏み込み、秘儀の過程で「オルギア」と呼ばれる一種の憑依状態に踏み込む。

　ディオニュソスは、もともと「沼のディオニュソス」とも呼ばれ、山野の奥に潜む水と樹木と獣の神だった。やがて、東方から流入した秘儀宗派を受け入れ、ギリシア民族古来の神話と融合させていく過程で、山

野行における指導者とされ、乱行の源はデュオニュソスとされた。そのためディオニュソスは、酒の神であるとともに、演劇の神ともされる。酩酊をもたらす演劇空間の守護神でもあるのだ。

マイナスの乱行は続く。かの天才詩人オルフェウスも、冥界下りで妻を取り戻せなかった後、マイナスの集団に引き裂かれて死ぬのである。

イカリオスとエリゴネー

ディオニュソスの漂泊は続き、ついにイカリアの地において、葡萄酒と深くかかわる事件を引き起こす。

ギリシアのアッティカ半島にあるイカリア村にやってきた。農夫イカリオスが宿を提供し、この神に帰依した。その返礼としてディオニュソスは、農夫に葡萄の栽培方法とワイン造りを教えた。

イカリオスが教えられた通りにすると、素晴らしいワインができたので、イカリオスはそれを持って村に行き、村人に振る舞った。困ったことにその頃のギリシアでは、酒が知られていなかった上、村人もイカリオスも、ワインを水で割って飲むことすら知らなかったので、たちまち酔っ払ってしまった。体がかっと熱くなり、心臓がどきどきし、頭もどこかもわっとしたような気分になった。足はふらつき、舌ももつれる。

酒を知らなかった村人たちは、イカリオスに毒を飲まされたと思い、激怒してイカリオスに襲いかかり彼を撲殺、八つ裂きにしてしまった。

ワインを持って出かけたまま、帰らない父を心配した娘のエリゴネーは、愛犬のマイラとともに父を探しに出かけた。そこでマイラが、とある樹の根元に埋められた父の死体を見つけた。あまりの悲惨な状況に、エリゴネーもまたその立ち木で首を吊って自殺した。

このことを知ったディオニュソスは、罰として、村の娘たちに狂乱の呪いをかけた。娘たちは、物狂いとなって暴れまわった後、皆、エリゴネーと同様に、首を吊って縊死した。

4章 ワイン

　村人たちは恐れおののき、デルフォイに行き、アポロンの神託を受けた。その結果、ディオニュソスがワインの秘儀を授けた親子を殺してしまったことを知り、彼らの冥福を祈って祭りをするようになった。

　その後、イカリアは、ワインの名産地となる。

　イカリオスとエリゴネー、そして愛犬のマイラはその後、神の恩寵によって星座となる。イカリオスは牛飼い座、エリゴネーは乙女座、マイラはおおいぬ座になったという。なお一般的には、乙女座は大地の女神デメーテル、冥界の女神ペルセポネ、あるいは天空の女神アストライアとされ、おおいぬ座はオリオンの猟犬か、猟師ケパロスの猟犬とされている。

樹木信仰と人身供犠

　イカリオスとエリゴネーの神話は、古代の地中海世界で信仰されていた樹木信仰に深く関わる話とされる。農耕が普及する前、狩猟や採集によって生活していた地域では、恵みを与えてくれる森は母なる存在であり、樹木は信仰の対象になっていた。例えば、ギリシア神話のゼウスは、後にインドの雷神デウスの影響を受けたのか、オリュンポス山頂で暴れる雷鳴の神になってしまったが、その原型はクレタの大地母神レダに寄り添う青年の神であり、オーク（樫の木）を聖樹としていた。

　ギリシア神話の神々の原型は、その多くが地中海の島々、あるいは黒海やエーゲ海周辺の地域で、農耕前夜に誕生した神々である。狩猟や漁労、戦争の話が描かれていても、農耕の話がほとんどないのは、そのためである。

　さて、そのような時代には、森、海、川、泉など人々の生活を支えてくれる自然は非常にありがたい存在で、人々はそれを神の宿る場所として崇拝し、その場所の力が衰えるのを非常に恐れた。そこで、樹木の力を再生するべく、生贄をささげた。

フレイザーが『金枝篇』で語るように、彼らは「王」を選び出し、樹木の神聖さを体現させる多くの儀式を行った後、彼を殺して生贄とした。その場合、彼は八つ裂きにされ、人々はその肉を「焼かず」に食べたという。この生贄の儀式によって、樹木の霊は再生を遂げ、翌年の実りが約束されるのである。

　ディオニュソスの神話におけるイカリオスとエリゴネーの話は、葡萄の木に対する人身供犠の物語であろう。ディオニュソス自身、最初にザクレウスの名前で生まれたときには、タイタンに八つ裂きにされ、食われた後に蘇る。それは、タンムズやアドニス、オシリスと同じく、死と再生を繰り返す「樹木の神」の印である。おそらくは、クレタにおいて樹木の青年神であったゼウスから、若子として分離された、「自ら生贄になる若者の神」が、ディオニュソスなのである。

　そして、ディオニュソスが蘇るのは、冬至祭。すなわち、太陽の力が蘇る新年なのである。

酒の伝説

儀式的縊死と豊饒のブランコ

　エリゴネーの縊死もまた、豊饒を求める供犠であった。エリゴネーとは「春に生まれる者」という意味であり、同時に「樹液」「汁」あるいは「ほとばしる鮮血」を意味する。まさに、人身供犠を予感させる名前である。
　その後、人身供犠は野蛮な行為とされ、古代ギリシアでは、豊饒を願って木の枝に人形をぶら下げるということがしばしば行われた。人の代わりに、人形を吊るしたのである。
　また、ギリシアからオリエントの各地では、木の枝から吊るしたロープに板を渡し、それに乙女を乗せて揺らすという儀礼がある。いわゆるブランコの原型であるが、これは乙女を樹からぶら下げて、痙攣に似た体験をさせるという共感魔術であったようだ。
　この揺り動かす動作は、インドでも実践されているもので、春に行うことにより、生命の揺らぐ力を強める働きがあるとされる。ディオニュソスは、東方、インドにまで漂泊し、酒の秘儀を伝えたといわれている。
　さて、木の枝で縊死する女神の伝説というと、ディオニュソスの関係でさらに何人かの女性が現れる。まず、テセウスのミノタウロス退治を助けた、クレタ王国の王女アリアドネである。

アリアドネ

　アリアドネは、クレタのミノス王の娘である。
　ミノス王の頃、クレタ王国は地中海の交易の拠点として、エジプトなど東方の先進国と交易し、非常に繁栄していた。
　ミノスの先代クレタ王国の王アステリオスは、フェニキアからやってきたエウロペを娶って妻としたが、彼女はすでにゼウス神との間にミノスら3名の子供がいた。アステリオスはエウロペとの間に子を成さぬまま、死んだ。彼の養子であるミノスはクレタの王位を得ようとしたが、多く

の反対に遭った。そこで神々が彼の声を聞いてくれることを証明しようと、ポセイドンに神の恩寵の印として雄牛を送ってくれるように願い、その雄牛をポセイドンに捧げると誓った。ポセイドンはこの声を聞き届け、海底から白く素晴らしい雄牛を送った。かくして、ミノス王は王の資格ありと認められ、クレタの王となった。彼の手腕により、クレタ島は周辺の国々を支配し、大きく栄えた。

だが、雄牛の素晴らしさに魅了されてしまったミノス王は、ポセイドンとの約束を守らずに、その白い雄牛を自らのものとして、ほかの牛を生贄に捧げた。

こうして、ミノス王がポセイドンに捧げるべき牛を横取りしたため、ミノス王家に暗い影が落ちる。王の偽りに怒ったポセイドンは、ミノス王の妻パーシパエーに呪いをかけ、白い雄牛に劣情を抱かせる。パーシパエーは名匠ダイダロスに命じて牛の模型を作り、その中に入って雄牛と交わり、アステロス（星のような者）を生んだ。アステロスは牛の頭を持つ怪物で、ミノタウロスと呼ばれた。

ミノス王は、ダイダロスに命じて迷宮（ラビュリントス）を造らせて、この怪物を封じ込めるとともに、アテネの街に毎年、生贄として若い男女7名ずつを供出するように命じた。

ここで、ミノス王の娘アリアドネに、運命の転機が訪れる。ミノタウロスを倒すべく、自ら生贄に加わったアテネの王子テセウスに一目惚れしてしまうのである。

テセウスから妻として連れて行ってもらう約束をされたアリアドネは、ダイダロスから迷宮の出口を聞き出し、王子に糸玉を渡して迷宮脱出を手助けする。テセウスは、ミノタウロスを退治した後に、彼女とともにクレタ島を脱出する。

テセウスがナクソス島に寄港した際、ディオニュソスはアリアドネを見て恋に落ち、彼女を奪い去り、レムノスへ連れていって交わった。彼女はトアース、スタピュロス、オイノピオン、ペパレートスを産んだ後、

キプロス島で首を吊って死んだという。別の神話では、ディオニュソスの神罰に触れ、アルテミスの矢で射殺されたともいわれる。

さらに別の神話では、テセウスが敵国クレタの王女を故国に連れ帰ることを渋り、彼女をナクソス島に置き去りにしてしまう。その後、彼女はディオニュソスの恋人になったといわれる。その際にディオニュソスが彼女に贈った冠が天にあげられたものが、冠座である。

『神統記』では、アリアドネは死すべき人の子から、不死の女神になり、ディオニュソスと結ばれたとする。

アリアドネを失って帰国したテセウスは、その悲しみから、「見事、ミノタウロスを倒して生還した暁には、白い帆を掲げて帰る」という約束を忘れ、黒い帆のまま帰国してしまう。父アイゲウスはそれを見て悲観し、海に身を投げて死んでしまう。

アリアドネは、もともとクレタ島の豊饒の女神であったといわれる。ディオニュソスもまたクレタに深い関係を持っているし、アリアドネの兄であるミノタウロスもまた、人身牛頭ということは、古代地中海世界で広く信仰されていた牛の化身である。

このように、豊饒を体現するアリアドネは、樹木に仕える春の女神エリゴネーと同様に、自らを生贄にして大地を富ませる役目があったのだ。そのため、ギリシアやクレタ島で木の枝にぶら下げる人形は、アリアドネのものとされる。彼女もまた樹木に捧げられた乙女であったのである。

アリアドネの妹パイドラ（火のように輝く者）もまた、縊死する。彼女は姉に代わり、テセウスの後妻となる。しかしテセウスには、先妻であるアマゾンの女武将ヒッポリュテーとの間に、美しい息子ヒッポリュトスがいた。パイドラは、2子をもうけた後、美と愛の女神アフロディーテの呪いで、義理の息子に恋してしまう。

アマゾンの女戦士の子であるヒッポリュトスは、女性全般に対する憎悪を抱いており、義母を拒絶する。失恋したパイドラは、首を吊って自殺する。このとき、恨みに狂ったパイドラが、ヒッポリュトスに犯され

たと証言したため、ヒッポリュトスは追放され、戦車で走っている間に事故に遭い、引きずられて死んだ。

かくして英雄テセウスは、かつて愛した女の妹によって家庭を破壊されるのだが、忘れてはならないのが、豊饒の女神は儀式的な死と再生を繰り返し、再び地上へ豊饒をもたらすことである。そしてクレタ島には、ブランコに乗ったパイドラの姿が伝えられている。

オイネウスの猪

イカリオスと並び、最初の葡萄栽培者として上げられるのが、『イリアス』で言及されるオイネウスである。オイネウスは、収穫の初穂の供犠であるタリュシアを捧げる際に、アルテミスを失念してしまい、罰として畑を台無しにする怪物のような猪が送り込まれる。この猪は全ギリシアの英雄が力を合わせなければ倒せないほどの怪物であった。

この怪物は、同じく葡萄をもたらした英雄、ポセイドンの息子アンカイオスに関する予言を果たすことになる。アンカイオスは葡萄をギリシアにもたらしたのだが、「新しい飲み物を飲む前に死ぬ」という予言を受ける。彼はそれを馬鹿にしていたが、新たに造られたワインを飲む前に、猪に襲われ死んでしまう。

これはディオニュソスの神話ではないが、アルテミスとディオニュソスの関係を考え、ここに併記する。

セメレーの昇天

さて、ディオニュソスの物語に戻ろう。

その後も、ディオニュソスの旅は続き、アルゴスについたディオニュソスは、またもや彼を敬わない人々に罰を下す。アルゴスの女たちは狂って出奔し、山野で乳飲み子の肉を食らうようになった。

4章 ワイン

　ディオニュソスは、イカリアからナクソス島へ渡ろうとしてティレニアの海賊船を雇う。海賊たちがディオニュソスとその従者たちを奴隷として売ろうとしたので、ディオニュソスはマストと櫂を蛇に変え、船を蔦と笛の音で満たし、海賊たちをイルカに変えてしまった。

　ナクソス島に着いたディオニュソスがアリアドネをテセウスから奪ったという話は、すでに述べた通りである。

　各地で神罰を与えたディオニュソスは、ついに神の座を獲得した。ディオニュソスは、母セメレーを冥界から呼び戻し、女神にしてもらい、一緒に暮らしたという。新たな女神の名前はテュオネという。

　セメレーは、テーバイ王家の王女とされるが、その一方でテーバイの目前にそびえるディオニュソスの聖域キタイロンの山々に仕える女神として、2年ごとに生と死を繰り返す存在だったとも、ディオニュソスに仕える女性信徒団「マイナス」を率いる女性神官だったともいわれる。

　セメレーは、アルテミスと同一視されることもある。ケンタウロスのケイロンに育てられた狩人アクタイオーンは、アルテミスの水浴をのぞいたため呪いをかけられ、自らの育てた猟犬の群れに引き裂かれることになるが、別の神話では、セメレーに恋慕したためゼウスの呪いで猟犬が狂い、主人を引き裂いてしまう。

　こうして神の座に加わったディオニュソスは、同様に鍛冶の神ヘパイストスが天界に加わる際に、迎えに行く役目を果たすことになる。

引き裂く者サバージオス

　ディオニュソスには、もうひとつの名前がある。サバージオス（「細切れに引き裂く者」の意）は、フリュギアにおけるクロノス、あるいは大地の女神キュベレーにあたる神で、ゼウスの子として、蛇をその聖獣とする冥府の神であった。この神を崇める者はキヅタの葉の刺青をしたという。

彼の名前にある「引き裂く者」は、当時、地中海世界（オリエントを含む）で重視された牛への信仰に通じるものとされる。古代世界において、巨大な牛は荒々しく、恐ろしい生き物であり、神聖にして重要な獣として、エジプト、メソポタミア、クレタ、アナトリアなど各地で信仰された。アルファベットのAは、上下逆転しているものの、牛の頭部を象ったものであり、これがアルファベットの最初に来るのは、古代から牛が重要だったからであるし、ギリシア神話最大の英雄ヘラクレスの難行の中に牛にまつわる話が多いのは、牛を通して自然の豊饒を信仰していたからである。

　当時、祭祀として儀礼的な牛の屠殺が行われた。人々は牛を屠殺してその肉を食べることで、神の豊饒の力を得ると信じていた。その際、人々は牛を引き裂き、「焼かずに」肉を食べたという。

　これは、神の象徴を食うことで、神の力を入手するものである。

　その原型に近いものとして、古いアナトリアの地母神キュベレーの場合には、司祭ガルスになるためには、非常に血なまぐさい牛の屠殺儀礼「タウロポリウム」を経なくてはならないとされた。ガルスは、外見上は巫女であるので、これを望む男性が自ら去勢した後、墓穴を象徴する地上の穴に入る。その上で牛を屠殺して血を絞り、ガルス候補者がその血を浴びることで、「巫女」ガルスとして再生し、キュベレーの巫女に生まれ変わるのである。

　このような神の化身を食い、あるいは人を捧げる供犠の儀式は、やがて代替物に変わっていく。そこで登場するのが、ディオニュソスの化身であり、霊感をもたらすワインなのである。

ギリシア人はワインを割って飲む

　ギリシアにおいては、混酒器（クラテル）という専用の広口の壺を用いて、ワインと水、蜂蜜などを混ぜ合わせて飲んだ。当時のワインはエ

ジプトやオリエントからの輸入品も多く、現在よりも濃厚な味わいで、割って飲むことが普通だった。

　ギリシア人は、それまでアルコール度数の低い蜂蜜酒しか酒を飲んだことがなかったので、ワインをそのまま飲むことはできず、海水で割ったり、蜂蜜で味をつけたりした。輸入品が多く、アンフォラに詰められて地中海を渡ってきたワインは、強烈な味わいだったのである。

　現在、ギリシアのワインは、レツィーナと呼ばれる。ギリシア人はワインを保存するために、これに松脂を入れるようになった。そのため、松脂の澄んだ香りと苦味がする。

　混酒器で、ワインを水で割って飲む習慣もまた、ディオニュソスがもたらしたともいわれる。これは「沼のディオニュソス」と呼ばれる古拙時代の神格に捧げられた祭祀の一環とされる。

ディオニューシア祭

　アテネにおけるディオニュソスの祭は4つあり、冬の4カ月にそれぞれ行われていた。「田舎のディオニューシア祭」は、現代の12～1月に相当するポセイデオーンの月に、「レーナイア祭」は1～2月に相当するガメーリオーンの月に、「アンテステーリア祭」は2～3月でこの祭祀が語源となるアンテステーリテーオンの月に、「大ディオニューシア祭」は3～4月にあたるエラポーボリオーンの月に行われた。

　田舎のディオニューシア祭についてはあまり分かっていないが、巨大なファロス（男性器の象徴）を担いで回り、豊穣を祈願する村祭りであったようだ。五月柱（メイポール）と呼ばれる巨大な木の柱を神輿のように担いで回る絵が、数多く残されている。担ぎ手は仮面をつけたり、動物の仮装をしたりした。サティロス（半ばヤギの獣神）やシレノス（豹の頭を持つ）といったディオニュソスの眷族である獣人に扮した。合唱隊（コロス）が歌う陽物歌（パリカ、豊穣なる性を称える歌）も名物で、

愛好家はギリシア中の祭りを回って歌を堪能したという。

　レーナイア祭についても詳細は分かっていないが、アテネでももっとも古い聖域のひとつである「沼のディオニュソス」の聖域レーナイオーンにてディオニュソスの秘儀が行われたとされている。レーナイとは一般に「葡萄絞り機」のこととされ、ここでディオニュソスに捧げられた葡萄酒が造られたと考えられているが、実際には、沼のような場所であり、葡萄作りではなく、ディオニュソス風の乱行（オルギア）が行われたともいわれる。このように真冬に行われる儀式的な性行為は、地下の神（大地の神）を呼び覚まして春への復活を起こす儀式である。性の力によって豊穣な大地の力を呼び覚ますのである。

　アンテステーリア祭は、春の始まりを告げる祭りで、昨年仕込んだ新酒の葡萄酒を解禁する花の祭りである。2日目にはワインの早飲み競争が行われた。このために、アテネの市民は専用のマグカップを必ず持っており、これに注がれたワインを一気に飲み干すのである。子供にも水

で割ったワインを与えられた。

　この祭りの特徴は、ワインの神が海から来るとされている点である。ディオニュソスは豹の皮を身につけ、冠を被り、松明を手にして海から街へと上陸する。神は船山車（シャルナヴァル）に乗り、仮装行列とともに市民の前に出現する。ディオニュソスの傍らには2名のサテュロスが寄り添い、街を代表する貴婦人がディオニュソスとの聖なる婚儀を結んだ。

　この祭りはギリシアにおいて、凶兆に対する魔除けの意味もあった。この日は、冥界から死者の魂が戻ってきて、それらとともに、大地の奥底から他界の悪しき力であるミアスマ（瘴気）の運び手ケールが姿を現すからである。

　死者は大地の力の象徴でもあったので、人々は死者たちに粥を備えて豊作を祈った。この儀式の一環として、ワインの早飲み競争が行われたのである。

ディオニュソスとアレキサンドロス大王

　ディオニュソスの信仰と神のイメージに大きな影響を与えたのが、マケドニアの英雄、アレキサンドロス大王である。

　大王は、ギリシアの北、マケドニアの王子である。父はマケドニア王フィリッポス2世、母はエペイロスの王女オリュンピアスで、彼女らはディオニュソスの秘儀の祭祀で出会った。大王が誕生したとき、そのベッドにはオリュンピアスが飼っている蛇がいたという。

　大王は父親が暗殺されたため、若くして、父の覇業を継いでギリシアの盟主となり、アケメネス朝ペルシアへ遠征。当時、世界最大とされたペルシアを滅ぼし、エジプトを征服してファラオとなり、さらにアジアへ遠征、インドにまでいたった。

　その過程で彼は、ギリシアの文化とオリエントの文化の融合を図り、

自らの名前をつけた植民都市アレキサンドリアを多数建設した。アレキサンドリア、イスカンダルなどと呼ばれる都市が70余り建設された。アフガニスタンのカンダハルもまた、このアレキサンドリアのあった場所である。
　この遠征の最中、アレキサンドロスは各地でディオニュソスの祭りを行い、征服した都市で大宴会を行った。一説によれば、大王は自分をディオニュソスと同一視していたという。今も残る大王のコインには、豊穣の角と呼ばれる羊の曲がった角を持つアレキサンドロスの横顔が描かれている。それはまるで彼が、美しい森の神そのものであるかのように見える。

バッカス

　バッカス（バッコス）は、ディオニュソスに対応するローマの神で、ローマ初期にギリシアから流入した。一般には、英語読みのバッカスとして知られるが、ギリシア語におけるバッコスが、ディオニュソスの引き起こす酩酊と乱行を指すことはすでに述べた。
　イタリアには、もともとリーベルという、古き獣と植物の豊饒の神がいたが、後にディオニュソスに吸収され、酒の神となった。リーベルの名前は樹皮を意味し、その内部の生き生きした場所、樹液が運ばれる部分を指す。
　バッカスは、表向きは陽気な酒の神といわれるが、ディオニュソスの本質に近い狂乱の祭祀を行う神として、しばしば信仰を禁じられた。ディオニュソスのマイナスに対応する、狂乱の女性信徒をバッカイと呼ぶが、ある種の性的な密儀であり、ありとあらゆる背徳的な犯罪行為をも許容する祭祀「バッカナリア」を行うカルトの主神となったため、禁じられた。

4章 ワイン

ローマ人とワイン

　ワインは、ローマに伝わったことで、さらに新たな進化を遂げる。

　まず、ワインはもともと高級品であった。当時のワインは水で割って飲むものであったが、ほかにある酒は生ぬるくて酸っぱいビールの祖先であるセルヴォワーズと、蜂蜜酒だけで、いずれもアルコール度数は3〜7度程度という弱い酒であり、16〜17度のワインは非常に強くて美味な嗜好品と見なされ、王族や貴族、上級市民しか飲めなかった。最初はエジプトや東方で生産され、交易品となっていたワインだったが、ギリシア、ローマに葡萄の栽培が広がっていった。その普及には、ローマ帝国の富が役立った。

　当時のワイン文化を、2世紀のローマの文人、アテナイオスが「食卓の賢人たち」に書き残している。以下は、良識ある供宴のルールである。

　良識ある人の集まりには、水を混ぜたワインをクラテル（混酒器）に

3つも用意すればよい。最初のひとつは健康のため、2番目は愛と喜びのため、最後のひとつは眠りのために飲む。

賢明な客はここで家路につく。そこから先は我々には無縁であろう。

4番目のクラテルを開ければ、人は礼儀を忘れる。

5番目で人はわめき、6番目で他人をあざけり、7番目でまぶたがたるみ、8番目で警吏に捕まり、9番目で癇癪玉を炸裂させ、10番目で錯乱して酒に足を取られる。

ワインの拡大

ワインはその後、ローマ帝国の重要な輸出品となった。

紀元前1〜2世紀のガリア征服、いわゆるガリア戦争は、現在のフランスや南部ドイツに住んでいた野蛮な部族社会での交易トラブルが原因であるが、ここにはワインに代表されるローマの贅沢品が含まれていた。

例えば、ライン川周辺のネルウィー族やスエビ族は、ローマ商人が持ち込むワインを危険視し、彼らの接近を拒絶したり、あるいは彼らの商隊を襲ったりした。カエサルの残した『ガリア戦記』によれば、スエビ族は「ワインは、労働に耐える力や雄々しさを失わせる」と信じ、ネルウィー族は「ワインをはじめ、贅沢品は気丈な心をたるませ、勇敢さを損なう」と考えていた。そして、ガリア戦争の最後の局面は、紀元前52年、現在のオルレアンにいたローマ人ワイン商が襲われるところから始まり、カエサルが出陣することになる。これまで、ワインは背の高いアンフォラに入れて扱われていたが、やがてカエサルがガリアから持ち帰った樽が広がっていく。

ローマ帝国の支配とともに、葡萄の生産も拡大していく。ギリシア人が交易拠点に持ち込んだ葡萄は、ローマの支配下の北限であるブルゴーニュやローヌにまで広がった。ローマ人もガリア人もワインを欲していたので、彼らは多くの葡萄園を作り、ワインを生産した。

4章 ワイン

あまりにも葡萄畑が広がり、小麦の生産を圧迫するまでになったので、紀元92年、ドミティアヌス帝は、新たな葡萄畑の開墾を禁じ、現存の葡萄畑の半分を引き抜くように命じた。

残念ながら、すでにワインが主要な収入源になっていた人々も多く、この法令はローマから離れるほどに有名無実のものとなり、約200年後には廃止された。

キリスト教とワイン

ワインが欧米に普及した理由のひとつとして、キリスト教がその祭祀の一環として、ワインを「キリストの血」として崇め、飲む風習を持っていたことが挙げられる。

ここでは、キリスト教およびその先駆的な宗教であるユダヤ教からワインに関わるエピソードを拾っていこう。

酔っ払ったノア

『旧約聖書』におけるノアは、大洪水で地上の生き物が滅ぼされたときに箱舟を作って生き延びた人物であるが、実はその後日談がある。

ノアは、洪水の去った大地に降り立ち、農夫となった。家族とともに多くの作物を作り、やがて葡萄からワインを造った。ノアはこのワインを飲みすぎて酔っ払い、裸になって天幕で寝てしまう。ノアの息子ハムは、そのあられもない父の姿を見てしまう。その弟、セムとヤフェトは、父の裸を見ないようにそっと後ろ向きに近づき、着物で父の裸を覆った。

ハムは、父の裸を見てしまった結果、ノアによって呪われ、「彼はしも

べのしもべとなって、その兄弟たちに仕える」と定められてしまう。
　「泥酔した者の裸」がすなわち、「堕落」を意味したためであろうが、ハムにとっては可哀想な定めである。なぜ、このように泥酔した姿を見ることが罪となるのか？　実は、ユダヤ教において、ワインは「原罪の象徴」であるからである。

知恵の実は葡萄

　ユダヤ教の聖典『旧約聖書』の『創世記』において、最初の人間であるアダムとイブは、エデンの園に生えていた1本の木になった知恵の実を食べたがゆえに、無垢なる心を失い、エデンを追放されてしまう。
　なぜ、追放されてしまうのか？　その知恵の実こそ葡萄であり、アダムとイブは、この葡萄から造った葡萄酒を味わい、酔っ払ってしまったからだという説があるのだ。
　後に、聖書から排除された文書を外典偽典と呼ぶが、外典偽典のひとつ『ギリシア語バルク黙示録』によれば、知恵の実を生やした木とは、葡萄であり、アダムとイブは、この葡萄から造った葡萄酒を味わい、酔っ払ってしまったからエデンの園を追放されたのである。節制と堅実を尊ぶユダヤ教徒にとって、酒に溺れ酔い痴れることは、全能なる神の栄光から遠ざかることにほかならない。その結果は、死後、永劫の炎に焼かれる羽目になる。
　『ギリシア語バルク黙示録』は、バビロンのネブカドネザル王の軍によってユダヤ王国の首都エルサレムが陥落した際、エレミアの弟子バルクが天に向かって神の恩寵を求めたときに見た幻視をまとめたものである。バルクはエルサレム陥落を知り、このように神をなじる。
　「主よ、あなたは何故あなたの葡萄畑を焼き払い、荒らしたもうたのですか？」
　バルクの前に天使ファマエルが現れて、バルクを天空の旅に連れてい

4章 ワイン

き、天の構造を教える。第1の天と第2の天では、バベルの塔の建設者がいかに罰せられるかを語り、第3の天では、エデンの園において葡萄の木が最初の人間であるアダムとイブをいかに堕落させたかが語られる。

　この葡萄の樹をエデンの園に植え、アダムに葡萄酒の味を教えたのは、天使サマエルである。彼はアダムを誘惑して葡萄酒の味を教え、その無垢なる魂を汚した罪により罰せられ、堕天使となり「毒の天使」と呼ばれるようになる。サマエルが葡萄の樹を植えたこと、そして葡萄そのものを神は呪った。それゆえに、サマエルは葡萄を通じてアダムを欺いた。

　アダムとイブが楽園から追放された後、葡萄の木は引き抜かれ、エデンの園から捨てられた。やがて大洪水がやってきて、地上の罪深き者たちが滅びた後、生き残ったノアは地に落ちた葡萄の蔦を見つけ、これを地に植えた。その蔦は、エデンの園に生えていたものを、サマエルが地上に投じたものである。

　ノアは、これを発見し、「これはいかなる植物であり、植えてもよいも

のなのか？」と神に問いかけた。

　天使ファマエルが現れ、それはアダムを揺るがせた葡萄の蔦であると教えた。

　ノアはさらに悩み、神に問いかけるため、40日間の祈りをささげた。やがて、神は天使サラサエルを遣わしてその言葉を伝えた。

　「ノアよ、立ってそのつるを植えよ。神がこう言われるのだから、この木の苦さは甘さに変えられ、そこから生ずるもの（ワイン）は神の血になるでしょう。その木のおかげで人類は罰を受けたのだが、今後はインマヌエルなるイエス・キリストを通して、その木において上へのお召しを受け、楽園に入ることを許されるであろう」

　だが、その直後に、この文書は葡萄酒の害悪を延々と語る。

　「アダムがその木を通して断罪され、神の栄光を奪い取られたのと同じように、今の人々もそれから生じる葡萄酒を飽くことを知らずに飲み続けて、アダムよりもひどい罪を生み出し、神の栄光から遠く離れて、己が身を永遠の炎に委ねているのです。それを通しては、善いものは何ひとつ生じないのですから。これをがぶ飲みする者たちは、次のようなことをするのです。兄弟が兄弟を、父が息子を、子供が両親を憐れまず、例えば殺人、姦通、姦淫、偽誓、盗み、およびこれらに類似のものは全て飲酒を通じて生じるのです。それ（葡萄酒）を通しては、善いものは何ひとつ打ち建てられません」

　内容が左右にぶれているのは、この『バルク黙示録』が創作された偽典か、あるいは元文書があったにせよ、中世以降の何者かによって、加筆修正されたためといわれる。おそらくは、ノアが葡萄酒を飲んで泥酔した前項の補足説明的な物語であったのに、サラサエルの前半の言葉を加筆し、ワインの存在をむりやり肯定するように書き換えたのである。

　さて、ノアとワインの話に戻ろう。神や天使の警告にもかかわらず、結局、ノアは葡萄を育てて、ワインに酔い痴れてしまう。ノアは、善き人として選ばれ、洪水を生き残ったにもかかわらず、祖先のアダムと同

4章
ワイン

じ失敗を犯してしまったのである。おそらく長男のハムもまた、一緒に葡萄酒を飲み、酔い痴れたのであろう。そこで、原罪の印たるワインを飲み、一緒に堕落したため、神に呪われたのである。

コーシェルとワイン

　では、ユダヤ教徒はワインを飲まないのか？というとそうではない。むしろ、祭祀に用いる重要な飲み物として大事に扱っている。

　その証拠に、イスラエルはよいワインの産地となっているし、フランス・ワインの最高峰ブランドのひとつ、「シャトー・ロートシルト」は、ドイツのユダヤ財閥であるロスチャイルド家が育てたものである（ロートシルトは、ロスチャイルドのドイツ語読み）。

　ところでユダヤ教は、食事制限が厳格な宗教である。コーシェルと呼ばれる食事制限があり、豚肉を食べない。それ以外の肉でも正しい方法で屠殺されていない限り穢れたものとして扱う。狩りで得た物を食べない、血液を食用に用いない、肉と乳製品を一緒に食べないなどの厳格なルールがある。

　これは、ユダヤ人文化が形成された古代メソポタミアの戦乱と、古代エジプトでの被支配生活という苛酷な環境の中で、民族のアイデンティティを維持するために形成されたものである。宗教としての禁忌を守りつつ、ユダヤ民族の誇りを維持するものである。例えばユダヤ教徒は、パンを酵母で膨らませることを禁忌とし、「種入れぬパン」（無発酵パン）を食べる。これはエジプトでの苦難を忘れず、彼らと同じものを食べないという誓約である。

　ワインも同様で、ユダヤ教徒以外の手が触れたワインを飲むことは許されていない。それは彼らが（ユダヤ教徒としては罪にあたる）偶像崇拝を行うからである。

　そのため現在でも、厳格なユダヤ教徒のために、ユダヤ教徒だけで運

4章 ワイン

営された「コーシェル・ワイン」を生産するワイナリーが、イスラエルやヨーロッパ各地に存在する。これらのワイナリーでは、ユダヤ教徒以外が、葡萄園やワイナリーに入ることを禁じている。ワイン工場の中でワインが通るパイプに非ユダヤ人が近づくことさえ嫌う。ワインを清澄させるために、卵を入れることも禁じられているし、ちょっとした事故で血が混入してしまったら、「正しいワイン」ではなくなってしまう。そして、コーシェル・ワインの製造には、ユダヤ教教会からユダヤ教の司祭ラビを呼んで監督してもらう。

それほど厳格でないユダヤ人の場合、同じ啓典宗教であり、ユダヤの『旧約聖書』に敬意を払う一神教（キリスト教徒とイスラム教徒）は偶像崇拝ではないとし、彼らが造ったワインならば飲んでもよいということになっている。しかしそれでも、ほかの信仰を持つ者が開けたワインは、口にすることを避ける傾向にある。

イエスの血

ワインの価値はキリスト教の誕生によって大きく変わる。ユダヤ人の新たな予言者、イエス・キリストは、最後の晩餐において言う。

「このワインは我が血。取りて飲め」と。

確かに、ワインはユダヤ人にとって重要な祭祀の酒であったが、この言い方は、現在の我々が想像もつかないほど、弟子たちを揺るがした。なぜならば、それは禁忌だったからである。

すでに述べた通り、ユダヤ教徒にはコーシェルという食事制限があり、血を食物としてはならないと定められている。それなのにイエスは、人身供儀を匂わせるような言い方で、自らの血の代替物としてワインを飲めと言う。弟子たちは彼の言動に恐れおののき、やがてユダの導きで捕吏がイエスを捕らえた際、彼の弟子であることを3回、否定するのである。

なぜ、イエスはそのような当時としては異端めいた発言をすることに

なったのだろうか？

　近年の学説では、まずイエス自体が、当時のユダヤ教の律法万能主義に反発したエッセネ派、あるいは『死海文書』を残したクムラン教団などの洗礼宗派に近い存在であったのではないかと主張する。イエスは当時、エルサレムを含む地中海世界全域で活動していたディオニュソス教やタンムズ教の「死と再生」の思想を取り込みつつあった。イエスの先駆者たちが活動する紀元前2世紀には、アレキサンドロス大王の世界征服から100年以上が経過し、オリエント世界とギリシア世界が融合したヘレニズム文明が、新約聖書の舞台であるアラビア半島にも普及し、深い影響を与えていたのである。そこでは、酒と供犠の神ディオニュソスの存在がすでに知れ渡り、同系の神であるタンムズ教とともに大きな文化的影響を与えていたのだ。

　『ヨハネによる福音書』で、イエスは自らの死を、穀物の女神とその伴侶たる青年神を信仰するタンムズ教流に、小麦に例える。

酒の伝説

4章 ワイン

　一粒の麦が地に落ちて死ななければ、それはただ一粒のままである。
　しかし、もし死んだならば、豊かに実を結ぶようになる。
（国際ギデオン協会『新約聖書』 より）

　農耕民ではなく、羊飼い（牧畜民）であることを民族的なアイデンティティとするユダヤ教徒に沿わない、衝撃的な発言である。
　そうした言動の後、イエスは捕らえられ、十字架の上で死んだ。人々の罪を背負って死ぬことにより、イエスは弟子たちの心にカリスマ教祖として深く刻み込まれた。さらにマグダラのマリアらによって、その復活と昇天が報告された。これもまた、多分にディオニュソス教的な奇蹟であったが、これにより教祖の死と再生が神話化され、信仰は教祖の死とともに滅ぶことなく、次世代に受け継がれた。まさにディオニュソスと同じく、自ら生贄になることによって、イエスは信仰を獲得したのである。
　その結果、キリスト教徒はイエスの血としてワインを飲む儀式を受け入れ、以降、ワインの守護者となる。血を飲むディオニュソス的な異端性と、ペトロ（12使徒のリーダー）という非ユダヤ人信徒を受け入れた彼らは、結果としてユダヤ教から乖離していき、ローマに浸透する。

ローマとキリスト教

　一時期、ローマ帝国はキリスト教を「教祖の肉を食らい、血をすする邪教」と断罪し、彼らを迫害した。最後の晩餐を再現する「このパンは我が肉、取りて食え。このワインは我が血、取りて飲め」という文言は、それだけを見れば、まさにカニバリズム（人肉嗜好）であり、同時に、神を食らい、飲み込むディオニュソス教徒の狂乱に近しいものであった。ローマは紀元前2世紀以降、ディオニュソスを狂信するマイナスやバッカイたちに悩まされてきたので、キリスト教徒もまたディオニュソス教

系の邪教徒に見えたのである。

修道院とワイン

　やがて、ワインの浸透とともにキリスト教徒への偏見は解け、彼らを無視できなくなったローマ帝国はついに、これを国教にした。その結果、ローマ帝国の拡大がそのまま、キリスト教とワインの拡大につながった。キリスト教の修道院は、ワインとパンの祭祀を行うために、葡萄の育成とワインの製造に力を入れた。

　もともと、ヨーロッパには、樹木を信仰し、神の死と再生を信仰するドルイド教、あるいは、世界樹イグドラシルにぶら下がり、自らを槍で貫いて死の秘密とルーンを手に入れる魔術の神オーディン（北欧神話の主神）の信仰という、宗教的な素地があった。彼らは修道士の平和主義を軽蔑したが、自ら死んで蘇る救世主イエスの物語は、彼らの「死と再生の樹木神話」とマッチしたし、何よりも修道院が生み出すワインは魅力的な存在であった。ワインを飲み、パンを食べることがそのまま信仰に通じ、魂を救うというならば、キリスト教はまさによき宗教といってよかった。

ワインの守護聖人

　ヨーロッパ文化に深く根付いたワインは、キリスト教の聖人たちによって守護されている。ワイン、醸造業者、あるいは葡萄を守護する聖人は地域によって異なり、ひとりには確定しない。

酒の伝説

聖ウルバン

　初期キリスト教の教皇であった聖ウルバンは、葡萄栽培とワインの守護聖人である。その祝日は5月25日（資料によっては4月25日）で、ここで春は終わり、夏が始まる。中世ヨーロッパで農民が用いた自然暦には、ウルバンの名が散見する。

　聖ペテロが春を動かしはじめ、
　聖ウルバンが春を終わらせる※

　聖ペトロの祝日は2月22日。まだ寒い最中だが、日本でも立春は過ぎ、春の支度が始まる時期である。

　「聖ウルバンが晴れて上天気ならば、ワインと穀物は一杯だ」
　「おお、無骨者の聖ウルバン様よ、せめて正気をお持ちくだされ！」※

　5月25日の聖ウルバンの日は、今年の収穫を占う天気占いの日である。春が終わり夏が始まるこの日、晴れれば今年の好天、すなわち豊作が期待できる。そのため毎年、人々はこの日に祭りを催し、聖ウルバンの像を花や葉で飾り掲げて練り歩き、豊作を祈る。

　この日が晴れであれば、豊作が約束されたとして、像にワインを捧げて祝った。雨が降れば、聖ウルバンが気まぐれを起こしたとして、水をかけたり泉や川に投げ込んだりした。この日は葡萄の開花時期にあたり、快晴で無事に受粉が行われれば、葡萄の育成が保証されたのである。無事に葡萄の収穫が終われば、収穫祭で聖ウルバンに感謝の祈りを捧げた。

※この項目で引用した農事暦の文章は植田重雄氏の論文「中部ヨーロッパにおける農事の諺、自然暦について」（早稲田大学305号）より引用しました。

聖ウルバンは、230年頃、殉教を遂げた第17代ローマ教皇、聖ウルバヌス1世とされる。この人物はローマ人貴族の娘であり夫に嫁ぎながらも処女のまま殉教した聖セシリア（チェチーリア、カエキリア）を信仰に導いた。彼女は処刑において、斬首されることとなったが、3回剣で斬りつけてもその首が落ちることはなく、「同じ日に剣を3回までしか振ってはならない」という決まりにより救われた。首に重傷を負っていた彼女は、3日間生き延び、財産を貧者に寄付し土地を教会に寄付した。聖ウルバンは、彼女が殉教した後、彼女が残した土地に教会を建てた。教会が財産を所有することを認めたのは彼が最初である。
　当時はまだ迫害の厳しかった時期で、聖ウルバンも何回も官憲に追われた。あるとき、葡萄の木の陰に隠れて命拾いしたことから、葡萄を祝福した。以来、葡萄の守護聖人となった。

聖ヴァンサン

　ブルゴーニュ周辺で信仰されている聖ヴァンサン（サラゴサの聖ヴィチェンティウス）は、葡萄栽培者やワイン醸造者の守護聖人である。聖ヴァンサンは葡萄の樹液が枝を登るのを助けるとされ、ブルゴーニュではグノット（斧）と葡萄を手に携えている。またバッカスの使徒ともされ、ワイン生産者の願いを酒の神バッカスに伝える役目を担う。
　年明け一番、1月22日の聖ヴァンサンの日に、聖ヴァンサンの像を持って村中を行進し、ワインを祝福して回る「聖ヴァンサンの巡回祭」という祭りが開催される。この祭りが終わるとワイン農家は畑に鍬入れを行い、1年の農作業を始める。
　聖ヴァンサンはサラゴサの聖ヴィチェンティウス（？～303/304年）のことで、ローマ皇帝ディオクレティアヌスのキリスト教大迫害の時代に、スペインのサラゴサで司教により助祭に任じられる。総督ダシアノの手によって師とともに捕らえられた彼は、信仰を捨てるように迫られ

たが、拒絶したため拷問にかけられた。四肢を引き伸ばされ、体を鉄の爪で切り裂かれた後、熱した鉄板の上に載せられ、火あぶりにされた。それでも彼は死ななかったため、最後はガラスの破片を敷き詰めた牢獄に投げ込まれて、殉教した。彼の死に伴い、天使の歌が聞こえ、彼は天に召されたという。このとき流した血がキリストの血であるということから、葡萄栽培者、ワイン醸造者の守護聖人となった。

ワインを守護する諸聖人

　ヨーロッパでは、聖ウルバンと聖ヴァンサンのほかに、多くの聖人が葡萄栽培者、ワイン醸造者、ワイン商人から守護聖人として信仰されている。
　まず、3人のヨハネと呼ばれる聖人がいる。
　バプティスマの聖ヨハネは、キリストを洗礼した人物である。彼の祭

りの日は6月24日、夏至の日である。この日は「ヨハネの火祭り」と呼ばれ、焚火を焚いて若い男女がその回りを踊って回る。この時期は葡萄の開花結実の時期であり、葡萄栽培者が好天を願った。

　福音の聖ヨハネは使徒のひとりで大ヤコブの弟にあたり、キリストの受難を目撃し、ヨハネの福音書を書き記したことで知られる。彼は十字架上のキリストを聖母マリアとともに見守り、その胸から流れた血を聖杯で受けた。ほかの使徒たちが殉教を遂げたのに対して、彼だけは最後まで生き残り、キリストの福音を語り、聖母マリアに仕えてその昇天を見届けた。別名を「福音史家」といい、エフェソスにおいて95歳で亡くなった。

　彼は迫害を受けたとき、アリストデモスという異教の司祭から毒入りのワインを渡され、それを飲み干したが死ななかった。そのワインが非常においしいワインに変わっていたという。この奇跡が元で、彼はよいワインを生み出す奇跡の体現者として、ワイン醸造家の信仰を集めた。

　3人目のヨハネは、14世紀に殉教した聖ヨハネ・ネポムク（？〜1393年）である。彼はプラハの王宮の聴罪司祭であった。当時の王ウェンツェル4世は、側近の讒言により敬虔な后ヨハンナの貞操を疑い、ネポムクに彼女の告白の内容を言うように強要した。しかし、司祭が告白の内容を他人に明かすことは禁じられている。ネポムクは后の潔白を強く主張し、王の命を退けた。王は激怒し、ネポムクを捕らえて拷問させた上、縛ってモルダウ河に架かった橋の上から河に投げ落とし、溺死させた。そのとき、奇跡が起こった。ネポムクの遺骸から5つの星が飛び出して輝いたのだ。人々は彼の遺骸を引き上げ、手厚く埋葬した。300年後、プラハの大聖堂にあった彼の墓を開くと、舌がそのまま残っていた。これは彼が沈黙を守り抜いたことに対する神の祝福であるとされた。

　彼はその殉教の様子から、水流を守る聖者、橋や道を守る聖者としてボヘミア（現在のチェコ西部）から、ザルツブルグ、バイエルンなどドイツ周辺で広く信仰され、やがて水を祝福してワインに変える聖者、あ

4章 ワイン

るいは適切な水を供給し田畑を潤してくれる聖者として、ワインの守護聖人になった。おりしも彼の祝日は5月16日、これは中部ヨーロッパの農事暦では、氷の3聖者と呼ばれるパンクラティウス、セルヴァティウス、ボニファティウスの日の直後にあたる。この3日間は遅霜のある農業における警戒日時であり、それを明けた聖ネポムクの祝日は、霜の害を切り抜け、葡萄栽培の最初の危機を乗り越えた祝いの日となったのである。葡萄園では彼の彫像に花を飾り、5つの星にちなんで5本の蝋燭を灯す。

同様に、龍退治で名高き聖ゲオルグ（聖ジョージ）は、その祝祭が4月24日と、葡萄の新芽が芽吹く時期にあるため、その加護を祈り、秋には、収穫時期の9月29日を祝祭の日とする大天使ミカエルに、祈りを捧げる。

そのほか、多くの聖人がワインを守護している。

「慰めの息子」と呼ばれ、キプロス教会を創設した聖バルナバ（祭日は6月11日）はキプロス、ミラノ、フィレンツェの守護聖人ということからワイン商人を守護する。

8月6日を祝日とする聖シクストゥスは、3世紀、ローマ教皇に選ばれシクストゥス2世となったが、1年余りで殉教した。カタコンベ（地下にある墓所）で秘密の説教をしているところをローマの警察に踏み込まれ、捕らえられ、その場で剣で斬首された。初期の殉教者の中でもっとも尊敬された人物で、神の祝福によりその死を3日伸ばし、彼が預かる全ての教会財産を貧者に分け与えるように手配した。彼のエンブレムはワインであり、醸造業者、特にワイン商人を祝福する。

彼の命令に従い、教会財産を貧者に分け与えたのが聖ラウレンティスで、彼もまたシクストゥスの死後数日で殉教することになる。彼の場合、教会財産を奪い取ろうとしたローマ皇帝の命で焼き網に乗せられ、拷問されたのである。彼は財産を狙うローマの役人に対して、貧者たちを指し示し、「彼らこそが教会の財産である」と述べたという。師であるシクストゥス同様に醸造業者を守護する一方、焼き網で死んだため、調理関係の職業も守護する。

なお、このシクストゥスの名を持つベルギーの聖シクストゥス修道院こそ、世界のビールの中でもっともおいしいとされる「ウェストフレンテン12」を生産している。残念ながら、あくまでも修道士の生活を最低限支えるためであるので、その量は非常に限られ、ベルギー国内でも流通することはなく、修道院とその隣のカフェでしか入手できない。2005年、65ヵ国のビール好きによる投票で世界1位に選ばれたが、注文に応じきれないため、販売が停止された。

　フランスの守護聖人である聖マルタン（マルティヌス）がワイン生産者を守護するのはある意味当然といえる。聖マルタン（316〜397年）は、ハンガリー生まれのローマ軍人で、15歳のときにローマ軍の騎兵となり、フランスに派遣された。ある冬の寒い日、アミアンで裸の貧者と出会った彼は、自分のマントを半分に切り裂いてその半分を貧者に与えた。その夜、彼のマントをはおったキリストの夢を見て改心した彼は、キリスト教徒となった。彼は多くの奇跡によって人々を救った。トゥールの司

教となったことから、トゥールの聖マルティヌスと呼ばれる。西方教会における修道院制度の先駆者であり、初期のワイン造りを担った修道院そのものを守護していた。

聖ヴィヴィアナ（？〜274年）は初期に殉教した乙女だ。ローマ総督アプロニアヌスに無実の罪を着せられた前総督フラビアヌスの一家は、キリスト教徒であることから捕らえられ殺された。その娘であったヴィヴィアナは裁判官より罪を認め、棄教せよと命じられたが、これを拒絶したため、柱にくくりつけられ鞭で打たれて殉教した。その後、彼女らが埋葬された場所に教会が建てられ、その庭に生えた薬草がてんかんや頭痛、二日酔いに利くとされた。この言い伝えが広まり、ヨーロッパではこれらの病、特に二日酔いの際に、彼女の名前で祈りが捧げられるようになった。

ワインと世界史

キリスト教ヨーロッパ社会において、ワインは必要不可欠なものとなった。フランスは、ローマ人によるガリア征服とともにワイン造りが始まった。ギリシア人のワイン精神を受け継いだローマ人は、あらゆる征服地でワインを造り、ワインを交易し、ワインを飲み続けた。やがてワインの宗教であるキリスト教にはまっていた。

気がつくと、ワイン用葡萄の耕作地が広がりすぎて、小麦畑が減り、パンの供給を脅かすまでになっていた件についてはすでに述べた。

ローマ帝国の崩壊後、ワインよりもビールを好むゲルマン人たちは、ワインにそれほどこだわらなかったが、キリスト教とともに修道院でのワイン造りが始まり、日々の儀式に必要なワインはその育成限界まで広

がった。

シャルルマーニュとワイン

　ローマ帝国滅亡の後、最初にワインに目をつけたのが、10世紀にヨーロッパ復興の足がかりを築いたシャルルマーニュ（カール大帝）である。
　彼は現在のイタリア、フランス、ドイツを中心とした地域を征服し、統治していく過程でキリスト教勢力との共闘が必要になると考え、キリスト教を振興する。一方で、農業など産業基盤の整備にキリスト教の力を利用した。当時の修道院は、ローマ帝国以来、衰退していく技術を維持する最後の砦となっており、村落共同体を活性化する中心になっていた。シャルルマーニュは、農園とともに山麓の葡萄畑を再生させ、修道院にワイン生産を行わせた。この時期に、ワインはさらなる品質向上が進んだ。

酒の伝説

4章 ワイン

　ワインの生産が増えると、ワインの恩恵を受ける人々が増えていった。最初は、儀式に使うだけだったワインが広く売れるようになり、以前は貧しい隠遁者の住処にすぎなかった修道院は、ワイン製造と売買を支配する酒販商人になった。修道院の周囲には葡萄畑が広がり、多くの富が集まるようになった。

　この運動の中心になったのが、シトー修道会である。12世紀、聖ベルナルドゥスと30名ほどの若き修道士たちが、ブルゴーニュのシトーという場所で質素な修道生活を始め、その際、ブルゴーニュ公から葡萄園をもらった。彼らは倹約と質素、勤勉と貞節を是とする隠者たちであったが、それはワイン製造と開発に最適であり、以来、シトー修道会はブルゴーニュのワインを最高のものに仕上げていった。修道会は王から免税特権を受けていたので、ワインは多くの富を生み出し、シトー修道会はさらにワインと修道会の結びつきを儀式面でも強調していく。キリストとディオニュソスのイメージ混合は、この時期にさらに加速したともいわれている。

　ドイツにワイン造りを持ち込んだのも、シャルルマーニュである。ライン川右岸のラインガウ（現在のフランクフルトの近く）で冬を越したシャルルマーニュは、ここが葡萄に適した土地と判断し、葡萄の苗を運ばせた。ここから、白ワインで知られるラインガウが始まったのである。

　やがて、ワインの普及とともに、味わい方も変わってきた。ギリシア、ローマの時代、ワインは蜂蜜や薬草を入れて味付けされていたが、中世から少しずつ銘醸ワインというべきものが誕生し、そのままでも美味なものとなった。

　15世紀の終わりには、硫黄を防腐剤に用いる手法が普及した。この手法は現在まで続いている。

ほろ酔いの時代

　さらに、ヨーロッパの水の劣悪さがワインの普及に拍車をかけた。飲料水として、ヨーロッパの水はその多くが不適切であり、さらに、当時のヨーロッパは、黒死病をはじめ、何回も疫病に見舞われていたので、新鮮な水であっても生水のままでは長く保存することができなかった。
　水を保存するためには、
①煮沸して殺菌する
②炭などで完全にろ過する
③薬剤、例えばアルコールを混入してばい菌の繁殖を抑える
のいずれかしかなかったが、煮沸とろ過には時間がかかり、日常的にこれを行うことは困難だった。そこでワインを補助飲料として飲むようになった。
　この結果、弱いながらも、毎日毎食ごとに誰もが軽い飲酒をしている状態になった。これを「ほろ酔いの時代」という。

赤ワイン、白ワイン、ロゼ

　白ワインは、白葡萄の果汁だけを絞り、事前に皮を取り除く。赤ワインは、黒葡萄を用いるが、発酵後に皮や種と果汁を分離するので濃い色がつき、皮の味わいが残る。
　その中間にあたるロゼは、いくつかの方法で造られる。
①黒葡萄を用いる。この場合、圧搾時に皮や種の色が果汁に移り、ロゼの色合いになる。
②セニエ法。黒葡萄を用いて、赤ワインのように仕込むが、色がつきすぎないうちに皮や種を引き上げる。
③混醸法。黒葡萄と白葡萄を区別せずに混ぜて醸造する。
④混成。赤ワインと白ワインを混ぜて、ロゼを造る。

4章 ワイン

　中世は飲料ワインの大消費時代で、ある統計によると、ドイツではひとりの成人男性が、年間に140ℓものワインを飲んでいたという。1年は365日であるから、毎日400mℓ近く飲んでいたことになる。現在、我々がペットボトルでお茶を飲むようなものだ。ちなみに1980年前後の統計では、年間18ℓとなっている。

　やがて水道が整備され、さらに家庭で煮沸が簡単にできるようになってくると、生活飲料としてのワインの価値は失われ、ぜいたく品としてのワインが目立つようになってくる。

ワインの高級化と拡散

　中世が終わりを迎え、国家が繁栄してくると、貧富の差が拡大し、商業化されたワインは高級志向に転じていく。ローマ帝国時代に開かれ、以来、2000年の歴史を持つワイン産地、ボルドーやブルゴーニュは銘醸地として名を馳せ、これに対抗すべく、シャンパーニュやローヌが研鑽する。

　17世紀になると、高級ワインはパリの王宮で必須のアイテムになっていた。古来の名産地ボルドーとブルゴーニュは、すでに100年以上もの間、王の寵愛を争っていた。

　彼らのお得意の貿易相手が、大航海時代で成り上がったイギリスである。イギリスは、葡萄栽培の北限を超えた寒冷な土地であったが、1152年、フランスの大西洋岸にある銘醸地、ボルドーをその領地に加えたことで、フランス・ワインの魅力に取りつかれてしまう。彼らはボルドーの赤ワインを「クラレット」と呼び、18世紀までフランス人以上にこれを愛飲していた。その後、ボルドーは百年戦争で奪還され、ワインはフランスの主要貿易品となる。

　やがて、大航海時代の始まりは、富の増大とともに、航海中の飲料水代わりとなるワインやビールなどのアルコール飲料のニーズを拡大させ

た。世界中に広がっていくヨーロッパ系移民者たちは、自分たちの日々の宗教行事のために、ワインの現地生産を始める。アフリカ、新大陸、オーストラリアなどで葡萄栽培に適した土地が探し求められ、後の新世界ワインの素地となっていく。

シャンパーニュの奇跡

　17世紀末、シャンパーニュ地方で生まれたベネディクト修道会の修道士ドン・ピエール・ペリニヨンは、盲目であったためオーヴィレール修道院に入り、ワイン醸造所で働いた。

　彼は発酵中のワインを誤って瓶詰めしてしまった。すると瓶の中で発酵が進んで発泡し、瓶が割れたり、栓が飛んだりしてしまった。ペリニヨンが瓶内発酵で発泡したワインを味見したところ、実に刺激的であった。このとき、彼は「おお、星のようだ」ともらしたという。

以来、ドン・ペリニョンは、発泡ワインの研究を重ね、シャンパンを生み出した。現在、シャンパンの名を用いられるのは、シャンパーニュ地方で生み出された発泡ワインだけであり、ほかの地域で造られたものは、スパークリング・ワインと呼ばれる。

 「ドン・ペリニョン」の名は、最高級シャンパンの名称となった。

フランス革命はワインから？

 やがて、ワインの聖地フランスは、激動の時代を迎える。
 市民階級の成長を省みず、豪華な宮廷で贅沢な暮らしを続ける王侯貴族たちに対して、市民たちが立ち上がる。これがフランス革命であるが、ここにもワインが深く関わっている。
 ルイ16世統治下のフランスは、特権階級の浪費や、対英国対策としてアメリカ独立戦争への支援などにより多くの赤字が累積し、国家財政は破綻寸前であった。そこで、多くの財政改革が行われるが、改善されず、市民生活が圧迫された。
 さらに、パリは特別行政区になっており、パリに出入りする物資には多くの税金がかけられた。その結果、パリではワインの価格が急騰、パリ市内と市外では3倍近い価格差が発生した。当時のパリは下水道がなく、路上に糞尿が投げ捨てられるため衛生状態が最悪であり、安全な飲み物

マリアージュ

 ワインというのは、基本的に「食事補助用の飲料」として発達してきた。主目的は、シャーマニズム的な要素のある酩酊酒ではなく、「食事補助および栄養補給」である。ゆえに、食事とのマッチングが重視される。いわゆるマリアージュ（食事と酒の結婚）である。

としてのワインが日常的に欠かせなかった。ところが「20リュ規制」と呼ばれるワインの販売制限があり、パリから20リュ（88km）以内のワインはパリ市内で販売できないとされていた。このため、当時パリ周辺に広がっていた「イル・フランス」と呼ばれるワイン生産地から、大量に生産される低価格のワインは、パリの城外でのみ販売されていた。

やがて、パリへワインを納入しようとしたボルドーのワイン商と、パリの関税事務所の間でトラブルが起こり、ワインがパリの関税倉庫で差し止めになった。時は1789年7月11日、フランス革命ののろしが上がるバスティーユ監獄襲撃の3日前であったという。パリ市内は、すでに市民と特権階級、そして王が召集した軍隊で一触即発の状態にあった。

軍隊が集結し、一時的に人口が膨れ上がったパリで、市内のワイン価格は高騰し、そのほかの物資も高騰した。

ついに、7月14日、ワインが押収されることになり、ボルドーのワイン商人はその奪還に立ち上がった。ワインが収められた関税倉庫が襲撃された。この襲撃には、ワインを奪還しようとしたボルドーのワイン商などの男性市民だけでなく、飲料水にさえ困った主婦が数多く参加していたという。彼らはワインを強奪し、アルコール分を補充すると、そのまま関税事務所を焼き討ちした。かくして、ワインを開放した市民たちは、勢いに乗ってバスティーユを襲撃することになる。

この働きがあってか、フランス革命政府ができた際、ボルドー選出の代議士たちはジロンド党を結成し、革命政府の一翼として大活躍することになる。

しかし、この革命によって、ワインの名産地は大打撃を受ける。

ワイン農園を管理していた修道院や貴族は、革命の敵であり、次々と粛清された。ブルゴーニュの修道院は解体され、農民に分割して与えられた。この結果、現在のブルゴーニュでは、小さな畑ごとに持ち主が異なり、複雑な様相を呈することになる。

一方、革命の中心に関わっていたボルドーでは、修道院は解体を免れ

4章 ワイン

たものの、有名なシャトーの持ち主が粛清され、売却の憂き目にあった。当時、最高といわれた「シャトー・ラ・フィット」もまたそのひとつで、ドイツ系ユダヤ財閥のロートシルト、つまり、ロスチャイルド家に買い取られることになる。ロートシルト家は「赤い盾」を印とした両替商であったから、この激動の中、ボルドーの老舗ワイナリーを見逃さなかったのである。

その後も、ボルドーと革命政府のつながりは強く、1855年のパリ万国博覧会開催に際し、ボルドー商工会議所はボルドーワインの格付けを、時のナポレオン3世に求める。ボルドーワインは、ここで1級から5級までの格付けを受け、以来、150年間変わっていない。いわゆるワイン産地の格付けは、ここから始まる。

パスツールとワイン

フランスの細菌学者ルイ・パスツール（1822～1895年）こそ、ワインに革命をもたらした人物のひとりである。

1862年、彼はクロード・ベルナールとともに、ワインや牛乳などを低温殺菌する方法を見つけたのである。63℃で30分間温めるもので、これによりアルコールや風味を損なうことなく雑菌を滅ぼすことができるのである。

この低温殺菌方法はパスツールの名前をとって、パストリゼーションと呼ばれている。これ以前のワインは、酵母が生きたままの生モノであり、今ほど長期保存に向かず、時期が進むと発酵が進んで飲めなくなることが多かった。

フランス・ワインの死と復活

19世紀中盤、ヨーロッパのワインは最大の危機を迎える。

研究用にアメリカから輸入された葡萄の苗木についていた、フィロキセラ（和名：ブドウ根アブラムシ）が大発生し、フランスを中心としたワイン産地は壊滅的な被害を受けた。
　ワインの味を追い求め、新しい品種を作ろうと新大陸の葡萄を安易に輸入した結果、付着していた虫が自然に繁殖してしまったのである。
　最初の頃は害虫の対処方法がなかった。やがてボルドーのワイナリーが、硫酸銅の溶液で除去する方法を見つけ出し、ボルドー液とも呼ばれたが、最終的な解決にはならなかった。フランス・ワインは、ほぼ壊滅した。
　結局、ヨーロッパは除去ではなく、フィロキセラと共生する覚悟を決めた。フィロキセラに耐えて生き残ったカリフォルニアの葡萄を、台木として導入、これに元の品種を接ぎ木することで、フィロキセラへの耐

ワインはフランスだけじゃない

　ワインというと、フランスの名前が挙がるが、現在、ワイン生産地は世界各地に広がっている。
　これは、大航海時代以降、全世界に拡大したヨーロッパ人にとって、ワインを広げることが、キリスト教を広げることに等しかったからである。そのため、アメリカ、アフリカ、中東、オーストラリア、カナダなど世界各地でワインが造られ、現地のクリスチャンに飲まれている。中国にもチンギス・ハーンの遠征以前から、シルクロード沿いに中東やグルジアから葡萄酒が入り、独自のブランドを成すにいたっている。
　本来、ワインを造る葡萄は暖かい地域の植物で、フランス中部、あるいは、ドイツが北限とされている。あれだけ酒好きのイギリス人だが、自国では生産できないのが、ワインである。
　ちなみに、現在では、明らかに北限を越えた北海道、カナダなどでも葡萄の生産が行われ、ワイン造りが試みられている。カナダでは寒さで実が凍ることを利用して甘みを増すアイス・ワインが造られている。

性を獲得したのである。

　しかし、この再生計画は、ワイン農家に多大な経済的な負担を与えた。アメリカの台木を植え、接ぎ木するという投資が行えたのは、ボルドーなどの高級ワイン産地だけだった。かつて、ワインの大生産地であったイル・フランスなどの低価格ワインの産地は、ここで滅びた。

　フランス・ワインは1度死に、高級酒として再誕した。それはまさに、キリストの酒にふさわしいものといえよう。

日本国産ワイン

　日本でも明治時代からワインが造られてきた。

　特に山梨県は、明治以前から生食用の葡萄を育てていたこともあり、現在では山梨の勝沼を中心に、大手から家族経営まで90ものワイナリーがひしめく国産ワインの郷である。そのワインは、フランスに学んだ本格的な物から、国産葡萄「甲州」にこだわるどっしりしたワイルドなものまで、個々のワイナリーの個性が楽しめる。またこの地では、「葡萄酒」と呼ばれるテーブルワインが日常的に消費されており、1升瓶で飲むことができる。

　国産ワインの名産地である勝沼は、戦前からワイン造りを行っていた。第2次大戦中には、魚雷に用いる酒石酸の材料として、ワインが用いられた。

大航海時代で変化するワイン

　10世紀までに、アラビアから蒸留技術が広がり、ヨーロッパでも蒸留酒が造られるようになる。個々の蒸留酒については項目を改めて語るが、いわゆるブランデーは、ワインを蒸留したもので、「焼いたワイン」を意味する。

　しかし、度数の高い蒸留酒は非常に高価なもので、人々は引き続き、パンとビール、時折ワインという暮らしを続けていた。醸造酒には、パンだけでは足りないビタミンやミネラルが含まれており、穀物に依存する農耕社会を栄養面から支えていたのである。

　この側面は、大航海時代が始まると重要になってくる。

　長期間、外洋を航海する場合、食料は長期保存のため、干からびたパンや塩漬けの魚などになりがちである。水もそのままでは腐ってしまうので、代わりにワインが積み込まれた。もちろんワインも生物なので、いかに樽詰めとはいえ、そのままでは長持ちしなかった。そこで、ワインにブランデーを追加してアルコール成分を強化することで、腐りにくく独特の風味を持つ新しいワインが誕生した。いわゆる酒精強化ワイン（フォーティファイド）と呼ばれる。

　マデイラ・ワインはその恒例で、ポルトガルのアフリカ進出の拠点となった大西洋の小島マデイラで誕生した。ここでは航海用のワインとして、ブランデーを混ぜたものを外洋航海船に載せた。最初は腐敗防止のためにすぎなかったが、高温多湿の船倉で長らく揺られたワインは、えもいわれぬ熟成を果たしており、風味とこくが増して非常に美味とされた。その結果、マデイラと大陸を往復する船には、バラストとしてマデイラ・ワインが積まれ、海の上で熟成を果たした後、売りさばかれた。

やがて、船倉をワインの熟成に用いる技法は各国に伝わり、そのワインがどこまで旅したかが重要になっていった。その結果、酒精強化ワインのエチケットには、それを熟成した船の名前が使われるようになる。

例えば、幕末に日本を開港させたペリー提督艦隊のサスケハナ号もまた、こうした航海ワインを積載していた。

シェリー（ヘレス）

ポルトガルと並ぶ大航海時代の立役者、スペインでは、大航海時代の遥か前から、独特の酒精強化ワインが誕生している。シェリーである。

一般にシェリー酒と呼ばれることが多いが、シェリーとは、スペイン南部アンダルシア地方のヘレスで生産される独特の酒精強化ワインを指す。一般に、濃厚な茶色のイメージがあるが、ベースは、ヘレスの白ワインである。

ヘレスの街は、正式名称を「ヘレス・デ・ラ・フロンテラ」（辺境のカエサルの街の意味）といい、ローマ帝国時代に遡る由緒ある街で、古くからスペイン・ワインの産地であった。

ここでは、古くからいくつかの独特なワイン醸造法があった。

まずヘレスでは、糖質の多い葡萄（ペドロ・ヒメネス種やモスカテル種）を干したり、あるいはその果汁を煮詰めたりして糖質の濃度を高め、極甘口のワインを造ることが続けられてきた。これはローマ時代には始まっており、ローマ人がワインを海水で割って飲んでいたのは、こうした極甘口のどろりとしたろ過しないワインを飲んだり、あるいは同様の方法で作った極甘口の葡萄シロップをワインに加えていたりしたからではないか？　ともいわれている。

この技法は、スペインが酒を飲まないイスラム教徒に征服されていた間も生き残り、ヘレスに独特の甘口シェリーを生み出す一要因になった。
　またヘレスのワインは、熟成の間は表面にうっすらと白い膜が張る。これはフロールと呼ばれ、これによってワインの酸化が防がれるのである。フランス式では樽の中に極力、空気を入れないようにするが、ヘレスでは、逆にワインは空気に触れながら、熟成される。現在では、フロールを維持するものを「フィノ」といい、辛口のドライ・シェリーを造るベースに使われるもので、19世紀頃から多く造られるようになった。フロールをつけないものは「オロロソ」と呼ばれ、やや甘い傾向にある。
　やがてイスラムから蒸留技法が入ってくると、ヘレスでは、アルコール発酵後に、ブランデーをワインに混ぜて、腐敗を防ぐ技法が使われる

ヴェネンシア

　シェリーの樽から味見をするため、1mほどの弾力性のある長柄のついた細い筒状の柄杓、ヴェネンシアを使用する。もともと、ギリシアから伝わったもので、ここからシェリーの専門家をヴェンシアドールと呼ぶ。しばしば、彼らはその柄杓を使って、空中にシェリーを舞わせ、細いシェリーグラスに注ぐパフォーマンスをするが、この技法にもいくつかのタイプがあるという。

酒の伝説

ようになった。酒精強化の技法であり、シェリーの原型が完成した。マデイラ・ワインやポート・ワインは発酵中にブランデーを混ぜて、発酵を止めるが、シェリーは発酵が終わってから混ぜるのが特徴である。

　シェリーが流行したのは、百年戦争によってフランスのワインがイギリスに入り難くなったことがきっかけである。当時すでに、ワインは特権階級の象徴であったが、百年戦争で英仏の間は断たれてしまう。そこで、代わりにスペインのヘレス・ワインを輸入したのである。ヘレス・ワインは当初、サックと呼ばれていたが、やがてシェリーと呼ばれるようになる。

ソレラ

　シェリーには、ソレラ方式と呼ばれる独特のブレンド技法がある。

　シェリーはヘレス産の白ワインだけをベースとしているが、それは熟成方法により、辛口のフィノ、甘口のオロロソ、ペドロ・ヒメネスなどを日干しした極甘口などいくつもの段階に分かれる。そして、これらをブレンドし、酒造業者の望む味を生み出し、3〜5年、樽に詰めて熟成させるのであるが、空気に触れたまま熟成させるため、少しずつ蒸発していくことになる。その場合、ひとつ若い世代の樽から順繰りに古い樽に酒を補っていく。これがソレラ方式である。

　もともと、英国でシェリーが一時的なブームになった18世紀、シェリーがだぶついた時期があった。マデイラ・ワインやポート・ワインに客を取られ、輸出予定が3分の1に減ってしまう。その結果、古い樽の上に新しい樽が積み上げられてしまった。もちろん、古い樽から売りたいところだが、そこは能天気なラテン系である。膨大な樽を動かすのはイヤなので、下の樽から酒を抜き、瓶詰めして出荷、そこに上の樽から酒を足すことにした。

　ところが、この方式がシェリーの味わいをさらに豊かにし、新酒と古

酒のよい点を引き出すことが分かった。さらに、醸造酒ではありがちな年による味わいの差を解消し、スペイン・ワイン「シェリー」としてのブランドの評判を維持するのに役立ったのである。

以来、ヘレスでは、ソレラ方式で酒をブレンドするようになった。

シェリーの「伝説」

シェリーにはいくつかの「伝説」がまとわりついている。

まず、シェリーは食前酒というイメージがある。これは当初、甘口のシェリーが多く、これを薬用に近い形で食前に飲んでいたからである。現在はすでに述べた通り、ドライな味わいの辛口から極甘口まで様々なものがあり、白ワインのバリエーションとして受け取るべきだろう。フランスのシャンパンに相当するスパークリング・ワイン「カヴァ」の生産も拡大しており、スペイン・ワインの著名ブランドとして、「ヘレス」のシェリーがあるのだ。

よく話のネタになるのは、ロマンスの合図としてのシェリーだ。女性がシェリーを頼むのは、今夜ベッドをともにすることの承諾であるとされる。かつて輸入物の特権ワインでもあったシェリーは、女性向けの甘くて高級な飲み物でもあり、ある意味、媚薬に近いものだった。女性はデートの席の最後に、これを頼むことで密かに愛のメッセージを送ったのである。

もちろん、このキーワードは、誰でもシェリーが飲めるようになった現代ではもはや伝説と化し、女性たちも気軽にシェリーを頼むようになっている。男性は、伝説にこだわりすぎず、女性の気持ちを大切に。

5章
ビール

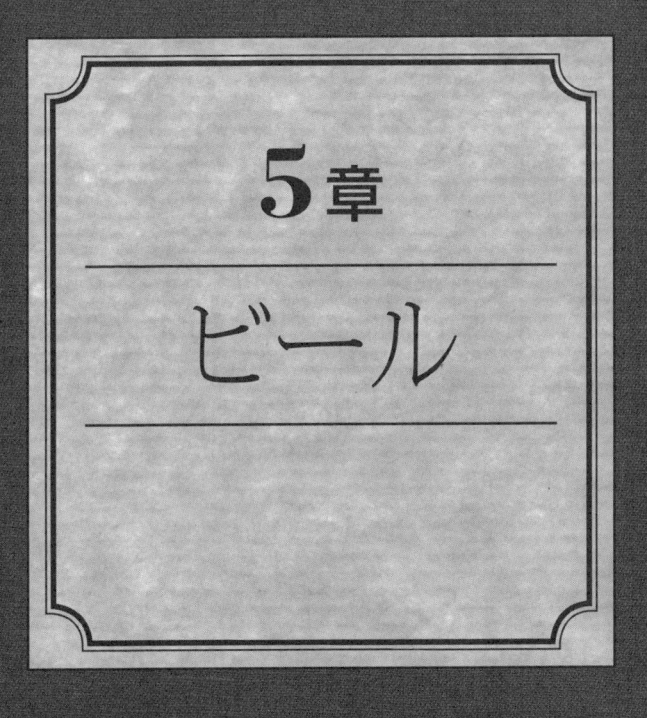

ビールの歴史

　ビールの誕生は、紀元前3500年頃、あるいは紀元前4000年頃まで遡るといわれ、歴史的な古さは蜂蜜酒やワインを凌ぐともいわれる。
　ビールとは、麦芽由来の酵母アミラーゼを用いて、穀物などから造る発泡醸造酒の総称で、主に、大麦の麦芽とホップから造るものが多い。
　ビールという言葉は、古くは発泡酒を指した言葉で、リンゴ酒（サイダー、またはシードル）を指したが、現在では、麦芽由来の酵母で造られる発泡酒全般を指す。
　ビールは大別して、上面発酵のエールと下面発酵のラガーに分かれる。エールは、インド＝ヨーロッパ語族における「酔う」（Alut＝中毒する、魔法にかかる）という言葉から発したもので、古来より、オリエントやヨーロッパで飲まれていたものを指す。以前は、麦芽発酵の醸造酒のうち、ホップの入った物をビール、入ってないものをエールと呼んでいたが、現在では、エールもホップを入れるようになったため、現在、エールは、上面発酵によって造られたものを指す。上面発酵は常温で行われ、多数の炭酸ガスが発生し、酵母は最終的に浮かび上がる。スタウト、ヴァイツェン、ペールエールなどの伝統的なビールが、この形式を取っている。
　ラガーとは、「貯蔵する」という意味で、元はドイツのバイエルン地方で行われていた特殊な製法であった。低温（10℃前後）で発酵し、冬の間に熟成させることで深い味わいを出す。大量生産に向くため、現代のビールはラガー、それもピルスナー（ピルゼン・タイプ）のほうが多い。最終的に酵母が底に沈むため、下面発酵と呼ばれる。
　このほか、自然酵母で発酵させ、1年以上熟成させるランビックがあり、これは想像以上に酸っぱく、発泡するワインめいたところもある。残念

5章 ビール

だが、日本人がビールに求める味わいとはかなり離れるものがあり、長期熟成で高価なため、日本ではまだ普及していない。

さらに、近代には、生ビールと呼ばれる新種のビールが誕生した。またビールには分類されないものの、ビール状の飲み口を提供する発泡酒（いわゆる「第3のビール」）があるが、本書は、伝説の本なので、軽く触れるに留めたい。

ビールの製造

ビールの製造は、麦を1度発芽させて、麦芽モヤシを造ることから始まる。麦芽が麦のでんぷんを糖化するきっかけとなるのだ。

この麦芽をローストして乾燥させる。これを焙燥というが、どの段階まで焙燥するかが、ビールの色合いを決める。

■ビールの造り方

| ①モヤシ造り（精麦） | … | 大麦を水に浸してモヤシを造る。乾燥させた麦芽を砕く。 |

↓

| ②仕込み | …………… | 粉砕した麦芽に温水を混ぜ、もろみを造る。もろみから絞ったものが麦汁。 |

↓

| ③発酵 | ……………… | 麦汁を発酵させる。 |

↓

| ④熟成 | ……………… | タンクや樽で寝かせる。 |

↓

| ⑤ろ過 | ……………… | ビールから酵母を取り除く。 |

その後、粉砕し、糖化した麦汁に酵素を加え、発酵させたものがビールである。ホップは麦汁の煮沸過程で加えられる。

発酵後、1〜2週間熟成された後、炭酸ガスを追加して瓶詰めされる。

穀物粥からの始まり

　ビールの原型は、穀物粥であったといわれる。
　穀物は効率のよい食べ物であるが、決して食べやすい食物ではない。まず、そのままでは食べられない。そのため、穀物食は次のような経過を辿る。
①水粥＝煮て食べる。非常に水気は多い。
②堅粥＝おじやのような状態の粥。
③炊飯＝炊いて粒状の飯にする。
④粉食＝臼で挽いて、粉を練ってパンを焼く。
⑤麺食＝臼で挽いた粉を練って、麺にし、これを茹でて食べる。

　米類は、いずれも可能だが、飯としての食感がいい。小麦は粥よりも粉食（パン）や麺（パスタ）にすると食べやすい。
　この進化の過程で、麦の栽培を始めた人々は、まず麦を一端発芽させ、麦のモヤシを作ってから食べることに気づいた。いわゆる麦芽である。麦芽モヤシを作ると、麦の胚乳が柔らかくなり、これを乾燥させ粉砕して湯に解いた粥は、生の穀物と違ってかなり食べやすくなった。オートミールをイメージして欲しい。
　ビールは、こうした蜂蜜入りの麦芽粥が自然発酵したところから始まる。もっとも古代式のビールは、麦芽粥に以前に造ったビールを注ぎ、放置するという形を取る。約1日で生温いビールができ上がる。度数は2〜3度と非常に低いが、麦の栄養価が出て、濃厚な味わいがある。

5章 ビール

ビールは文明人の飲み物

　ビールが誕生したのは、古代メソポタミア文明の初期、シュメール人の時代とされている。

　当時、ビールは文化的な飲み物とされていた。古代シュメールの英雄叙事詩『ギルガメシュ叙事詩』において、野人エンキドゥは、野で育ったため、「パンの食べ方を知らず、また、ビールの飲み方も知らなかった」とされる。パンもビールも加工食品であり、その飲食の方法を知らないのは、文明人とはいえないという一節である。

　20世紀の現代的な生ビールを愛飲する我々から見れば、ビールの飲み方がそれほど難しいようには思えない。では、なぜエンキドゥはビールを飲めなかったのか？　実は、古代メソポタミアのビールは、ストローで飲んでいたのだ。

　シュメールでは、大麦麦芽を作り、これを乾燥させ、砕いたものを麦モヤシや小麦などの穀物と混ぜ、水で練って麦芽パンを作る。これがビール・ブレッドと呼ばれる。これをぬるま湯に浸すと麦芽アミラーゼの働きで糖化が進み、発酵してビールになった。蜂蜜やシナモンなどのハーブで味をつけた。

　このビールは、葦で作った50cm以上にもおよぶ長いストローで飲んだ。ストロー（吸管）を使って酒を飲むのは、ろ過されていないビールがドロドロであるため、その上澄み液だけを飲むのと、アルコールを素早く摂取し、酔いを回すためである。現在でも、チベットから東南アジアなど、アジア各地の地酒は長い管で壺から飲むし、アフリカでもビールや地酒チブクを瓶や紙パックからストローで飲むことが多い。また、ネパールのトゥンパは、ビール・ブレッドに近い形を残しており、発酵した麹にその場で水を注ぎ、ストローで吸う。

　この時代はまだホップが一般化しておらず、様々な薬草を混ぜ合わせたグルート・ビールが主流だった。

当時のビールは、現在のような爽快感を求める冷たい酒とはまったく異なり、携帯できる「液状のパン」であった。小麦粥は携帯しにくく、パンは渇いて食べにくい。そこで麦芽パン（ビール・ブレッド）を水で戻して、ビールにして食べる。蜂蜜や薬草、ときには魚の出汁も加えられ、水でふやけたパンも一緒に口に入れた。後のヨーロッパで「スープを食べた」のと同じ状況である。

ビールをフェミ・クティ風にかっこよく飲む

　アフリカでは、今でもビールは、ストローで飲むことが多い。
　ナイジェリアの人気シンガー、フェミ・クティは、これをかっこよく演じて見せる。片手に持ったスター・ビールの瓶に長めのストローを突っ込み、親指で軽く押さえる。そのまま持ち歩き、飲む際には一気に吸い込む。これは回る。コンサートのMCで、フェミ・クティはこう叫ぶ。
「いいか、酒は投げるもんじゃない！　酒は、飲め！」

5章 ビール

パンと魚の奇蹟は、ビールだった？

　さて、パンをちぎって水に浸し、スープのように食べる古代のビール製造方法を見ると、『新約聖書』において、イエスがわずかなパンをちぎって大勢の信徒の腹を満たす、「パンと魚の奇蹟」の様子と類似していることが分かる。

　イエスがパンをちぎると、それは籠を満たしていき人々を養うのであるが、魚で出汁を取り、そのスープにパンを浸せば、干からびたパンをかじるよりも多くの人を養えるのは確かである。

　同様に、『旧約聖書』で、モーゼの指揮の下でエジプトを脱出し、荒野を流離うユダヤの民を救った神々の糧「マナ」がビールであったのではないか？と主張する人々もいる。何もない荒野であっても、ビールが発酵し、盛り上がっていく様子はマナそのものである。

　ちなみに、日本のワイン・メーカー「マンズ・ワイン」のマンズは、このマナから取られたものである。

シリスとニンカシ

　シュメールの神様の中で、お酒を司る神様は女神である。モニュマン・ブルー（青の碑）と呼ばれる粘土板には、シリスとニンカシの名前が見られる。

　シリスは麦酒と発酵の女神で、酒類醸造全般に関わり、ワインもまた彼女の担当であったといわれる。後者のニンカシ（口をいっぱいにする女神）は麦酒を与える女神で、ナツメヤシや蜂蜜でビールの味を調えることを人々に教えた。『ニンカシ女神讃歌』において、「ビールは肝臓を幸福にし、心を喜びで満たす」とされた。また、ニンカシ（ニンは主人、カシは酒で、ニンカシは酒場の女主人を意味する）は、ビールを供する酒場、あるいはその職業の守護神でもある。紀元前1700年頃、バビロニ

アで定められた法律『ハンムラビ法典』によれば、ビールの製造販売を管理していたのは女性で、そこには厳しい制約があった。

> 第108条
> 　もし居酒屋の女主人がビールの値として大麦を受け取らず、銀を大きな分銅で（計って）受け取り、その結果、大麦の販売価格に対するビールの販売価格を釣り上げたなら（中略）彼女を水に投げ込まなければならない。
>
> 第109条
> 　もし無法者たちが居酒屋の女主人の家で謀議を行い、彼女がそれらの無法者たちを捕らえ王宮に連行しなかったなら、その居酒屋の女主人は殺されなければならない。
> （リトン『古代オリエント資料集成1　ハンムラビ「法典」』
> 　中田一郎 訳　より）

「水に投げ込む」というのは、メソポタミアやエジプトでしばしば行われていた神聖裁判の方法で、「河神の審判」と呼ばれ、罪人は河に投げ込まれて生死を河にゆだねられる。生き残れば無罪、死ねば有罪となる。不貞を犯した妻、あるいは私生児などもこの河神の審判に処された。後にアッカド王朝を築くサルゴン王も、女神官の私生児であったため、この河神の審判により赤子のときに河へ流された。

当時、メソポタミアは穀物中心の神殿経済社会であったので、麦から造るビールは政府が管理する重要な商品だった。酒場は私的な商業施設ではなく、「穀物を納入し、国家から供給される重要な食物（酒）の配布施設」だったのである。つまり酒場の女主人とは、水商売ではなく、国家公務員に近い役人であった。

そう考えると上記の法令は以下のように解釈できる。
「穀物による納税に対してのみ、ビールを提供するべし。

5章 ビール

銀貨によって、ビールを横流ししてはならない。
また、ビールの質を落としてはならない。
以上に違反した場合、河の審判に処す」
「酒と酒場を管理する役人は、酒場での反政府的集会を通報しなくてはならない。しない場合（同調者とみなし）死刑にする」
つまり、酒場の女主人は神殿経済システムの根幹を担う重要な官僚だったのである。
小林登志子氏の『シュメル　人類最古の文明』によれば、以下のようなビールに関する諺があったという。

「ビールを飲みすぎる者は水ばかり飲むことになる」
「楽しくなること、それはビールである。いやなこと、それは遠征（軍事）である」

古代エジプトを支えた ビール

　ビール造りは、シュメールからバビロニア、エジプトへと伝わり、エジプトではビールのろ過、壺詰めも行われ、大量に造られるようになった。ビールは、通貨代わりにも使われ、税金としてファラオの元に集まり、国民に下賜された。例えば、巨大なピラミッドの建設に動員された人々には、全てパンとビールが支給されていた。

　エジプトでは、麦芽パンは軽く焼いただけで、中は生で酵母が生きているままにする。こうすることで、よりビールが簡単にできるようになった。

　またエジプトでは、このビール酵母を入れたパンが膨らむことを学び、現在知られているような発酵パンを作るようになった。発酵パンは一時、エジプトの象徴となり、このためエジプトに支配されて苦しんだユダヤの民は、自らのアイデンティティとして無発酵パン（いわゆる「種入れぬパン」）をもっぱら食べるようになる。エジプト人と同じものは食べないのである。

　エジプトでは、ビールは医薬品としても用いられ、美容のためビールで顔を洗うこともあった。

エジプトのビールの神

　エジプトでは、ビールの醸造を冥界の神オシリスが始めたといわれる。オシリスについては、すでにワインの項目で述べた通り、酒による死と再生を体現する神である。紀元前2000年以上前の碑文には、「オシリス神が、ビール王の王朝を開いた」とある。

また、オシリスの妻イシス女神をビールの守護神とする例もある。これはイシスとオシリスの関係に、イシュタルとタンムズの関係を投影したものと思われる。イシスは多彩な名前を持つが、その中のひとつに「パンとビールの貴婦人」がある。

 このほか、『死者の書』によれば、テネニトというビールの女神がいたという。これは、プトレマイオス朝の記録にも残っているので、長らく信仰されていたようだが、あまり有名なエピソードは残っていない。

セクメト

 エジプトの神話において、もっともビールが活躍するのは、新王国時代に太陽の都と呼ばれたヘリオポリスに伝わる、破壊の女神セクメトの物語『人間の絶滅』である。

 太陽神ラーは、人間たちが奢り高ぶり、神への敬意が揺らいだことに苛立ち、人間を滅ぼそうと決意した。彼は己の目玉を抉り出し、それに憎悪をこめることで、火と破壊と戦争の女神セクメトを生み出した。セクメトとは「強力なもの」の意味で、雌ライオンの頭を持った女性として表される。彼女は誕生するや、ラーの怒りが命じるまま、人間たちを虐殺した。

 あまりの虐殺ぶりに、ほかの神々からいさめられたラーは、セクメトを止めようとするが、血に狂う女神は「あなたが命じたことではないか？」と言うことを聞かない。

 そこでラーは一計を案じて、人間たちに7000杯ものビールを造らせ、薬草や赤土を混ぜて血のように赤くした。セクメトは、この真赤なビールを全て飲み干し、ついに虐殺の命令を忘れて戦いをやめた。

 こうしてなだめられた彼女は、ラー神の怒りを取り除かれた後、猫の女神バステトと雌牛の女神ハトホルに分割された。

 以来、ハトホルは、ビールの女神、酩酊の女神であるとされる。

ビールの神様ガンブリヌス

　その後、ビールは地中海を経てヨーロッパに渡ったが、ギリシア人とローマ人は「ビールは野蛮な飲み物だ」として、ワインを珍重した。一方、ガリア人はビールを好み、祭礼の際にはビールを大鍋で造ってがぶ飲みしたという。

　ガリアの影響が残るドイツでは、ビールの神としてガンブリヌスという神が信仰されている。麦の穂の王冠を被り、髭の生えた偉丈夫で、ビールを片手に掲げている。彼は、ビールの醸造を発明した、あるいは、ホップの使い方を教えた神様とされている。シャルルマーニュ（カール大帝）のお抱え醸造家「ヤン・ブリヌス」のことだったという説もある。

酒の伝説

彼はキリスト教の聖人になり、ビール醸造を守護している。

チェコには同名のビールがあり、このビール・メーカーがスポンサーになっていることから、チェコのプロサッカーの最上位リーグは「ガンブリヌス・リーガ」という。

また、「アサヒビール」の神奈川工場には、この神にちなんだ「ガンブリヌスの丘」がある。

エーギルの大鍋

ヨーロッパに入ったビールは、ローマ以外の地域にも広がり、中でもゲルマン人は非常にエールを愛し、彼らの神々も大いにエールを飲んだ。

そうした宴の準備のための冒険が「エーギルの大鍋」である。

エーギルは巨人の血筋を引く海の神で、波の飛沫を思わせる白い髪と髭を持っている。その館は大海の果て、フレスエイ島の波の下にあるという。彼は荒海の恐ろしさを体現する神であり、その顎で船をしっかりと噛むといわれる。5世紀の記録によれば、古代には生贄を捧げられていた。

ある日、神々のための酒を用意させるために、神々の王オーディンがエーギルの館を訪れた。

ゲルマン神話の神々は、オーディンらアサの神々(アース、エーシルとも)と、ヴァナ(ヴァン)の神々に分かれていたが、エーギルはその2派の神々のいずれでもなく、巨人の血筋であった。ゆえにオーディンに言われても、素直に従うつもりはなかった。

「残念ながら、我が家の釜は小さく、神々全てをもてなす酒を造れるほど大きくはない」

エーギルに求められたのは料理ではなく、神々のための酒、エールの醸造であった。エールとはビールの原型ともいうべき発泡酒である。大酒飲みの神々を満足させるには、巨人でもあるエーギルの大釜でも十分ではないと主張したのだ。
　そこで、戦いの神チュールが言った。
　「エーリヴァーガルの東の天の縁に、我が父でもある巨人の賢者ヒュミルが住んでいて、とてつもなく大きな大釜を持っている」
　そこで雷神トールとチュールが釜を取りに行くことになった。チュールは巨人の血筋であり、その父も巨人である。祖母は多数の頭を持ち神々を憎んでいたので、父の留守に実家についたチュールとトールは、鍋の下に隠れた。
　ヒュミルは戻ってきて息子の帰還を聞き、彼らのいるあたりを睨むと、憎悪だけで柱が砕けるほどであった。それでも、客人はもてなさねばならないのが掟である。
　ヒュミルが牛を3頭焼いて出すと、トールはその内の2頭を平らげてしまった。けちなヒュミルはこれでは家の食料を食い尽くされると、「明日は海で釣ったものを食べよう」と言った。
　翌日、釣りに出ることになった。餌は裏から取って来いと言われ、トールは放牧されている牡牛の頭をねじ切ってきた。
　ヒュミルとトールはボートを漕いで沖に出た。ヒュミルはたちまち鯨を2頭、釣り上げた。トールが牡牛の頭を餌にして放り込んだところ、海底にいたヨルムンガンドがそれに食いついた。ヨルムンガンドは、悪神ロキの子供のひとりで邪悪な大蛇であるが、あまりに巨大でミズガルズの大地を1回りしているため、ミズガルスオルム（ミッドガルドの大蛇）とも呼ばれている。トールは足を踏ん張って、ヨルムンガンドをボートの船縁まで引っ張り、ミョルニル（雷の大槌）で頭に一撃を加えたが倒すことはできず、結局釣り上げることはできなかった。
　岸辺に戻ってきたヒュミルは、船の片づけを命じたが、怪力のトール

5章 ビール

は船と鯨を運んで見せた。

けちなヒュミルは、彼らに大釜を貸したくなかったので難癖をつけた。

「船を運ぶくらいは何でもない。だが、このガラスの杯を割る力すら持っていないだろう」

それはガラスでできた高足付きの杯なのだが、ヒュミルの宝のひとつで、岩よりも固いものだった。実際、トールがそれを石柱に投げつけたところ、柱のほうが砕けてしまったほどだ。

困ったトールにチュールの母が助言する。

「杯よりも固いものがひとつだけあります」とヒュミルの頭を指差す。

言われたとおり、トールは杯をヒュミルの頭にぶつけると、確かに割れた。

ヒュミルは怒ったが、約束は約束。家一番の大釜を貸すことにした。

「ただし、自分で運ぶように」

最初、チュールが試みたが、ぴくりとも持ち上がらなかった。だが、トー

ルはそれをぐいと持ち上げて見せた。

　そのまま、2人はヒュミルの館を出たが、浜辺まで来たところで、ヒュミルの母と同様に、多数の頭を持つ巨人たちが追いかけてきたので、トールはミョルニル（雷の大槌）を振るってこれを倒し、無事に大釜を持ち帰った。

　以来、エーギルは神々のために、エールを醸造する運命になった。

神話時代のエールの味わいは？

　さて、古代のエールの味わいを体験したいと思う人もいるであろう。現在、都内を始め国内にも、ヨーロッパ産のエールをサーブしてくれる店が増えており、現在のおいしいエールを体験できる。

　だがひとつ、神話時代と現代で重要な違いがある。

　冒頭で述べた製氷革命である。現在、日本のビールといえば、暑い夏を乗り切るために、きりりと冷やしたビールをこれまた冷やしたジョッキでごくごくやるのが恒例である。しかし、いわゆる製氷機ができるのは19世紀末なので、近代以前の時代、ビールは常温で提供されていた。

　古来のビールに近い味を体験するのであれば、以下のようにするとよい。まず、使うのは陶器か金属の大きなマグがいい。とりあえず、片手の行平鍋が安全だろう。ビールは、ヨーロッパのエールがいいが、どこでも手に入るギネスの黒などヨーロッパの濃い目の味わいのものなら、何でもよい。これを鍋に開ける。あらかじめ、瓶や缶のまま常温に戻しておいて、直前に栓を開けるのがいいだろう。

　コンロに火をつけ、スプーンを焼く。本来は焼き鏝を使う。指をやけどしないように、必ず鍋つかみか厚い布巾を使用すること。十分に焼いたスプーンを鍋のビールに突っ込み、ビールを熱する。ここに蜂蜜か砂糖を入れる。

　ビールの香りが鮮烈に上がり、独特の芳香が楽しめる。ただし、酒としてはやたら生温いので、覚悟のほどを。

5章 ビール

ロキの口論

　さて、エーギルがエールを醸すと、神々が宴会にやってくる。男神も女神も一同に揃って、エールをがぶ飲みし、やたら大言壮語する。まさにヴァイキングの宴というべき様相を呈する。

　ここで登場するのが、やはり巨人の血筋を引き、邪な悪知恵と悪口雑言を好む邪神ロキである。彼は、その血筋の割には頭と口が回り、オーディンと義兄弟になり、色々冒険したり、トールのトラブルを解決して見せたりするが、その一方で生来の邪悪さが抜けず悪さもやめられない。

　ゲルマン神話を集めた『エッダ』の中でも、屈指の悪口雑言が飛び交うのが、エーギルの館で行われたエール醸造記念大宴会の様子を描いた『ロキの口論』である。

　ちょっと旅に出ているトールを除き、ほとんどの神が揃った宴会にロキが現れ、宴会にちょっかいを出す。争いを禁じられた場所であったのに、エーギルの従者にいいがかりをつけて殺してしまうのである。神々は怒り、彼を宴会から森に放り出してしまう。

　ところが、性懲りもせずロキは帰ってきて、次から次へと神々を罵倒し、その秘密を暴露していく。誰それは根性がないだの、どこそこの人妻を寝取っただの、端から噛みついていく。「まあまあ」となだめにいった連中まで、返す刀でばっさり論破する。

　ここまでならば、どこの村の宴会だという気分であるが、何しろ双方神様である。中には、未来を見られる女神までいる。「どうせお前は反逆して、息子の腸で石に縛られる身の上だ」とか言い出す。ロキも「もうすぐ起こる最後の戦いで、武器をなくした武勇の神はどうする？　それに、次代を託された美しき神バルデルが死んだのも、実はオレのせいだ」とほのめかす。

　やがてトールが帰ってきて、「今度はミョルニル（雷の大槌）で叩きのめすぞ」と言い出し、ロキはほうほうの体で逃げ出すことになる。

この口論によって、ロキの反逆が明らかになり、ラグナロク（世界を治める者の運命）が始まる。結局、神々に捕まったロキは、息子の腸で岩に縛りつけられ、頭上には毒蛇を縛りつけられる刑を受ける。この毒蛇から滴り落ちる毒がロキを苦しめるような仕掛けである。いつもはロキの妻シギュンがこれを皿で受けるが、皿がいっぱいになると、これを捨てにいくことになる。この間、ロキが毒を顔に浴びて苦しみ、悶えて大地を揺るがす。これが地震であるという。

近代ビールへの進化

　中世に入り、ビールはヨーロッパの宮廷や僧院を中心に醸造され、各都市にはビール醸造のギルドができ、市民にも醸造権が与えられるようになった。

ビール純粋令

　神話時代のビールは、メソポタミアの新バビロニア王国時代から「グルート」と呼ばれる多くの薬草を混成した液体で味付けされていた。蜂蜜で甘い味付けもされており、そのためゲルマン神話では、エールなのに蜜酒と呼ばれることもある。グルートには、後にビールの主役となるハーブであるホップも含まれていたが、そのほかにアニスやハッカ、ニッケイ、チョウジ、ヨモギなどのハーブ類が主に使われていた。
　ところが、11世紀後半に入ってホップの使用によりビールの品質が飛躍的に向上することが認知され、ホップの使用が広まった。
　ホップをいち早く取り上げたのは、街の酒造ギルドだった。彼らは街

5章 ビール

場での売り上げや貿易品としての価値に敏感だったので、どんどん革新を進め、修道院が造る伝統的なグルート・ビールと都市部のホップ・ビールの間で激しい競争が巻き起こった。

やがて、勝利の軍配は飲み口のよいホップ・ビールに上がった。

1516年、バイエルン公の「ビール純粋令」が布告され、ビール原料は大麦、ホップ、水、麹に限定されたので、以降ドイツ・ビールは、この純粋さを保つようになった。グルート・ビールが生き残ったのは、エールの味わいにこだわったイギリスである。

ピルグリム・ファーザーズとビール

大航海時代になると、酒は「航海中のビタミン補充」兼「腐りにくい飲料水」として、船に積まれるようになる。スペインやポルトガルでは、酒精強化ワインが発達したが、イギリスやオランダなどビール文化圏の船では、ワインが高価だったので、飲料水代わりにビール樽を大量に積み込んだ。

それでも、長期航海にはトラブルがつきものであった。

1620年、清教徒弾圧に苦しみ、英国から新大陸に脱出したメイフラワー号も、そうしたトラブルに出合った。いわゆるピルグリム・ファーザーズ、アメリカ合衆国の基礎を築いた人々である。

彼らは、まず、2週間の船旅で大西洋を横断した後、南下して温暖な地域に入植する予定を立てていたが、いざ新大陸に着いてみると、大量に積み込んだはずのビールは底をついており、やむなくマサチューセッツ湾に上陸した。いわゆるニュー・イングランドである。彼らはここで航海を諦め、ボストンの南のニュー・プリマスに植民地を築いた。

ビールの量が、アメリカ合衆国の出発点を決めたのである。

ピルスナーの世紀

　さて、現代飲まれているビールの70％は、ピルスナー・タイプと呼ばれる、淡色系ラガーの1種である。日本でも1994年以降、酒税法改正によりビールの最低製造量の制限が緩和された結果、地ビールが解禁され、ドイツやベルギー風の黒ビールが多数生産されるようになった。だがやはり一番多く飲まれているのは、ラガー・タイプ、それもピルスナー・タイプの黄金色でキレのいい味わいのものである。

　これはなぜか？

　ピルスナーとは、1842年に、チェコのピルゼンで生まれた「ピルスナー・ウルケル」を祖とする苦味があってスッキリ喉越しがよいビールであるが、これは、製氷革命と期をひとつにするもので、冷やして飲むとうまい！という「分かりやすい」セールス・ポイントがあり、全世界に広がった。日本に入ったのは明治期であったが、酒税法がビールに広げられた結果、低温醸造のピルスナーは大量生産にも向いており、新参の洋酒の中では日本人にも飲みやすいため、ピルスナー・タイプが圧倒的な優位を占めるにいたった。

　これはほかの国も同様で、特に夏季あるいは暑い地域で清涼飲料代わりに飲むのに、ピルスナー・タイプが最適であるからだろう。

ランビックの奇跡

　ランビックは、おそらく日本ではまだほとんど知られていないビールの種類である。造られているのは、ブリュッセル南西部のセーヌ川のほとりだけである。

5章 ビール

　ベルギー・ビールの原型に近いもので、原料の一部に小麦を使い、空気中に漂う野生酵母で自然発酵させた後、これを樽で熟成させる。熟成は最低でも1年、多くの場合、3年以上熟成させた物を、1～2年の若いランビックとブレンドし、瓶内で6カ月以上再発酵させてから出荷する。

　味わいは、ビールというよりもワインに近い。苦味よりも酸味が強く、頭にがつんとくる。明らかに、我々のビールの印象から外れた代物である。レモンに似た香りも独特だ。

　これをそのままブレンドしたグーズと、チェリーを漬け込んだクリークの2タイプがあり、後者のほうが日本人向けだろう。

ビールの飲み方色々

　ビールは、製造してすぐに飲むという感覚があるが、実際には、ラガー・ビールでも1週間程度、ドラフト・ビールでは2～3週間の熟成期間を置く。ランビックなど長期熟成型のビールでは、今でも1年以上の熟成を行い、その瓶はまるでヴィンテージのワインのようである。ヴィンテージ・ビールは、濃厚で泡立ちが少ないのが特徴だ。

　さて、日本では、ビールは単体で飲むものというイメージがあるが、実はそうともいえない。

　まず、ビールを水代わりにスピリッツと併せ飲む地域がある。ドイツでは、ドイツのジン、シュタインヘイガーのチェイサーとして、黒ビールを合わせることが多い。また韓国では、ショットグラス1杯のウィスキーをビールのコップ1杯に混合し、これを何杯もあおって早めに酔うという飲み方が一般的に存在する。日本では、この飲み方を「バクダン」と呼ぶ。

ビールの守護聖人

キリスト教世界では、ワインのイメージが強いが、ビールを守護する聖人もいる。

聖アルノーと聖アルノール

ベルギー・ビールの守護聖人、アウデナーデの聖アルノーはその代表格で、聖アルノルドスと呼ばれる。聖アルノルドスは、11世紀の人で、ペストが発生した際、十字架を醸造釜に沈め、生水を飲まずにビールを飲むように人々に伝えた。その結果、ペストが治まった。フランスとベルギーの国境に近い街ソワッソンで、この奇跡を行ったという。

聖アルノドスにはもうひとつの伝承がある。その当時は、彼は武将で兵士を率いて戦場にいた。戦いの最中、飢えに苦しむ兵士たちを見て、「主よ、兵士たちにビールをお与えください」と願ったところ、運ばれてきた水の壺からこんこんとビールが湧きだし、全ての兵士が喉を癒すまで尽きることがなかったという。

この聖アルノーと混同されやすいのが、フランスのメッツの司教をしていた聖アルノールで、彼はメロビング王朝の役人で、多くの内紛を見たため、引退して聖職についた。メッツの司教になった後、隠居して別の街で亡くなったが、メッツの人々がぜひ元司教の遺体をメッツに弔いたいと言ったため、村人が棺桶をかついでメッツまで運ぶことになった。途中、のどが渇いてある街で休憩をしたが、折悪しく、その居酒屋にはマグカップ1杯のビールしか残っていなかった。やむなく運搬人たちは、それを分け合うことにしたが、飲んでも飲んでもビールがなくなること

5章 ビール

はなく、皆が喉の渇きをいやすことができた。これは故人の遺徳が成せる奇跡とされた。以来、聖アルノールはビールの守護聖人となった。

そのほかのビール守護聖人たち

　そのほかにもビールを守護する聖人は何人もいる。

　まず、ワインを守護する聖マルティヌス（聖マルタン）は、発酵の不思議を体現する聖人で、葡萄液をワインに変え、麦汁をビールに変える奇跡を行うとされる。

　また、ワインの聖人である聖シクトゥスの弟子、聖ラウレンティス（聖ロレンゾ）は、ビール職人もまた守護する。

　ドイツの守護聖人聖ボニファティウス（聖ボニフェイス）は、イギリス出身だが、ドイツに多数の修道院を建設した。ボニフェイスは当時、ドイツで信仰されていた雷神トールの信仰を止めさせるため、その神木

であるグーテンベルグ山の樫の巨木を切り倒して見せた。このとき、その跡地からもみの木が生えたため、もみの木こそ主の祝福された生命の証であるとし、クリスマス・ツリーに使うようになった。もみの木は三位一体を示し、その形は天国への想いを表すという。

　ボニフェイスがビールの守護聖人とされたのは、ドイツそのものの守護聖人であり、同時にドイツの修道院とそこで生産される様々なものを祝福していたからである。ビールはワインと並び、修道院の重要な収入源だったのだ。

　チェコの守護聖人、聖バーツラフこと聖ウェンツェスラウスは、チェコを代表するビールを守護する。彼は10世紀にボヘミア（今のチェコ）を支配した王で、キリスト教派と異教派が対立する国家の中で、反キリスト教派の母を排してキリスト教を布教させた。その後、異教に与する異母弟に暗殺され、後に聖人とされた。チェコ民族主義のシンボルとなり、チェコを守護するようになった。

　聖ドロテアは、4世紀に殉教した14救難聖人のひとりである。カッパドキアに生まれた彼女は、美貌の少女であった。総督は彼女の存在をうとましく思い、棄教させた女性を2人送り込んで彼女にも信仰を捨てさせようとしたが、逆に彼女たちも信仰を取り戻してしまった。結局、総督はドロテアを処刑することにした。刑場に運ばれるドロテアに向かい、ある法官の若者が「お前の信じる天国とやらから、花と果物を贈ってくれ」と嘲笑った。すると処刑前のドロテアの前に天使のような少年が現れ、冬にもかかわらず薔薇と林檎を入れた籠を差し出した。彼女からそれを贈られた法官は改心し、キリスト教に帰依し後に殉教した。

　この故事からドロテアは花屋と果物の守護聖人となり、やがてビールも守護するようになった。

6章
スピリッツ

錬金術の生んだ蒸留酒

　ここより物語は、蒸留酒へと移る。

　蒸留とは、気化温度の差を利用して、液体から特定の成分を分離する技術である。酒の場合、蒸留によってより純粋なアルコールを得ることができるほか、長期保存に耐えるようになる。これはそのままでも美味であるだけでなく、長期熟成でより深みを増す。

　蒸留酒が誕生したのはアラビアで、紀元7世紀から10世紀頃とされる。錬金術師が不死の霊薬を探る過程で、より強いアルコールの抽出に成功したことが契機となったとされる。

　蒸留器（アランビック、またはランビキ）自体は、紀元2世紀にアレキサンドリアで発明されたといわれているが、一説によれば、紀元前5～6世紀の新バビロン王国時代には、すでに香水を作るための蒸留器が存在していたともされる。香水製造には高濃度のアルコールが必要であり、蒸留器が発明されていたとすれば、実験室レベルでは蒸留酒が存在していたかもしれない。紀元前8世紀のエジプトに、すでに蒸留器があったという説もある。

　12世紀、十字軍の結果、アラビアで発達した錬金術がヨーロッパに伝わり、蒸留器も同時に伝わって、ヨーロッパの錬金術師たちに広がった。彼らがウィスキーなどの蒸留酒を造り出した。

　13世紀後半に活躍した、錬金術師アルノー・ド・ヴィルヌーヴは、蒸留で得た強い酒を「アクア・ヴィタエ」（ラテン語で生命の水）と呼び、これは不死の霊薬「エリクシール」として、ヨーロッパ中に広がった。

　蒸留されたアルコールは純度を増し、透明な液体となる。ラテン語の「アクア・ヴィタエ」が、英語では「スピリッツ」（霊魂）と呼ばれる。だが、

このスピリッツには亡霊のイメージも含まれており、同様にドイツでは「ガイスト」（英語のゴーストにあたる）になった。

火の酒

　蒸留酒は、蒸留の方式により、単式蒸留、連続式蒸留に分かれる。

　原始的な単式蒸留器でも、アルコール度数は40度以上になる。ウィスキーなどの場合、蒸留により一旦50〜70度という高いアルコール度数に達し、これを水で割って、40〜50度まで下げて出荷する。一般の醸造酒が5度から17度であることを考えると、非常に高いアルコール度数であり、慣れない人がそのまま大量に飲むと一気にダウンする羽目になる。

　かっとくることから、昔は「火の酒」と呼ばれた。

　蒸留酒は、ジンやウォッカなどの無色透明な「ホワイト・スピリッツ」と、琥珀色に輝くウィスキーやブランデーなどの「ブラウン・スピリッツ」に分かれる。

5大スピリッツ

　蒸留酒には様々な種類があるが、世界の5大スピリッツといわれるのが、ウィスキー、ブランデー、ジン、ラム、ウォッカである。あるいは、ジン、ラム、テキーラ、ウォッカという透明でアルコール度数の高い蒸留酒だけを取りあげ、4大スピリッツという場合もある。

アラックあるいは、獅子の乳

　実際に最古の蒸留酒の系譜を辿るのであれば、アラビアからインド洋沿岸全域で幅広く飲まれているアラック系の酒がそれであろう。西暦800年頃にはすでに飲まれていたという。

　イスラム文化圏およびインド洋に沿って広がる南アジア、東南アジア、東アフリカ沿岸の諸国では、ワインやナツメ酒などの果実醸造酒、場合によってはヤシ酒や馬乳酒、米の酒を蒸留して、アラック、ラキ、ラヒ、アルヒなどと呼ばれる蒸留酒を造っている。40度から60度と非常に度数が高く、そのまま飲むと舌が麻痺するレベルのものも多い。そのため通常は、水の入った盃に酒を浮かべるようにして加え、飲まれていた。

　アラック自体は無色透明な酒であるが、加水すると白く濁るため、ペルシアでは「獅子の乳」と呼ばれている。ギリシアのウゾは葡萄の絞り粕から造られるが、同様に加水すると白濁する。

　アラックという言葉は、アラビア語の「アラグ」（汁）から派生したもので、ほぼ「蒸留酒」という意味合いに近く、地域によって原料とする醸造酒が異なっても、アラック、アラキ、ラキと呼ばれる。アラビアでは、葡萄やナツメヤシ、イチジクのように糖度の高い果実を発酵させた酒を元に造る。エジプト原産のナツメヤシ蒸留酒アラキは、この代表例である。日本ではあまり飲まれないが、ブッハ・オアシスなどいくつかのブランドが輸入されている。

　インドから東南アジアでは、これを模したアラックと呼ばれる蒸留酒があるが、これはヤシの樹液を発酵させたヤシ酒トディを、主な原料とする。タイでは米を混ぜ、ジャワ島では米ベースで、ラギーと呼ばれる麹を作って、それを蒸留する。

酒の伝説

6章 スピリッツ

　スリランカでは、ココヤシの樹液から造ったヤシ酒を蒸留したアラックが造られている。ジンで有名なギルビー社は、ここで熟成させたアラックを開発しているが、樫樽で7年寝かせたアラックは、まるでウィスキーのような味わいになる。

日本に伝わった「阿刺吉酒」

　蒸留酒アラックは、インド洋沿いに伝播し、戦国時代にはマレー半島から琉球経由の南方ルートで日本にも伝播してくる。「阿刺吉酒（あらきしゅ）」または「阿良木酒」「荒気酒」などと呼ばれ、これを元に琉球では泡盛を生み出し、やがて日本各地に伝播して焼酎の原型を成す。蒸留酒が日本に入った具体的な年号は分かっていないが、天文12年（1543年）の鉄砲伝来から3年後に薩摩を訪れたポルトガル人ジョルジュ・アルヴァレスは、米の焼酎があることを明らかにしている。

　もう一方でアラックは、モンゴル帝国に持ち帰られ、アジア各国に伝わる。モンゴルでも馬乳酒を蒸留したものを「アルヒ」と呼び、特別な酒とみなしている。アルヒは蒸留の回数によって、種別される。1回蒸留のものは、馬乳酒の乳酸味が残っているが、蒸留を繰り返すたびにウォッカのようなハードな酒になっていく。

　モンゴルの去ったロシアではウォッカが誕生し、ヨーロッパではワインを蒸留したブランデー、麦芽酒を蒸留したウィスキーなど、多くの蒸留酒が誕生する。北欧のアクア・ビットなどもこの系統である。

　一方、中国では、シルクロードから流入した蒸留技術を中国古来の酒に応用して、白酒（ばいちゅう）を生み出した。これは独自の曲（麹のこと）や発酵窖（はっこうこう）を使っている。

　そのほか、工業的な製法を使いヨーロッパで誕生したジン、サトウキビから造られたラムがスピリッツとしては名高い。

　北米では、バーボン・ウィスキーが発達したほか、メキシコではリュ

ウゼツランの樹液から造る地酒プルケを蒸留したテキーラが誕生した。中南米では、サトウキビから造るラムが有名だが、ブラジルのピンガ、コロンビアのアグアルディエンテなど、多くの蒸留酒が地酒として楽しまれている。

ウィスキー

　ウィスキーは、スコットランドの地酒「アスク・ボー」（アクア・ヴィタエ「生命の水」のケルト語訳「ウシュク・ベーハー」）が世界的に広まったものとされる。大麦の麦芽汁を発酵させたものを蒸留した上、長期間にわたり、樫の樽で熟成させたものである。

　ウィスキーは世界各地に広がり、それぞれの地域で発展しつつある。大麦に加えて、ライ麦を用いるライ・ウィスキーや、トウモロコシを用いるコーン・ウィスキーもあるが、スコットランドでは、もっぱら大麦だけを使用している。伝統を受け継ぎ、大麦の麦芽を主原料としたものを、モルト・ウィスキーと呼ぶ。

　モルトとは、穀物を不完全に発芽させ、糖分を発酵させるために、下準備したものである。まず、たっぷりと水につけた後、風通しのよい床に広げて発芽を促す。その後、乾燥させた麦芽を粉砕して水と合わせて攪拌し、できた麦汁を発酵させると、アルコール度数が6～7%のビールに似た液体ができる。これを何回か蒸留し、60～70%にする。この段階では、ほとんど無色透明の液体であるが、オーク樽に詰めて最低でも3年、一般的には10年以上、熟成させる。すると我々がウィスキーと呼ぶ琥珀色の液体ができ上がる。販売時には加水し、飲みやすい40度前後のアルコール度数に調整する。

酒の伝説

ウィスキーの多くは、ブレンドされ、味わいを調整されて出荷されるが、近年ではそれぞれの蒸留所の味わいを重視し、ブレンドしないモルト・ウィスキーを楽しむ向きが強くなっている。いわゆるシングル・モルトとは、単一の蒸留所で造られたモルトだけを用いたものだ。

アスク・ボー

ウィスキーがいつどこで生まれたかについては諸説あるが、アイルランドかスコットランドのいずれかで12世紀より前に誕生したらしい。伝説によると、アイルランドにキリスト教を広めたアイルランドの守護聖人、聖パトリック（373～463年）が伝道のかたわら蒸留技術を伝えたとも、イスラム教徒がアイルランドに蒸留技術を持ち込んだともいわれる。1171年、イングランド王ヘンリー2世がアイルランドに入国した際、すでに大麦を発酵させて蒸留した酒アスク・ボーが存在していたという。

16世紀のスコットランドのハイランド地方では、アスク・ボーは、本来、2回蒸留したものを指し、3回蒸留した場合、トゥレスタリグ、4回蒸留した場合、アスクボー・ボールといい、蒸留回数を示す言葉であったようだ。

ウシュク・ベーハー

ウィスキーが初めて公文書に現れるのは、1494年。スコットランド大蔵省の文書に「8ボルトのモルト（麦芽）を、托鉢修道士（フライアー）ジョン・コーに与え、それでアクア・ヴィタエを造らしむ」とある。

15世紀以前のウィスキーは、主に聖職者の手により、ある種の霊薬（エリクシール）として製造され、そのまま飲用するだけでなく、薬草を漬け込むリキュールの素材として使用されていた。

ところが1534年、イングランド王ヘンリー8世が王妃との離婚をロー

マ教皇に反対されたことをきっかけに、ローマ教会と絶縁した。王はイギリス国教会を設立し、自らが首長となると、カソリック教会を閉鎖し、修道院の解散およびその土地財産の没収を行った。この一連の政策の結果、ウィスキーなど酒造産業は一般市民の手に移行することになる。

　農民の中に広まった蒸留酒は、ウシュク・ベーハーと呼ばれ、アイルランドやスコットランドの農民たちが、厳しい冬をしのぐために生み出したアルコール度数の高い地酒であり、もっぱらそのまま飲まれた。

スコットランドの反骨心が生んだグレーン・ウィスキー

　1707年、イングランドとスコットランドが大連合によってグレートブリテン王国になると、イギリス王は蒸留酒に対する税を15倍に引き上げた。そのためウィスキー業者たちは、山にこもって密造をするようになった。このときから、麦芽を乾燥させる際の燃料として、スコットランドに多い泥炭（ピート）を使用するようになった。ピートは、ヒースという植物が地面に埋もれて炭化したもので、スコットランドの原野には多く、一般的な燃料となっていた。ピートを燃やす際の匂いによって、ウィスキー独特のスモーキーな芳香が生まれるようになった。

　さらに本国と同じ麦芽税をかけられたため、麦芽の分量を減らそうと、ほかの穀物も加えたグレーン・ウィスキーが誕生する。

　やがて連続蒸留機が開発され、ウィスキーが大量生産されるようになると、ブレンデッド・ウィスキーの素材のひとつとして、ライトなグレーン・ウィスキーが多く生産されるようになった。麦芽を原料とするモルト・ウィスキーと混ぜることで、その個性を調整し、価格を入手しやすいものにすることになる。ブレンデッド・ウィスキーは、グレーン・ウィスキーがベースとなるが、それでも樽で3年は熟成され、琥珀色の液体となる。

6章 スピリッツ

樽熟成

　税金がウィスキーにもたらした恩恵のひとつが、その琥珀色の輝きだ。
　本来、アルコールは無色透明な液体であり、蒸留酒は原料にかかわらず、初期はかなり透明感のある液体となる。だが、ウィスキーやブランデーなど名立たる銘酒は、琥珀色の輝きが目印になっている。
　これは、樽熟成のおかげである。
　実は18世紀になるまで、ウィスキーも透明な酒で、それほど熟成させて飲むものではなかった。18世紀以降、ウィスキーに関する税金はどんどん高くなり、スコットランドのウィスキー業者は密造のために色々な工夫をした。蒸留所を山奥に構え、できた酒をシェリーの樽に隠した。きっかけはウィスキー税を逃れる目隠しだったが、あるとき隠したまま何年も忘れていたウィスキーを取り出したところ、樽で熟成されたウィスキーは琥珀色の芳醇な液体に変わっていたのである。長期熟成によってアルコールの角が取れ、味わいが深まり、樽に染みついたシェリーの香りが加わり、ウィスキーは芸術品になったのだ。このため、樽での長期熟成が一般化した。現在では、新しいホワイトオークの樽を用いて熟成するものもあるが、多くのブランドでは、香や味わいを豊かにするため、一旦シェリーやワインの熟成に用いた樽を使う。バーボン・ウィスキーの場合には、この樽の内側を焼いて焦がし、独特の風味を出すようにしている。

聖パトリック、クー・フーリンを蘇らせる

　ウィスキーの起源は、一般的には錬金術師が海水から塩を取り出すために用いていた蒸留の技術を、アイルランドで用いたこととされている。当時の錬金術師は、修道院と関係が深く、薬草栽培やワイン造りの技術を持った修道院がこれを受け継いだ。ウィスキー製造の名所が、いわゆ

るケルト修道士や古い修道院と縁の深い土地にあるのはそのためである。
　ある伝説によれば、アイルランドにキリスト教を広めたアイルランドの守護聖人、聖パトリック（373〜463年）が伝道のかたわら蒸留技術を伝えたという。聖パトリック（聖パトリキウス）は西暦373年頃、イギリス西部のウェールズの生まれで、幼少の頃さらわれて奴隷として働かされていたが、神の声を聞いて脱走、大陸に渡って7年間学び修道士となった。その後、彼は故郷のウェールズに戻り、イギリスにキリスト教を広めた。
　432年、教皇ケレスティヌス1世に命じられ、アイルランドに布教した。彼は同地を支配していたケルト教を一方的に排除するのではなく、彼らの信仰とキリスト教を融和させる形で布教した。その結果が、ケルト十字と呼ばれる独特のシンボルであり、聖パトリックがアイルランドの人々に愛される理由である。
　そのためアイルランドの神話には、聖パトリックがしばしば、話のま

6章 スピリッツ

とめ役として登場する。常若の国から帰還したオシアンの最期を看取ったのも聖パトリックであり、神話の最後には、「その後聖パトリックがやってきてキリスト教を布教したので、これらの神話はみな古い時代のものとなってしまった」とつけ加えられる。

松岡利次氏のアイルランド研究によれば、聖パトリックは、アイルランドの神話的な英雄、クー・フーリンを蘇らせたこともあるという。これは、シャノン川中流のクロンマクノイズ修道院で保存されている古文書『赤牛の書』に書き込まれている伝承である。

クー・フーリンは、無敵の英雄であったが、禁忌となっていた犬の肉を食べてしまったために、最後の戦いでは力が萎えて、立つのがやっとという状態になってしまう。そこを狙われ、槍に貫かれて死んでしまう。その倒れた姿は、ダブリン中央郵便局前にある銅像「瀕死のクー・フーリン」で知られているのだが、その後、クー・フーリンは地獄に落ちてしまう。

彼のことを知った聖パトリックは、祈りの力によってクー・フーリンを蘇らせる。偉大なる神の力を知った英雄クー・フーリンは、自らの名声を語り継ぐように言い残し、さらに、当時のロイガレ王に向かって警告を発する。

ロイガレよ、大地の波に呑まれぬように、神と聖パトリックを信じよ
(2008年3月23日　日本アイルランド協会主催「聖パトリック・デーの集い」
松岡利次氏　講演レジュメ　より)

聖パトリックがウィスキーの創始者になった理由は、彼の遺言にある。
彼は亡くなる際、友人や信者に「私のことは悲しまず、天国へ行く私のために祝って欲しい、そして心の痛みを和らげるよう、何かの雫を飲むように」と言葉を残した。そのためアイルランドではウィスキーが好まれるようになったという。

ケルト神話とウィスキー

　蒸留酒であるウィスキーは、中世以降のものであり、ケルト神話の神代には存在していないので、上記の聖パトリックに関する話以外では神話には登場しないが、ブランド名や蒸留所名には、しばしばケルト神話の題材が取り上げられる。

　例えばウィスキーエクスチェンジ社は、「チール・ナン・ノク」というシリーズを発売している。この名称は、ケルト神話の「戦士の蘇る黄泉の国」の名前で、日本では「ティル・ナ・ノーグ」という訳語で知られているケルト神話の異世界に基づいている。このシリーズは、「ロッホサイド」「リトルミル」「ブローラ」「グレンアギー」「ダラスデュー」「コールバーン」「ローズバンク」「ポートエレン」「グレンアルビン」など、近年に閉鎖されてしまった蒸留所のボトルを復活させたものである。

　また、スコットランドの西側にあるアラン島のアラン蒸留所は、蒸留所の裏手にある泥炭湿地マクリー・ムーアにある青銅器時代の巨石遺跡が「巨人の戦士フィンガルの住処」とされていることから、ピーティな味わいの新ブランドを「マクリー・ムーア」と名づけ、そのエチケットに巨人フィンガルの猟犬ブランを描いた。マクリー・ムーアの中には、ストーン・サークルやスタンディング・ストーンがあり、屹立した石柱は巨人の戦士フィンガルが愛犬ブランをつないだ杭だとされているのだ。

コリン・ウィルソンの「ウィスキーの起源」

　作家コリン・ウィルソン氏のエッセイ『ウィスキーの起源：推論』（『酒の本棚・酒の寓話』所収）には、錬金術師とウィスキーの起源について、ある途方もない話が書いてある。

　ある日、ウィルソンは知人の博物館員から「偽造の可能性が高い」ある古文書の情報を得る。トマス・J・ワイズが発見した、13～14世紀に

酒の伝説

6章 スピリッツ

　活躍したイギリスの錬金術師ジョハネス・カミニウスの手記であり、ウィスキーの起源に関するものだという。トマス・J・ワイズは初版本偽造の前歴がある人物なので、博物館としては認められないが、ちょうど、『我が酒の讃歌』という酒の歴史を書いていたウィルソンにはうってつけな話だった。
　その古文書によれば、ジョハネス・カミニウスは13世紀の末に、蒸留酒を造り上げ、これがウィスキーの起源となったという。その実験に使ったのが、東洋から来た1本の清酒である。彼はこれをマルコ・ポーロから手に入れた。
　マルコ・ポーロは、モンゴルまで旅して多くの品物を持ち帰り、その後『東方見聞録』を書いた人物であるが、この段階ではその物語があまりにも壮大であったため誰からも信じられず、ほら吹きと見なされていた。カミニウスは、彼から色々話を聞き、東洋の島から持ち帰った清酒「サケ」を1本、分けてもらったという。このサケを蒸留して、霊薬を精製

したカミニウスは、その神秘に感動しさらなる霊薬を造ろうとした。しかし、もはや東方の清酒は残ってなく、イギリスで生産されていたビールを蒸留して新たな霊薬を造り、これにウィスケボーという名前をつけた。これがウィスキーの始まりであるというのである。

　もちろん、この話の信憑性はそれほど高くはない。コリン・ウィルソンは『我が酒の讃歌』を書くほどの酒好きであるが、同時に、クトゥルフ神話に出てくる架空の魔道書『ネクロノミコン』を作ってしまうような、茶目っ気の多い作家でもある。

　とはいえ、日本の酒が、マルコ・ポーロの手を経てイギリスの錬金術師の手に渡り、ウィスキーの起源に関わるという浪漫は、あまりにも魅力的な物語である。

スコッチ・ウィスキー

　スコットランドで造られるウィスキーを、特にスコッチ・ウィスキーと呼ぶ。しかし、当時のスコットランドでかけられた高い酒税の関係で、18世紀が終わるまでスコットランドでのウィスキー生産の半分以上が、密造酒であった。

　1823年、ハイランドの大地主で上院議員のゴードン公爵が「政府は合法的なウィスキーを造ることで利益を得るべきだ」と提案、酒税率を大きく下げた新物品税法が成立した。これを「ウィスキー調停」と呼ぶ。

　その結果、安い税金でウィスキーが合法的に造れるようになった蒸留所がライセンスを取得していった。「ザ・グレンリベット」「ザ・マッカラン」「バルメナック」「フェッターケン」「リンクウッド」「ミルトンダフ・グレンリベット」などが皮切りとなった。

6章 スピリッツ

　スコッチが広がった大きな理由のひとつが、19世紀後半、フランスのワインを壊滅させた寄生虫フィロセキラである。これにより、ワインおよびワインを蒸留して造るブランデーが壊滅的な打撃を受けた。そこで、イングランドの酒好きが求めたのが、スコッチ・ウィスキーであった。

　スコッチ・ウィスキーはスコットランドで生産されるが、その個性から、ハイランド、スペイサイド、ローランド、アイラ島、キャンベルタウン、そしてアイランズ（諸島）の6地域に分かれる。

　スコッチ・ウィスキーのうち、シングル・モルトと呼ばれるウィスキーは、大麦の麦芽だけを用い単式蒸留を2～3回行う。

　近年は、シングル・モルトに注目が集まっているが、これは最近の傾向で、20世紀後半になるまでほとんどのウィスキーは、複数の原酒をヴァッティング（ブレンド）したブレンデッド・ウィスキーであった。もともとハイランド地方の地酒だったスコッチは、かなりきつい酒であったが、これにグレーン・ウィスキーを加えてブレンドすると実にまろやかで美味な酒になることが分かった。その結果、多くのボトラーと呼ばれる業者が、各蒸留所から買い上げた原酒をブレンドし、それぞれのブランドで販売している。これはこれで、複雑で芳醇な味わいを持ち、スコッチの名前を世界に知らしめた存在である。

　一方、シングル・モルトを味わい、個々の地方の違いや蒸留所の個性を理解し始めると、またそこが面白い。例えば、スコッチのロールス・ロイスとも呼ばれる「ザ・マッカラン」の場合、全ての原酒の熟成にシェリー樽を使用しているので、わずかに混じるシェリーの香りが味わいを深いものにしている。あるいは、アイラ島のモルトは、大麦の乾燥に用いるピートの中に海草が混じっているため、ピート香の中にわずかに潮の香り（ヨード香）が混じり、塩味が感じられるものも多い。

最果ての島のウィスキー

　スコッチ・ウィスキーの蒸留所の中でも、もっとも北に存在するのが、オークニー島にあるハイランド・パーク蒸留所だ。
　オークニー島は、ヴァイキングの言葉で「アザラシの島」と呼ばれ、最後までノルウェー領であった。ここには、約5000年前の遺跡が残されている。世界遺産に登録された2つの遺跡は、36もの巨大な石柱が林立する「リング・オブ・ブロドガー」と、ピラミッドより古い古代都市遺跡「スカラ・ブレイ」だ。特に、スカラ・ブレイの墓地からは発見された石の鍋から、アルコール飲料の痕跡が発見されている。おそらく、エールかミードであろうかと思われるが、オークニー島は太古から酒が息づく島だったのである。
　この島には、日本の羽衣伝説に似たアザラシの話が残っている。
　アザラシは、時折、海から上がってきては、その毛皮を脱ぎ捨て人間の女性に変身するという。彼らは浜辺に集まって踊りを踊るのであるが、それを見てしまった人間の若者が、彼女の毛皮を隠してしまう。脱いだ毛皮を見つけられず、困ったアザラシの娘は若者と結婚し子供を生むが、やがて隠されていた毛皮を見つけて海に帰ってしまう。

ロバート・バーンズとジョン・バーレイコーン

　ウィスキーやビールをこよなく愛した、スコットランドの国民的な詩人ロバート・バーンズは、酒の化身として、ジョン・バーレイコーンの活躍を歌った。バーレイは大麦、コーンはとうもろこしで、どちらもお酒の原料である。ジョンは何かを擬人化する際に用いるよくある男性名で、日本でいえば太郎さんにあたる。無理に訳すなら、唐黍麦太郎ぐらいになろうか？
　バーンズは、バラッド『ジョン・バーレイコーン』で、英雄ジョン・バー

6章 スピリッツ

レイコーンの死と復活を歌う。ジョンは王命で殺され、畑に鋤きこまれ、埋められても再び立ち上がる。

　しかし陽気な春がここちよく訪れ、
　にわか雨が降りはじめると、
　ジョン・バーレイコーンは再び立ち上がり、
　皆をひどく驚かせました。

ジョンは大麦の化身であり、不死身の英雄として復活するが、秋になり弱ったところを刈り取られ、過酷な拷問の末、石臼でひき潰されてしまう。だが彼の心臓の血はウィスキーとなり、飲んだ者に勇気を与える。

　それを飲めば、自分の悲しみを忘れてしまい、
　それを飲めば、喜びはいっそう大きくなり、
　それを飲めば、後家さんの心は歌いだすのです、
　たとえ目が涙であふれていても。
　(国文社『増補改訂版　ロバート・バーンズ詩集』ロバート・バーンズ 著／ロバート・バーンズ研究会 編訳 より)

バーンズの歌うジョン・バーレイコーンは、スコットランドの民を救う英雄なのである。

世界で1番の猫、タウザー

　蒸留所では酒の材料である大麦を、鼠やカラスから守るため、鼠取り役の猫、ウィスキーキャットを飼っている。彼らはどのくらい役に立っているのか？といえば、ギネス・ブックにユニークな記録が残っている。ハイランドのグレンタレット蒸留所にいた雌猫タウザーは、2万8899

匹の鼠を捕ったことで知られている。タウザーには、捕った鼠を主人に見せる癖があり、ある日、思いついた蒸留所の人間が記録を取り始めたところ、上記の記録に達したという。

　残念ながら、彼女はすでに天寿を全うしているが、今も蒸留所は彼女の銅像に見守られている。

6章 スピリッツ

有名ブランドの名前の意味

アルターベーン	ミルク色の小川
アイル・オブ・ジュラ	鹿の島
インペリアル	帝国
オーヘントッシャン	野原の片隅
オールド・スマグラー	スマグラーは「密輸業者」
オールド・セルティック	セルティックは「ケルト人」
オールド・セント・アンドリュース	ゴルフ発祥の地
オールド・パー	152歳まで生きた長命の農夫
オールド・ブリッジ	ダルネイン川に架かるダルネイン橋
オスロイスク	赤い流れを渡る浅瀬
カードゥ	黒い岩
カティサーク	ゲール語で「短いシャツ」。有名な高速帆船の名前
カリラ（カル・イーラ）	アイラの海峡
キャパドニック	秘密の水源
クライリーシュ	庭の坂
クレイモア	大型の両手剣
グレン・オード	丘に沿った渓谷
グレンゴイン	鍛冶屋の谷
グレン・スタッグ	牡鹿のいる渓谷
グレン・ハンター	狩人のいる渓谷
グレンファークラス	緑の草が生い茂る谷間
グレンフィデック	鹿のいる渓谷
ゴードンハイランダーズ	スコットランドの有名な連隊の公認酒
ジ・インヴァーアラン	アラン川の渓谷
シンジケート58/6	1958年に6人の仲間が自分の好みで作成
ダフタウン	ファイフ伯ジェイムズ・ダフの作った町
タムデュー	小高く黒い丘
タムナヴーリン	丘の上の製粉所
ダラス・ドゥー	黒い水の谷

ダルウーアイン	緑の谷間
ダルウィニー	集会所
チーフテンズ・チョイス	氏族の族長が選んだもの
ティーチャーズ	「スコッチの先生」と呼ばれたブレンダーの創業者、ウィリアム・ティーチャーの名前から
トウェルブ・ポインター	12本の枝角を持つ鹿。幸運の象徴
ノースポート	北の門
ノッカンドウ	小さな黒い丘
ノックデュー	黒い丘
ハイランド・クイーン	メアリー女王のこと
ハウス・オブ・ローズ	イギリス上院
ハムレット	有名なシェークスピア悲劇の主人公
ブレイヴァル	険しい丘の中腹
ベン・ネヴィス	聖なる山
ボウモア	大きな岩礁
ホワイト・ヘザー	ヒースの白い花
ホワイトホース	白馬。エジンバラの古い旅籠の名前
マッカラン	聖マッカラン教会。「聖フィランの肥沃な土地」
ラガヴーリン	水車のある窪地
ラフロイグ	広い湾の美しい窪地
リトルミル	小さな粉挽き場
ロイヤル・アスコット	アスコット競馬場から
ローズバンク	薔薇の生えた河堤

モルト・ウィスキーの名前に多用される単語

アイル	島
グレン	渓谷
ミル	製粉所
モア	大いなる、大きな
ロッホ	湖

酒の伝説

6章 スピリッツ

アイリッシュ・ウィスキー

　スコッチとともに古い歴史を持つのが、アイルランドで製造されるアイリッシュ・ウィスキーである。大麦麦芽に大麦、ライ麦、小麦などを混ぜ、発酵させたものを単式蒸留器で3回蒸留した後、樽熟成したものが、ストレート・アイリッシュ・ウィスキーと呼ばれる。だが現在は、トウモロコシを原料に加えたグレーン・ウィスキーとヴァッティング（ブレンド）したものがアイリッシュ・ウィスキーの主流になりつつある。

　12世紀にはすでに、ウシュク・ベーハーという大麦蒸留酒が飲まれていたが、現在のように、麦芽に大量の大麦を混ぜた原料を使うようになったのは、19世紀からである。

　アイルランドは、ウィスキーの起源にまつわる聖パトリックの活動した地域であるし、アイルランドに残る伝説によれば、アラビアで開発された香水用蒸留器を、12世紀にアイルランドに布教にきた尼僧が持ち込んだところ、地元の飲ん兵衛がビールを蒸留し、ウィスキーを造り始めたともいう。この尼僧院はすでに廃墟となっているが、今もアイルランド中部の緑深い山間に残っている。

　アイルランドにあるブッシュミルズ蒸留所は、1608年の創業とともに、イングランド王ジェームズ1世から蒸留許可を得ており、現存する最古の蒸留所とされる。

ポチーン

　アイルランドの蒸留酒は、アイリッシュ・ウィスキーだけではない。
　ジャガイモと雑穀から造ったポチーンという、強い火の酒がある。ポ

チーン（ポーティン）とは、ゲール語で密造用の蒸留釜のことを指し、各家庭で雑穀やジャガイモを元に造られた密造酒全般を指す。アイリッシュ・ムーンシャイン（ムーンシャインは密造酒の隠語）とも呼ばれるが、実際、海外輸出専用に製造していたバンラッティ社以外のポチーンは最近まで本当に密造酒であった。1997年3月、ポチーンはアイルランド国内でも解禁され、バンラッティ社のポチーンのラベルには現在「NOW LEGAL」（ついに合法！）と書き加えられた。

　現在、日本で飲めるポチーンは、麦芽、大麦、カラス麦から造られたものである。ウォッカや焼酎のような透明なホワイト・スピリッツで、40度から90度まであり、飲むとカーっときてほのかに甘い。世界でもっとも強い酒はポーランドのウォッカ、「スピリタス」（96度）であるが、それに近い強さを持つ。

バーボンとアメリカン・ウィスキー

　現在、ウィスキーは世界各国で生産されるようになったが、5大ウィスキー産地と呼ばれるものがある。スコッチ、アイリッシュ、アメリカ、カナダ、日本である。

　アメリカン・ウィスキーでは、ケンタッキーを中心にしたバーボン・ウィスキーが有名であるが、そのほかに、テネシーで造られる繊細なテネシー・ウィスキーがあり、さらに各地でライ麦とコーンを使ったアメリカ独自のウィスキーが造られている。

　ライ・ウィスキーは、原料にライ麦を51％以上使用したウィスキーで、熟成用のオーク樽の中を火で炙って焦がすチャー技法を用いる。アメリカン・ウィスキーの始まりは、ペンシルバニアでライ麦を使ったウィス

キー造りが始まったことに起因するという。

　コーン・ウィスキーは、原料の80%以上をコーン（トウモロコシ）にしたウィスキーで、トウモロコシの風味とまろやかな口あたりが特徴である。

バーボン

　バーボンはケンタッキー州バーボン郡で生産されるコーン・ウィスキーで、樽の中を焦がすチャーという技法を使い、独特の芳香を放つ。この技法は、1785年、ジョージタウンの牧師エライジャ・クレイグが発見したとされる。その2年前、ケンタッキー州ルイヴィルで、エヴァン・ウィリアムズが初めてトウモロコシからウィスキーを造った。バーボンの原型を造ったのは、このクレイグで、彼は「バーボンの父」と呼ばれている。

　バーボンとは、フランス王家ブルボン家の名前が英語風に発音されたものだ。イギリスからの独立戦争の際に、フランス王ルイ16世から支援があったことから、フランス王家への感謝を込めて、この地名をつけたとされる。

　やがて独立戦争の後、財政に困った合衆国政府は、東部の蒸留所に高い酒税をかけた。それを嫌ったウィスキー生産者たちは、まだ酒税のなかったケンタッキー州に移転してきた。しかし、ここは大麦の栽培に適しておらず、彼らはトウモロコシやライ麦を使ってウィスキーを造り始めたのである。そうして誕生したアメリカ独自のウィスキーのひとつが、バーボンである。

　19世紀後半まで、バーボンといえば、樽で売られ混ぜ物が多い粗悪品のイメージがあったが、1870年、オールド・フォレスター蒸留所を経営するジョージ・ブラウンは、アメリカ発の瓶詰めウィスキーを発売する際に、「このウィスキーは当社単独で蒸留したものであり、豊かな味わいと優れた品質は我々が保証いたします。これこそ業界一番のものと自負

いたします」と書いた、手書き文字と署名をラベルに印刷して売り出した。これこそバーボンが大人気を得たきっかけとなった。この蒸留所は後に、「アーリー・タイムズ」を送り出すことになる。

現在、バーボンは、アメリカにおけるウィスキー生産の50％を占める。

フォア・ローゼズ

ケンタッキー・バーボンの名ブランド「フォア・ローゼズ」は、4輪の薔薇という意味だが、このマークにはロマンチックな物語が伝わっている。

創業者であるポール・ジョーンズ親子はアトランタ出身であったが、南北戦争終結直後にケンタッキー州ローレンスバーグの南に蒸留所を開いた。ここは、バーボン造りに欠かせない名水、ライムストーン・ウォーターの水脈があったのである。その工夫があって、彼らのウィスキーはたちまち巷で評判になった。

その頃、息子はひとりの南部美人と出会い、プロポーズする。彼女は「YESならば、次の舞踏会には4輪の薔薇をつけていくわ」と答えた。

そして、舞踏会に現れた彼女は、まさに4輪の薔薇をつけていたのである。

いとしのクレメンタイン

アメリカの歌謡として有名な『いとしのクレメンタイン』にちなんだ名前を持つのが、カウンティ・ライン・ディスティラーズ社の「クレメンタイン」。

このモデルとなったクレメンタインとは、ゴールドラッシュ時代の1849年に川で溺死した娘の名で、彼女の恋人が切々と歌い上げる悲しみが評判になった。アメリカでは後に映画『荒野の決闘』の主題歌となった。

日本では曲だけそのままで、歌詞をまったく変えた『雪山讃歌』が有名であったが、『荒野の決闘』の人気で原曲も知られるようになった。

ミント・ジュレップ

　バーボン・ウィスキーの本場、ケンタッキーは名馬の産地でもあり、競馬の祭典、ケンタッキー・ダービーで有名である。

　その舞台となるルイヴィルのチャーチルダウンズ競馬場のオフィシャル・ドリンクとして飲まれているのが、バーボンを使ったミント・ジュレップである。ミントの若い葉にシロップを注ぎ、これにクラッシュ・アイスとバーボンを注ぐ。ミントをつぶしながら、その香りを楽しみながら飲む。

　もともとは競走馬を育てていた農家の飲み物だった。エアコンがなかった時代、夏の暑さ対策として農家では馬小屋に氷の入った樽を置いた。

その氷を砕き、その辺に生えているミントを加え、バーボンを飲んだのが始まりだった。

テネシー・ウィスキーとジャック・ダニエル

　テネシー・ウィスキーは、テネシー州で造られ、同州で産するサトウカエデの木炭で、蒸留直後の原酒をろ過してから熟成するのが特徴で、これによって、バーボンとはまったく違う、まろやかな味わいになる。

　これはジャック・ダニエルが始めた独特の手法「チャーコール・メロウィング」というプロセスである。1866年、ジャック・ダニエルは20歳のときに生地リンチバーグの町はずれに、清冽な水が湧き上がる洞窟を発見してウィスキーを造る蒸留所を始め、自ら独自のスタイルのウィスキー「ジャック・ダニエル」を生み出したのだ。

禁酒法とウィスキー

　アメリカの酒を語る上でもっとも重要な事件は、禁酒法である。

　1920年、アメリカ合衆国憲法修正第18条（Amendment XVIII）およびこれを実行するためのボルステッド法が施行され、飲料用アルコールの製造・販売等を禁止された。

　これは、不道徳や犯罪の温床となる飲酒の追放運動に、第一次大戦勃発による穀物不足が重なり、アルコールの徹底排除が支持されたものであるが、潔癖な宗教道徳でアルコールを全面禁止としたため、逆にアルコールへの注目度が高まってしまった。その結果、違法酒場、いわゆるスピークイージーがありとあらゆる場所にこっそり誕生し、ニューヨークには22万軒もできたという。酒税を取られない密造酒の製造や酒の密輸は、ギャングたちの収入源となり、ギャングたちが大活躍するローリング20を生み出す。

6章
スピリッツ

　シカゴのアル・カポネは、この禁酒法の暗黒面を体現する人物である。ブルックリン生まれのイタリア系であるカポネは、シカゴのギャングとして闇酒場を経営して頭角をあらわし、やがてシカゴを支配する暗黒街のボスに成り上がった。彼は権力者やマスコミを買収、敵対者を次々に暗殺し、非合法酒場や売春宿を中心とする闇のビジネスを一手に牛耳った。自作自演で逮捕され、刑務所に入ることもあったが、それは敵対するギャングとの抗争が激しくなったためで、沈静化するとすぐに釈放された。

　このように、禁酒法は逆に、不道徳と犯罪を蔓延させ、また政府の重要な収入源である酒税を否定してしまったため、多くの非難を浴び、1933年、禁酒法の廃止を主張して当選したルーズベルト大統領によって廃止された。

日本のウィスキーの誕生

　日本へのウィスキーの到来は、黒船と同時であった。ペリーから徳川幕府に献上されたものの中に、スコッチ・ウィスキーとバーボンがあった。明治4年には、横浜のカルノー商会が輸入したウィスキーを瓶詰めして、「猫印ウィスキー」として売り出した。

　やがて、国産ウィスキーも誕生したが、合成アルコールにカラメルや香料で着色、味付けした模造酒の時代が長く続いた。本格的な国産ウィスキーの製造は、大正年間、摂津酒造が若き醸造技師、竹鶴政孝をイギリス留学に派遣したことに始まる。

　日本人として初めて現地でウィスキーを学んだ竹鶴は、アイルランド各地でウィスキー造りを学んだ。現地で得た妻リタとともに帰国した竹鶴を待っていたのは、経営危機に陥り、ウィスキー製造を断念した摂津酒造であったが、「サントリー」の前身、壽屋の鳥井新治郎に迎え入れられ、京都山崎に日本初のウィスキー蒸留所を建設する。1923年のことである。この山崎の地は、戦国時代末期、かの茶聖、千利休が茶室を構えた名水の地である。天王山から湧き出す水が山崎の最大の資源であった。

　この山崎蒸溜所の草創期に関して、ある逸話がある。まだ、ウィスキーが都市部でしか知られていなかった、大正の末である。当時としてはモダンな工場に、大量の大麦が運び込まれているのに、一向に製品らしきものが出てこない。何しろウィスキーであるから造ってから何年も寝かせることになる。つまり、「材料を運びこんで商品として送り出す」という工場の概念からすると、非常におかしな場所に見えた。やがて、周辺の人々の中にこんな噂が立ったとか。

　「あの工場には、麦を食う怪物ウィスケが住んでいる」と。

酒の伝説

6章 スピリッツ

山崎蒸溜所で誕生した原酒を使い、1929年「サントリーウイスキー白札」を発売した。日本初の本格ウィスキーである。竹鶴は10年間、山崎蒸溜所の稼働を見守った後に独立、北海道余市に蒸留所を建設し、「ニッカウヰスキー」を生み出すことになる。

ウィスキーの飲み方：水割りとハイボール

さて、ウィスキーをどのように飲むのか？

もちろん、ストレートでじっくり飲むというのが、スピリッツに対する真摯な態度である。一気にあおるのではなく、じっくりその香りと余韻を楽しめばよい。ストレートもよいが、オン・ザ・ロックにしチェイサーの水が傍らにあれば、一夜をゆったりと楽しめるだろう。

もちろん、40度以上の酒をそのまま飲むのは決して胃腸や喉によろしいわけではない。日本では、ウィスキーといえば、水割りにする人が多い。どこでも水割りでウィスキーを飲むので、国際線の飛行機などでは「ミズワリ」で通じる場合さえある。しばしば水割りは、日本人の悪しき習慣だという人もいるが、もともと「ウィスキー・アンド・ウォーター」といい、欧米でよくある飲み方だ。ウィスキーのブレンダーやテイスターの多くは、ウィスキーはよい水で割ったときこそ、その真価が問われるという。ぜひ、よい水を用意して、水割りを試して欲しい。ウィスキーと水の比率は1：2.5がベストとされるが、1：2～1：4の間で各自の好みを探して欲しい。

実際、よいウィスキーに加えるとしたら、もはや水しかないと思えるときがある。筆者は本書の取材中、知人と「サントリー響30年」を味わう機会を得た。「サントリーウイスキー」が酒齢30年以上の原酒を集めてブレンドした逸品である。その香りだけで別の酒が飲めると思ったのは、初めての体験だ。知人は、それを30歳になった自分へのお祝いとして買ったという。自分と同じ年の酒を飲む。素敵なことだ。このとき、

235

水で割るとさらに味わいが深まり、おいしくなった。ほかのつまみの何よりも合う。

大きめのタンブラーに氷を入れて、ウィスキーを注ぎ、一息ついて酒が冷えたところで、水を加えるとよりおいしくなる。

水割りのバリエーションとして、フローティングという飲み方がある。氷と水を入れたグラスに、そっとウィスキーを浮かべて飲む。ステアしてはいけない。最初の一口は、ストレート、やがてゆっくりと水割りに変わっていく。

バーテンダーの神様といわれた福西英三氏は、エッセイの中で、あえてブレンデッド・ウィスキーを水割りにした上に、そのウィスキーの原酒に使われているシングル・モルトをフロートするという、ウィスキー・フロートを紹介している。これまた、通の飲み方といえよう。

日本人が水割り一辺倒になったのは、ここ半世紀ほどである。戦前にはハイボールといわれる、ウィスキーのソーダ割りのほうが一般的であった。近年になり、女優の小雪が出演した「サントリーウイスキー角瓶」のCMでハイボール人気が復活、ハイボールといえば角瓶となり、角瓶の売上が前年比800％超となる爆発的な人気を得た。

ハイボール（高い玉）という名前の語源は、いくつかある。いくつかの説はゴルフにまつわるものだ。

19世紀後半、ゴルフに興じていた男が喉の渇きを覚え、それと知らずにウィスキーが入っていたコップにソーダ水を注ぎ入れ飲み干したところ、実にさわやかであった。それで調子がよくなった男は、その後、気持ちよくショットでき、その結果ボールは高く弧を描いて飛び、ホール・イン・ワンになった。

あるいは、ゴルフ場でウィスキーを飲んでいた男が、誤ってソーダ水の入ったグラスにウィスキーを入れてしまい、そのおいしさに驚いた途端、ゴルフ場からミスショットが高く飛んできて、「ハイボール」になったという説もある。

酒の伝説

6章 スピリッツ

　別の説は、アメリカで、鉄道の旅に関わるものだ。飛行機や自動車が普及する前、広大なアメリカ大陸を旅するには、機関車で何日も旅しなくてはならなかった。機関車は燃料と水を補給する必要があり、途中で給水のために止まることがあった。その停車中、乗客にウィスキー・ソーダが振る舞われた。この給水停車の際、運転手がその合図としてボールのついた棒を高く差し上げたことから、ハイボールと呼ばれるようになった。

　同じ鉄道の話だが、ボールを高く上げたのは駅側だという説もある。鉄道のうち、急行電車になるとあまり重要ではない駅は通過することになる。今のように電車への通信が簡単ではなかった頃、駅には気球（ボール）のついた柱があり、列車が遅れているような場合、この気球を上げて遅れていることを通過する列車に教えた。「スピードアップ」のサインである。ハイボールは手元で簡単にできるカクテルであるから、スピードを連想させる名前がついたのである。

　また、ハイボールでは、背の高いタンブラーが使われることが多い。そこでグラスの俗称であるボールとひっかけて、ハイボールと呼ばれるようになったという人もいる。なぜ、グラスをボールと呼ぶかというと、グラスの握り方が、野球のボールと同じだからだそうだ。

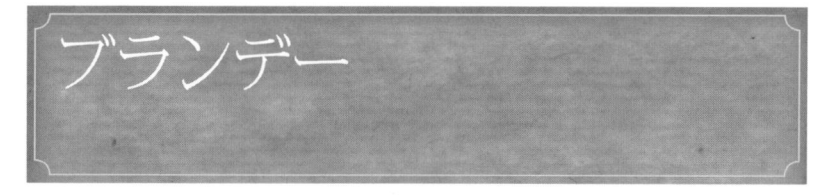

ブランデー

　ブランデーは、葡萄を原材料とした蒸留酒で、簡単にいえばワインを蒸留したものである。ブランデーとは、オランダ発祥の言葉で「焼いたワイン」という意味だが、フランスではヴァン・ブリュレ（熱したワイン）、あるいはオー・ド・ヴィー（生命の水）と呼ばれる。

ブランデーの起源

　ウィスキーと同じくブランデーを造り出したのは、錬金術師であったとされる。13世紀の錬金術師アルノー・ド・ヴィルヌーヴがワインを蒸留した酒を「オー・ド・ヴィー」（生命の水）として売り出したのがきっかけであったとされる。

　この頃、黒死病（ペスト）が何回も流行し多くの死者を生み出していたが、ブランデーは黒死病に有効だとうたっていたため、多くの人々がこぞってブランデーを薬用に買い入れた。ワインの倍以上も強いブランデーは、独特の味わいを持った強い酒で、病気に弱った体に活を入れるのに最適であった。蒸留酒であり、腐りにくかったことも、黒死病で死者の腐敗を毛嫌いした当時の人々には好印象であった。

　これがもっとも有力な説である。

　次に、オランダの貿易商が考えた苦肉の策という説もある。オランダとフランスの間でワイン貿易をしていた彼らは、16世紀頃、船の輸送能力の限界に苦労していた。あるとき、彼らは気づいた。一旦ワインを蒸留し、現地で加水すれば、より多くのワインが簡単に運べるのではないか？　そう考えた彼らはワインを蒸留して運んだという。

　おそらくは、当時のオランダ人の悪知恵を体現したエピソードであろうが、すでに酒精強化ワインの項目で語った通り、15世紀にはブランデーをワインに混ぜて腐敗防止する技法が使われていたので、ブランデーの誕生はその以前とされる。

コニャック

　ブランデーといえば、コニャックの名前が挙がる。
　フランス南西部コニャック地方は、古くからのフランスのワイン生産地であるが、16世紀後半に起きた宗教戦争によって田畑が荒れ、ワイン

6章 スピリッツ

造りをしていた修道院が大きな被害を受けた。このことから、あまりよいワインが造られなくなり、さらに酸味の多い品種の葡萄のおかげで、そのままでは酸味が強すぎた。その結果、古くからフランス王家に愛されたボルドーとの競争に敗れ、値段は3分の1ほどであった。そこで、オランダ商人のアドバイスに従い、コニャックではワインを蒸留し、ブランデーを造ったところ、実に美味なものができ上がった。その後、ウィスキーと同様に経年熟成させたところ、その味は練りこまれた芸術品となった。

それでも、17世紀頃のブランデーは街頭で量り売りされるような、現代日本でいえば焼酎のような存在だった。だがここで、オランダ商人の広告戦略が光る。彼らはヴァン・ブリュレと呼ばれていたワイン蒸留酒を、ブランデッド・ワイン（焼いたワイン）と呼び変え、さらにはブランデーという名前に作り変えて、高級酒として売り出した。この試みは非常にあたり、現在のブランデーの地位が築かれた。まさにブランド戦略である。

現在、ブランデーの王と呼ばれるようになったコニャックを名乗れるのは、同地方のシャラント、シャラント・マリティームの2地域で造られたブランデーだけである。またボルドーの南にあるアルマニャック地方でも、ブランデー生産が行われている。

悪の象徴？

ブランデーは、バルーン型で足つきのブランデー・グラスで飲まれることが多い。これはその芳香（ブーケ）をゆっくり楽しむためである。そのほか、ウィスキーと同様にオン・ザ・ロック、水割りなどもあるが、じっくり楽しむには、ストレートが望ましい。

しばしば、グラス本体の球形部分を手のひらに収め、温めながら飲む構図が見られるが、稲保幸氏の『世界酒大事典』など専門書には、温めすぎると逆に余分な成分まで揮発し、酒の味や香りを損なうとも書かれ

ている。現代のコニャックはすでに香り高く、温めずともその香りをじっくり楽しめるのである。
　ブランデーは高級品であるワインをさらに蒸留し、熟成させるという高級酒であるため、映画などで富豪や権力者の象徴のように扱われてきた。摩天楼の最上階で、手のひらに包むように持ったブランデー・グラスを揺らしながら、遥か下を見ながら「愚民ども！」とつぶやく図式は有名であり、日本でも悪の黒幕は摩天楼とブランデーという組み合わせで表現されることが多い。
　ちなみに、コニャックの本場のグラン・シャンパーニュでは、まるでウォッカのように冷凍庫に入れてがっちり冷やし、とろりとしたコニャックを出す店もある。逆に、コニャックをお湯で割ったり、コーヒーに落としたりするのは、その香りを楽しむのに適している。

6章 スピリッツ

マールとグラッパ

　ワインを蒸留するのではなく、ワインを絞った後の葡萄粕をもう1度発酵させ、蒸留する粕取り式ブランデーは、フランスではオー・ド・ヴィー・ド・マール、あるいは単にマールと呼ばれ、イタリアではグラッパとなる。南米ではアグアルディエンテ（燃える水）と呼ばれるが、これはしばしば、現地のスピリッツ全般を指す場合もある。

フルーツ・ブランデー

　ブランデーというと、一般的には、ワインから造られるグレープ・ブランデーを指すが、ブランデーの普及により、様々な果実醸造酒からブランデーが造られるようになり、これらをフルーツ・ブランデーと分類する。

カルヴァドス

　フランスのノルマンディ地方で造られるアップル・ブランデーである。

フルーツ・ブランデーの例

リンゴ	カルヴァドス、アップル・ジャック
サクランボ	キルシュ
スモモ	ミラベル
イチゴ	フレーズ
キイチゴ	フランボワーズ
洋ナシ	ポワール

1558年、スペインの無敵艦隊カルヴァドーレに属するガレオン船の1隻が、ノルマンディ沖の岩礁で座礁したことから、この岩礁がカルヴァドスと名づけられ、その後に地名となり、カルヴァドス県の名産であるアップル・ブランデーの名前となった。カルヴァドスを名乗るためには10年貯蔵しなくてはならず、アルコール度数は54度に達する。

ジン

　ジンは、ジュニパー（杜松の実）で香りをつけたスピリッツである。
　一般に知られる説としては、1660年、オランダのライデン大学医学部で教鞭を執っていたシルビウス教授が、麦蒸留酒にジュニパー（杜松の実）で香りをつけたスピリッツを解熱剤として薬局で販売したところ、さわやかな飲み口と手ごろな価格が人気を博し、オランダの国民的なスピリッツ「ジェヌヴァール」として広く飲まれることになった。
　ただし近年では、16世紀にはオランダ・ジンとして知られており、シルビウス教授以前にオランダで普及していた。11世紀にイタリアの修道士が、ジュニパーを入れたスピリッツを造っていたのが発祥ともいわれる。オランダのジュネバ・ジンは、この原形を残したフレーバード・ジンである。
　その後、オランダ王ウィリアム3世が、1689年にイギリス国王として迎えられると、オランダの国民酒ジンを普及させた。葡萄が取れないイギリスでは、海軍の御用酒として広がるなど、普及した。当時の英国の労働者は飲みやすいジンをたちまち気に入り、「ロンドン市民の主食」といわれるほどになる。
　やがて、産業革命で連続式蒸留器の誕生により、現在のようなクリア

でドライなジンが誕生した。大きく分けて、ロンドン・ドライ・ジンと海軍で愛飲されたプリマス・ジンの2系統に分かれる。

さらに海を渡ったジンは、ドライでクールな味わいから、禁酒法時代のアメリカで愛飲された、カクテルのベースとして広がったのである。

また、ドイツで愛飲されているドイツ焼酎のシュタインヘイガーは、ジンの名前はないものの、ジン系統の製造手順を用いており、ジンに分類されることが多い。生のジュニパーを用いるため香り高く、ビールともよく合う。

もともとのジンは砂糖が添加されていて、甘口が多かったが、第二次大戦以降、ドライな飲み口のものに変わっていった。現在は、カクテルの重要な構成要素として用いられることも多い。

ロンドン市民の主食

イギリスは、オランダの酒であるジンをすばやく受け入れた。飲みやすく、すばやく酔えるジンは「ロイヤル・ポバティ」（貧乏人でも、飲めば、王侯気分）と呼ばれた。場合によっては、ジンで賃金が支払われることもあり、「ジンはロンドン市民の主食」とさえ呼ばれることもあった。

実のところ、連続蒸留器により工業的に大量生産の利くジンは、18世紀のロンドンにおいて、牛乳や紅茶より安い「栄養源」であった。その結果、工業化で過重な労働にあえいでいたロンドンの労働者たちは、当時の甘口ジンに耽溺することになる。ジンを飲んでいれば働けると、ジンを毎日のように飲んだ。子供にも飲ませ、乳の出にくい母親が乳幼児に水で割ったジンを与えるという状況まで発生した。当時の統計によると、ロンドン市民の60%がアルコール中毒であったという。

工場で大量生産された一般向けのジンが、労働者の活力を引き出す強い酒であることは今も変わらない。例えばアフリカでは、1杯分の安いジンをトトパックと呼ばれる小さなビニール・パックで安売りしている。

端を切ってそのまま吸う。「Konyagi」(35度)、「Uganda Waragi」(40度)、「SIMBA」(43度)などのブランドが存在しており、油臭が厳しいものの、ガツンと来て元気の出る酒である。

7つの海を支配したプリマス・ジン

　イギリス・ジンを代表する双璧の片側、「プリマス・ジン」は大西洋に面した港町プリマスで造られている。

　プリマスは、かのキャプテン・ドレイクが母港とした港である。フランシス・ドレイクは、英国の私掠船（政府公認で海賊行為を行う船）の船長として活躍、その卓抜した操船技術で世界一周を成し遂げ、そこで得た香辛料などの貴重な物産は、彼を支援した英国王室に莫大な富をもたらした。その後、英国海軍に加わった彼は、海賊時代からの戦術を駆使して、スペインの無敵艦隊を撃破することになる。

　プリマスの港には、15世紀から続く酒場がいまだ残っており、キャプテン・ドレイクの思い出に浸ることができる。

　キャプテン・ドレイクの活躍を背後で支えたのは、英国で発達したジンであった。プリマス・ジンは、高価なコニャックに代わって海軍御用達の酒となり、航海中の栄養補給のために飲まれた。水で5倍に割って飲むと水の悪化を防ぐほか、トニック・ウォーターで割ると、マラリア予防の効果があるといわれていた。

　ジンのカクテルで有名なギムレットは、プリマス・ジンとライム・ジュースを1：1で割ったもの。航海中に敗血症を防ぐために飲まれたライム混合飲料が元になっている。

　当時のジンは甘口で、砂糖が添加されていた。そこで、その後、1824年、ベネズエラのイギリス陸軍病院に勤めていたG・B・シーガート医師が開発した解熱剤、アンゴスチュラ・ビターズが広がり、これとジンを合わせる、ジン・ビターズの飲み方が誕生した。いわゆる「ピンク・ジン」

である。

　残念ながら、イギリスでプリマス・ジンを製造していたブラック・フライアーズ蒸留所は、第二次大戦で大きな被害を受け、その後アメリカ資本を入れて復活した。その際、古い甘口のジンからドライ・ジンに生産を移行している。蒸留所の名前である「ブラック・フライアーズ」とは、ドミニコ修道会の黒い僧服からきた名前である。もともとの蒸留所は、ドミニコ修道会の修道院から始まったもので、後にアメリカ合衆国の祖先となるピルグリム・ファーザーズは、プリマスの港から出航する前夜、この修道院に泊まった。

オールド・トム

　ロンドン・ジンに少量の砂糖を添加したジンを、「オールド・トム」と呼ぶ。

ラベルにある通り、トムとは、ねずみ捕りのために買われている猫のことである。ロンドンでは、猫の形をした自動販売機でジンが販売されていたことから、この名前がある。雄猫の足の部分から甘口のジンが出てくる姿が評判になった。

タンカレー

　ロンドン・ジンの代表といえば、「タンカレー」である。
　ロンドン市内の名水を使い、4回の蒸留を経てすっきりと造られた酒で、カクテル・ベースとして最適とされる。その独特のボトルは、ロンドン市内の消火栓を模したものだ。

ボンベイ・サファイア

　ジンの棚でも、ひときわ美しい青いボトルで有名なのが、「ボンベイ・サファイア」である。蒸留中に、10種類のハーブをフィルタリングに使用したジンで、47度。美しい青い瓶が目印だが、実際の液体は透明で、香りはジュニパー（杜松の実）中心の、すきっとしたジン。
　ボンベイというが、イギリス・ランカシャー産である。

ギムレットには早すぎる

　ジンが世界に広がるきっかけになったのは、アメリカでカクテルのベースに多用されるようになったからである。
　「ジン・ライム」「ジン・トニック」「ジン・フィズ」「ジン・ビターズ」のようにジンの名前が入った酒も多いが、カクテルの王様「マティーニ」、文豪サマセット・モームが愛した「シンガポール・スリング」、そして、イギリス海軍の船上で誕生した「ギムレット」など、カクテル好きなら

6章 スピリッツ

ば1度は飲んだことがあるだろう名カクテルの名前が並ぶ。

　19世紀、英国海軍では一般兵にはラムが、将校にはジンが配給されていたが、英国の軍医、T・O・ギムレット卿が将校の健康を考え、ライム・ジュースで割ることを提案する。これがギムレットの始まりという。

　なお、当時のライム・ジュースには酸化防止のため砂糖が添加されていたので、ギムレットはずいぶん甘口だったはずだ。

　別の説では、ギムレットには「鋭い切れ味」の意味があり、船上で用いるコークスクリュー型の錐のような大工道具を指していたともいわれる。酸味の強いフレッシュ・ライムの味が、錐のようだとも称される。

　ギムレットの名前が有名になったのは、レイモンド・チャンドラーのハードボイルド小説『長いお別れ』（別訳題『ロング・グッドバイ』）で、友情の終わりを告げる名台詞に使われたからだ。ギムレットは締めのカクテルという暗喩があったのである。

　『長いお別れ』は、『ロング・グッドバイ』のタイトルで1973年に映画化され、大人気を博した。劇中、何回も登場するギムレットは、ハードボイルドな探偵のシンボルになった。

有名なジンの銘柄の名前の意味

ビーフィーター	ロンドン塔の衛兵
パーク・レーン	公園通り
ゲリープテ・フォン・ベートーベン	ベートーベンの恋人
サー・ウォルター・ローリー	英国貴族で冒険家。タバコやジャガイモをヨーロッパに持ち込んだ
シンケンハイガー	シンケン＝ハム。ハムに合うヘイガー酒

スロー・ジン

イギリスの家庭では、ジンにスモモ（スロー・ベリー）を漬け込んだ「スロー・ジン」という果実酒が造られている。ジン、砂糖、スモモを漬け込んだもので、果実に串で穴を開けるなど、日本の梅酒に非常に近い存在といえる。

ウォッカ

スピリッツの例にたがわず、ウォッカもまた錬金術の産物である「生命の水」（アクア・ヴィタエ）から発した名前である。ロシア古語で「ジーズネン・ヴァダー」といい、この後半がなまって「ウォッカ」となった。「ウォッカ」はロシア語で「水」の指小形で、やや乱暴でくだけたニュアンスがあり、あえて訳すのであれば「かわいいお水」という意味になる。ポーランド語では「ヴォトカ」といい、こちらで呼ぶのを正統とする向きもある。

日本では、ウォッカは特定の酒を意味するが、ロシアや旧ソ連では、蒸留酒一般を広く「ウォッカ」と呼ぶ場合がある。そのため、フルーツ・ブランデーやリキュールまでもがウォッカと呼ばれることもあるので、注意。

日本には明治から入ってきた。初の国産ウォッカは、宝酒造が昭和8年に売り出した「タカラ・ウォッカ」であるが、これは第二次大戦によって姿を消すことになった。

6章 スピリッツ

ウォッカの歴史

　ロシアを代表する「生命の水」（ウォッカ）の起源ははっきりしていない。

　一般に知られる説では、12世紀には現在のロシアやポーランドにあたるスラブ民族の住む地域で、すでにウォッカの原型となる酒が飲まれていたとされるが、現状のウォッカとはまったく違ったものだったという。

　蒸留技術によってウォッカが誕生する以前、ロシアでは蜂蜜酒とビールが飲まれていた。モンゴル経由で蒸留技術を手に入れたロシアの民は、当然ながら、蜂蜜酒やビールを蒸留し、最初の蒸留酒を手に入れた。極寒のロシアの冬を乗り切るためには、強い酒が好まれた。大航海時代により、やがて麦やトウモロコシ、ジャガイモなどの蒸留物を使用するようになった。

　ウォッカの激変は18世紀、白樺の炭によるろ過効果の発見である。蒸留したウォッカを8時間以上かけて、白樺の活性炭でろ過する。この結果、フーゼル油などの匂いやエグミの元になる成分が除去され、白樺のほんのりとした甘味が加わり、現在のような強くクリアな酒が誕生した。ロシアではストレートで飲むが、欧米では透明感とアルコール度数が高い上に、クリアな味わいであるため、カクテル用として多用されている。

　ウォッカには、現在のようなドライ・ウォッカのほかに、蜂蜜やハーブ、トウガラシなどで味をつけたフレーバード・ウォッカがある。ズブロッカ草を入れた「ズブロッカ」が有名であるが、さらに色の濃いリキュール状のものも多い。

凍らない酒がナポレオンを追い返した

　ウォッカは、アルコール度数が高い分、凍りにくい。氷点下20℃でも凍らず、そのまま飲んで体を温めることができる。

かの英雄ナポレオンがロシアを攻めた際、モスクワを落としつつも、冬に敗れた背景には、ロシアにはウォッカがあったからだともいわれる。フランス軍がいかに精鋭といえども、ロシアの冬を凍りついたワインで乗り越えることはできなかったのである。同様に、第二次大戦中、アドルフ・ヒットラー率いるドイツ第三帝国がロシアを攻めつつも、冬将軍に敗れ歴史は繰り返された。

　寒さに強いウォッカは、そのため冷やして飲むのに向く。アイスを多用したカクテルのベースとしても有効であるが、ウォッカを瓶ごと冷凍庫に入れておき、とろりとした酒精を楽しむのもまたよい。

ウォッカを禁じれば国が滅ぶ

　ロシア人のアルコール消費量は世界一とされる。2004年には成人ひとりあたり、19.3ℓのハードリカーが消費されたという。これは西欧諸国の

酒の伝説

3倍以上にあたる。

　ロシア人にとって、ウォッカは生活に欠かせないものである。宴会で飲むだけでなく、厳冬の中、体を温めるために飲み、ちょっとした病には、ウォッカを1杯ひっかけて寝ていろといわれる。風邪を引いたら、ウォッカの温シップで直すこともある。そのぶん、アルコール依存症のため、ロシアの男性の平均寿命は58.5歳と、女性の平均72歳に比べて、10歳以上短い。

　このように、ウォッカとロシア人は切っても切れない関係にあり、しばしば国家がウォッカを管理した。最初に国家管理を持ち込んだのは、15世紀のイワン3世である。この結果、実にロシア帝国の財政の3割がウォッカでまかなわれることになった。

　1533年には、モスクワに皇帝の居酒屋がオープンし、ウォッカの売買を役人が行うようになった。それらはやがて民間に委託されるが、そのたびに腐敗が広がり、自由化と統制が繰り返されるようになった。

　ロシアでは「ロシア国家の命運は、ウォッカに対する態度で決まる」といわれている。禁酒法を発令した最初のツァーリであるボリス・ゴドノフは、国家騒乱の果てに憤死し、偽王子に国を奪われた。「ウォッカは40度以下で飲みなさい」と余計な忠告をしたニコライ2世は、共産革命の中で悲運の死を遂げ、ロマノフ王朝そのものを終焉に導いた。ゴルバチョフは自由化と改革を進めたが、「酔っ払いとアルコール中毒者追放に関する措置」と題する中央委員会指令を発したため、ソ連崩壊を招くことになった。

　プーチン政権もまた、ウォッカの国家管理を進め多くの税収を上げたが、新生ロシアの行方はまだ分かっていない。

ウォッカの名前を巡る戦い

　歴史上、ウォッカの名前は、しばしばポーランドとロシアの間で争わ

れてきた。1977年から、しばらくの間、「ポーランドで最初にウォッカと名づけられた16世紀のゴルザルカこそ最古のウォッカである」とされており、これを元にウォッカという名称はポーランドが独占することになった。その後、ソ連政府の行った調査により、ウォッカの原型であるロシアの穀物ワインに使用された蒸留技術が1450〜70年にさかのぼることから、ソ連はウォッカの名称を使用できることになった。

ソ連では、ロシア・ウォッカの販売権を巡る混乱が発生、三つ巴の争いでロシア・ウォッカは苦戦した。

現在では、ソ連の成立後にヨーロッパに渡り、その後アメリカで製造された「スミルノフ」などのほうがよく知られている。一方でロシア・ウォッカも近年は復興が進み、黒澤明の映画『七人の侍』に題材をとった、すっきりした味わいの「セブン・サムライ」、ペンギンのようなボトルで有名な「カウフマン」、ロシア帝国時代の皇帝の酒を再現したブランデーとのブレンド・ウォッカである「スタルカ」など、美味なロシア・ウォッカが知られるようになってきた。また、海外に移動したスミルノフのオリジナルも復活、アメリカのスミルノフとの和解も成立し、それぞれが販売されるようになった。

周期律の父メンデレーエフとウォッカ

ウォッカの酒精は40度が最適とよくいわれる。

この数字をはじき出したのは、周期律を系統化したことで有名な化学者ドミトリ・メンデレーエフ博士であるとされている。ロシアの蔵相として活躍したウィッテは、1894年に「技術推進委員会」を設置し、多くの科学者を招いてウォッカの製造技術向上と品質管理を推進した。このとき、委員長となったのが、周期律に関する論文で世界的にも有名だったメンデレーエフである。彼は周期律を発表する前に、「アルコールと水の化合について」と題する論文で、アルコールに関する重要な化学式に

6章 スピリッツ

言及していたのである。

この委員会の報告の中で、メンデレーエフは「ウォッカのアルコール度数は40度が最適であり、このときに不純物は除去され、生化学的にも優れ、身体のオーガニズムにとっても快適である」としたといわれる。

ただし、近年の研究では、これは伝説にすぎないともいわれている。

世界最強の酒スピリタス

高いアルコール度数を誇るウォッカの中でも、もっとも強い酒が、ポーランドで生産されている「スピリタス」である。96度という、酒の限界に挑む強さを持つ。ストレートで飲めば、舌と喉を一気に焼き、かっと胃袋に消える。喉に放り込むようにして飲むしかない。

ほぼ純粋なアルコールであり、簡単に火がつくので、火気厳禁である。

一般的には、カクテルでアルコール度数を補強するために使われる。

ウォッカ・カクテルとして有名なブラディ・マリーは、本格的なレシピで造る場合、「スピリタス」を「クラマト」(アサリのだし汁を入れたトマトジュース)で割り、これに胡椒とタバスコを垂らす。

乾杯の酒ウォッカ

ロシアでは、ウォッカは宴会で乾杯をする酒となっている。

まずロシア式の宴会では、いきなり乾杯はしない。まず、ザクースカと呼ばれる前菜を食べる。黒パンに無塩バターを塗って食べる。砂糖を載せたレモンをかじり、ピクルスを取る。この後、ショットグラスに入れたウォッカで乾杯する。この乾杯は文字通りのもので「グラスの底まで飲め」といわれ、飲み干した証拠に底を他人に見せたり、逆さにしたグラスを頭上で振ったりする。

宴会では、ホストから始まり、ゲストが順繰りに挨拶をしては乾杯を

繰り返す。

やがてデザートが出ると、最後の乾杯「パサショク」をすることになる。「パサショク」は旅人の持つ長い杖から出た言葉で、「旅人の無事を祈って乾杯すること」を意味する。

著名なウォッカの名前の意味

ビボロワ	選ばれたもの
ズブロッカ	ハーブで野牛（ズーブル）が好んで食べる
フリース	氷
ストリチナヤ	首都の〜
クレプスカヤ	強い
ルスカヤ	ロシアの〜
ストロワヤ	食卓
リモーナヤ	レモン
ルクソーヴァ	贅沢な
シュタルカ	古い
アブソルート	究極の
ブラック・デス	黒死病
セブン・サムライ	七人の侍
ボルスカヤ	ボルス社のロシア風名称
ロイヤルティー	王権
ゴルバチョフ	亡命貴族の名前
ヴァンパイア	吸血鬼
ストブカ	ウォッカ・グラス（ユダヤの聖別ウォッカ）
アイスバーグ	氷山（カナダ産。北極の氷山の水で造る）

6章 スピリッツ

ラム

　ラムは、糖蜜から造られる蒸留酒で、フランス語やスペイン語ではロンという。語源は、英語で「興奮する」もしくは「乱痴気騒ぎ」という意味の「ランバリオン」とする説や、暴れるという意味の「ランブル (Rumble)」とされる一方で、17世紀に活躍した英国海軍提督エドワード・バーノンの愛称、オールド・ラミィから来たともいわれる。ラムは、砂糖工業の副産物として生産されることが多く、サトウキビが栽培されている中南米やカリブ海沿岸、西インド諸島、アフリカなどが主な産地となっている。ジャマイカ、ハイチ、キューバ、プエルトリコなどが産地として名高い。

　サトウキビの果汁からそのまま造るものを、アグリコール・ラム、またはシュガー・ケイン、工業的に糖蜜から造るのをインダストリアル・ラム、またはモラシーズと区別する。またその色合いで、ダーク、ゴールド、ホワイトに、香りの濃さでライト、ミディアム、ヘビーに分類される。

　一説によれば、日本に初めてラムが入ったのは、戦国時代の末期、秀吉の時代に荒気酒として船乗りが持ち込んだともいわれるが、時代的には合わないので、おそらく明治4年に、横浜のイギリス商館コードリエに持ち込まれたのが最初であろう。明治10年には早くもラム類似酒が日本で出たらしい。

　現在、日本でもサトウキビが造られる南日本や島嶼部、特に小笠原では本格的な国産ラムが生み出されつつある。奄美大島では、「神酒（おみき）」と呼ばれる50度のラムが造られ、日本酒のような一升瓶で売られている。鹿児島の「ルリカケス」、沖縄の「コルコル」、「ヘリオスラム」なども有名

である。

　サトウキビはニューギニア原産であるが、砂糖生産のために世界中に広がっている。日本にはこの砂糖を使った黒糖焼酎があり、南米ではピンガ、またはカシャーサと呼ばれる蒸留酒が造られている。

奴隷貿易を担ったサトウキビの酒

　ラムの誕生は大航海時代、ヨーロッパ人によるアフリカ、アメリカの征服政策と大きく関わっている。16世紀のはじめ、西インド諸島を支配したスペイン人がサトウキビのジュースから蒸留酒を造ったのが始まりとも、17世紀にイギリス人が蒸留技術を持ち込んだともいわれる。

　ラムは、そうして支配されたサトウキビ農園の奴隷を供給するための経済物資となった。新大陸でサトウキビから精製された糖蜜は、イギリスに運ばれてラムになった。ラムは酒文化で遅れていた西アフリカに運ばれ、黒人奴隷の代価として支払われた。黒人奴隷は新大陸に運ばれ、プランテーション農場でサトウキビ栽培に酷使された。この悲劇的な循環の中で、ラムは世界に広がっていった。

グロッキーとバーノン提督

　酒によってぶっ倒れることを「グロッキー」と呼ぶ。

　昔、水割りラムのことをグロッグと呼んでおり、それを飲みすぎた様子を指すのがグロッキーである。ラムは、あくまでも製糖産業の副産物であり、場合によっては、糖蜜を絞った粕を発酵させて造ることさえあったから、非常に安かった上に、味もやや甘く酔っ払いやすかった。

　すでにラムの語源でも紹介したが、1742年、英国海軍にエドワード・バーノンという名前の提督がいた。彼はいつも、絹と毛を混ぜて織ったグログラムのコートを着ていたので、オールド・グロッグと呼ばれていた。

酒の伝説

6章 スピリッツ

　当時、水兵には航海中の栄養補給としてラムが支給されていたが、ラムは酔っ払いやすく、水兵の間で乱行が絶えなかった。そこでバーノン提督は、ラムを水で割って飲むように通達を出したが、それは当然ながら水兵たちには不評で、この飲み方は提督のあだ名を取ってグロッキーと呼ばれるようになり、泥酔することもまたグロッキーと呼ばれた。
　グロッグは今日、ラムやワインに砂糖を混ぜ、お湯割りにして飲むことを指す。

ネルソン提督の血

　1805年、スペイン西南部のトラファルガー沖で、ホレーショ・ネルソン提督率いる英国艦隊はスペイン・フランス連合艦隊を撃破した。いわゆるトラファルガー海戦である。
　この戦いを指揮したネルソン提督は、戦いを勝利に導いたが、自らも

戦死してしまう。彼の遺体は、腐敗を避けるためラムの入った樽に浸けられたが、このラムがどんどんと減っていった。英国艦隊の兵士たちが、提督の勇気を受け継ぐために、遺体をつけたラムを「ネルソンの血」と呼び、争って飲んだのである。

以来、ラムは「ネルソンズ・ブラッド」と呼ばれている。

トリニダートの味、"19"

トリニダートの「フェルナンデス・ラム"19"」は、まったく偶然に見出されたものである。1932年、船出を待つラムでいっぱいの保税倉庫が火事で焼け落ちた。ここで焼け残った酒を買い取ったジョセフ・ベント・フェルナンデスは、そこに1919年蒸留の原酒を発見した。そのラムは忘れ去られていたものだが、13年の時を経て類まれな美味に変化していたのである。フェルナンデスは、これに「"19"」という名前をつけ、売り出した。

"19"の名前が広がったのは、第二次大戦中である。宗主国英国に従い、トリニダートから出兵した兵士たちを慰める意味で、フェルナンデスは"19"をヨーロッパに送り出した。前線で彼らは"19"を飲みながら、故郷をしのんだ。当然、宗主国英国の兵士たちにもその酒が伝わり、その味わいがヨーロッパでも認められるようになった。

バカルディを守護するコウモリ神

キューバのラムを代表する「バカルディ」のラベルには、コウモリが描かれており、バカルディは「コウモリのラム」とも呼ばれ、コウモリのマークをバット・デバイスという。

バカルディがこのマークを使うようになったのは、19世紀中葉である。当時のキューバでは、まだ文盲率が高く、一般の人に自社のラムを識別

6章 スピリッツ

してもらうために、ドン・ファクンド・バカルディは印象的なトレードマーク（商標）を必要としていた。それを助けたのは彼の妻ドーニャ・アマリアでした。彼女が初めて蒸留所に入ったとき、彼女は垂木にフルーツコウモリが群生しているのに気づいた。

　芸術愛好家だった彼女は、キューバの絶滅した先住民、タイノス族が、コウモリを全ての文化財産の所有者とみなしていたことを知っていた。タイノス族は、ヨーロッパ人の迫害と疫病によって滅びてしまったが、現地には彼らの神話が残っており、当時の人々もコウモリが健康、富、家族の団結などをもたらすものであると一般的に信じていた。

　そこでバカルディは、コウモリのマークを採用し、多くの人々に愛好された。おかげで多くの外国人は今でも、バカルディとは、キューバ語でコウモリを指す言葉だと勘違いしている。

有名なラムの名前の由来

ロンリコ	豊かなラム
レゲエ	ジャマイカのアフリカ回帰思想ラスタファリズムから
コックスパー	雄鶏の蹴爪
ボナンザグラム	穴埋めクイズ、大あたり（ボナンザ）が出る
エルドラド	黄金郷
パンペロ	大草原を渡る風
トロワ・リヴィエール	3本の川
リコ・ベイ	美しい入り江
パッサース	英国海軍主計士官（パーサー）のなまったもの
レモン・ハート	17～18世紀のラム業者。人名
ラ・マニー	フランスのラ・モーニ公爵が移住して造り始めた

ヒラルディア

　キューバのラム「ハバナ・クラブ」のラベルにデザインされている女性の像は、「ヒラルディア」と呼ばれる。ハバナ港の入り口の街に、実際に立っているブロンズ像だ。
　ヒラルディアは、キューバに赴任していた総督の妻だったが、総督はフロリダにあるとされる不死の泉を探して旅立ってしまった。彼女は、彼が必ず帰ってくると信じて、毎日ハバナ港に立ち、辛抱強く待ち続けたという。

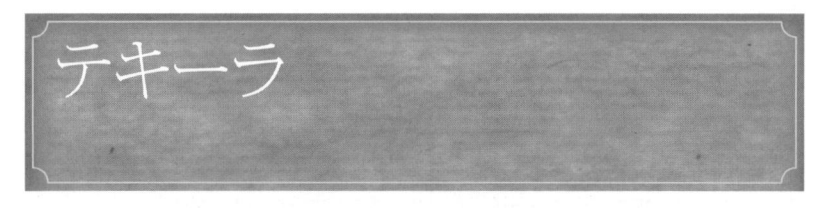

テキーラ

　テキーラとは、メキシコで古くから飲まれていたリュウゼツラン（龍舌蘭）の樹液から造った醸造酒、プルケを蒸留したものである。新大陸では蒸留技術が発展していなかったが、スペイン人に持ち込まれた蒸留技術で誕生した。正式な意味でいえば、プルケを蒸留した酒はメスカルと呼ばれ、リュウゼツランの根茎を蒸して糖化を促し、これを砕いたものを発酵させ蒸留したものがテキーラである。
　リュウゼツランは、メキシコの荒野に生えるユリ目の単子葉植物で、リュウゼツラン科に分類される。直接、根から葉が生えているようにも見え、巨大なサボテンの亜種を思わせる。そのためしばしば、テキーラはサボテンから造られるといわれるが、それは間違いである。
　リュウゼツランは、成長の末期になると根茎に蓄えたでんぷんを糖化し、甘い樹液を出すようになる。これを集め、発酵させたのがプルケである。

6章 スピリッツ

　一説には、山火事で焼けたリュウゼツランの株からかぐわしい匂いが漂ったことから、テキーラが誕生したともいわれるが、現地の人々にとってリュウゼツランは食用であり、酒の源であり、樹液のシロップはアガヴェシロップとして重用されている。刺(とげ)も針や串など家事にも用いるほか、その繊維を取り出し、マゲイと呼んで活用するなど、生活の基盤として古くから用いられた重要な作物である。

　やがて、1902年、植物学者ウェーバーが、蒸留酒造りに最適の品種を特定した。このリュウゼツランは、テキーラ・リュウゼツラン（アガウェ・アスール・テキラーナ）と呼ばれ、この品種から造ったものだけがテキーラを名乗ることができる。

　テキーラとは、現地の言葉で「仕事の場所」という意味であり、テキーラ発祥の地の地名である。この村の周囲には広大なリュウゼツランの畑が広がり、この村で生産されたものが真のテキーラといわれる。

テキーラの飲み方

　テキーラの飲み方は、ライムをかじり、塩を舐め、そこで一気にあおる。サングリア（フルーツを混ぜた甘口ワイン）をチェイサー代わりに飲むこともある。このときに舐める塩は、リュウゼツランにつく芋虫のおしっこから抽出したものがもっとも適するという。

　テキーラの名品「グサノ・ロホ」や「ワーム」には、リュウゼツランにつく芋虫を入れたものがある。酒を注ぐ際に、この芋虫がコップに入ると、幸運が舞い降りるといわれる。

　地元では、テキーラとメスカルはある種の強壮剤、精力強化に役立つ

有名なテキーラの名前の由来

クエルボ	カラス
マッチョ	タフガイ
ブラック・デス	黒死病
オレー	黄金
エラドゥーラ	アガヴェ職人
カミノ・レアル	ハイウェイ
チナーコ	1850年代のメキシコ動乱の闘士（人名）
マリアチ	メキシコの辻音楽師。結婚（マリアージュ）と引っ掛けてある
トレス・マゲイヤス	3つのリュウゼツラン
ユカタン	メキシコ東部の半島。メキシコにおける蒸留発祥の地ともいう
ドス・デドス	2本指（トゥー・フィンガー）。テキーラ業者のあだ名
ビウダ・デ・ロメロ	ロメロの未亡人。夫の後を継いだ
ワーム	芋虫
グサノ・ロホ	赤い虫

6章 スピリッツ

とも見られており、これらの芋虫をつまみにするとさらに効果が絶倫になるといわれている。芋虫は、日本ではあまり食べられないが、世界各地で栄養豊かな食品と見られている。

マヤウェル

　マヤウェルはアステカの神話に登場するプルケの女神で、リュウゼツランの前に亀に乗った姿で表される。出産と豊穣、幸運を示す神である。

　彼女は天空に住んでいたが、ケツアルコアトル（アステカの農業の神）によってさらわれてきた。やがて、彼女は闇の悪魔によって引き裂かれてしまうが、ケツアルコアトルは彼女の骨からリュウゼツランを生み出した。

　また、彼女は天空の女神ツィツィミトルの孫であったが、ケツアルコアトルとともに地上に降り、人々に飲酒を教えた。祖母に内緒で地上へ降りたため、怒りを買って八つ裂きにされたが、その墓からリュウゼツランが生え、人々を養うようになった。

　別の説では、彼女は一農民にすぎなかったが、ある日、プルケの酒を見出し、これを神々にささげたことから、女神に昇格したともいう。

泡盛と焼酎

　泡盛と焼酎は、日本を代表する蒸留酒である。泡盛は、琉球王国で誕生し、本土では焼酎が広がった。日本への蒸留酒の伝来は、14世紀後半、室町時代の末から戦国時代の中頃といわれる。

泡盛と琉球大交易時代

　泡盛は、現在の沖縄にあった琉球王国で誕生した、米穀の蒸留酒である。独特の黒麹菌を使用することが特徴である。

　起源は、14世紀前半とされる。琉球王国は戦国時代の末、1609年に薩摩藩によって征服されるまで独立王国であり、中国、台湾、日本、東南アジアを結ぶ海洋交易で繁栄した。特に14世紀から16世紀にかけては、中国の海禁（鎖国）政策を受け、唯一、中国の陶磁器を東南アジアに運ぶ中継貿易地点となった。

　一般に蒸留技術は、東南アジア・ルートで入ったと考えられている。これは昭和初期の研究者、東恩納寛惇氏の説で、東恩納氏は東南アジアを歴訪し、タイ王国（シャム）で造られているラオ・ロン酒との類似を指摘したものである。確かに、琉球王国は東南アジア貿易で栄えていたシャム王国と長らく交易を行っており、シャムの酒の影響を受けて泡盛を生み出したという説が、半世紀以上にわたり主流となっている。最近では、シャムよりも先に蒸留酒を造り、また琉球とも深い関係にあった中国本土、おそらくは上海、広東などから入ったという説も出ている。

　蒸留技術の流入により、琉球焼酎と呼ばれる蒸留酒が誕生した。これは周辺諸島部にも広がり、宮古島では太平酒、八重山諸島では密林酒という赤い酒が飲まれていた。

　現在の泡盛に近づくのは、1609年、薩摩藩による琉球侵攻がきっかけとなる。この戦いに敗れて薩摩の支配下に入った琉球王国高官の羽地朝秀が、本土から黒麹菌を持ち帰り、琉球焼酎に用いたことから、独特の風味が誕生する。

泡盛の由来

　泡盛という名前は、泡が盛り上がる様子からつけられたが、当初は焼酎、

6章 スピリッツ

または焼酒（中国における焼酎にあたる言葉）と呼ばれていた。1634年に行われた第1回の江戸上がり（琉球王国から江戸幕府への献上使節）が残した献上品目録には、まだ泡盛という名前ではなく、焼酎と書かれている。泡盛の名が出るのは、第5回の1671年からである。どうやら、先行する本土の焼酎との差別化のため、泡盛と呼ばれるようになったらしい。現在でも沖縄では、単に「サキ」と呼ばれることがしばしばある。

仕次ぎで造るクース（古酒）

　泡盛は各家庭で甕（かめ）に仕込み、独自に飲むものである。甕は仕込んだ年ごとに蔵にしまいこまれ、熟成させられる。

　ここで、シェリーのソレラ・システムに似た工夫が見られる。飲むための甕の中身が減ってきたら、そこに一番新しい甕から酒を加える。この甕の不足が目立ったら、もうひとつ古い甕から酒を足す。その古い甕の減りが目立つならば、さらにひとつ古い甕から酒を注ぎ足す。

　単純に、奥にある酒甕を出さずに熟成させつつ、手前の甕でうまく酒をブレンドして味を楽しむという生活の知恵であるが、この結果、泡盛は新旧の酒をブレンドすることで、安定した味を維持することができるようになった。

　こうして生まれた3年以上熟成させた泡盛を、クース（古酒）という。

戦火で失われたクースとその復刻

　その昔、琉球王朝は高い品質を保持するために、三箇と呼ばれる首里の城下町、崎山・赤田・鳥堀でのみ泡盛の製造を許して、厳しい管理の下におき、伝統の味を守り続けてきた。

　このことは泡盛を発展させたが、その結果、泡盛は第二次大戦で壊滅的な被害を受けることになる。那覇は空襲と地上戦で壊滅、泡盛の酒蔵

は全滅し、蔵付(くらつき)の泡盛黒麹菌も全滅の憂き目にあった。熱帯性の黒麹菌は、沖縄にも存在するが、それぞれの蔵によって微妙に異なり、これが蔵ごとの個性をかもし出す。蔵付の黒麹菌は蔵そのものといってもよい。

　泡盛の老舗では麹菌を守るために、身を捧げた人もいた。瑞泉の蔵を切り盛りする当時の社長の妻、佐久本セイさんは避難命令に対して、「酒蔵が麹を棄てて逃げられるか」と蔵に残り、戦火の中、蔵と命運をともにした。

　ほとんどの酒造所が戦火の中で失われた。焼け残った「ニクブク」（稲藁で編んだムシロ、泡盛の仕込みで使われていた）の一部から黒麹菌が回収され、沖縄の泡盛はこれを元に戦後再建されたが、戦前の黒麹菌をそのまま再現することはできなかった。

　1998年6月になって、1935年に東京大学分子細胞生物学研究所の故・坂口謹一郎博士によって採取された瑞泉用の黒麹菌の標本が、60年後でも東大で保存され、生きていることが分かった。坂口博士は、戦局の悪化とともに麹菌が失われることを恐れ、黒麹菌など標本の一部を故郷の新潟に疎開させていたのである。こうして生き残った戦前の黒麹菌は、翌1999年5月、「瑞泉酒造」でこの菌を使った戦前の味の復刻が試みられ、商品化に成功した。「御酒(うさき)」である。

琉球流泡盛の飲み方

　琉球では、酒といえば、泡盛を指す。そのため、酒宴といえば、泡盛が持ち寄られる。

　飲み方は色々ある。ストレートで飲むのが基本だが、オン・ザ・ロックやお湯割り、ジュースなどで割ることもある。浜辺でわいわいやりながら飲むもよし、家でじっくり飲むもよし。

　泡盛は、アルコール度の高いスピリッツなので、カクテルにも使用できる。ラムやウォッカの代わりに、甘いリキュールと合わせると、さわ

やかな味わいが楽しめる。

　小田静夫氏の『泡盛の考古学』によれば、泡盛は外で飲むものではないともいう。自宅に帰り、古酒の甕からカラカラと呼ばれる酒器に移した酒を、猪口に注ぎ、氷をひとつ浮かべて飲む。つまみはゴーヤ（ニガウリ）の塩もみがよい。塩でよくもんで苦味を和らげた後、カツオブシと和える。ツナやハム、ランチョン・ミートを混ぜるとさらによい。これを皿にもって横に添える。確かに、夏の夕方に映える1杯である。

酒とシャーマニズム

　すでに触れたとおり、琉球では古くから、若い巫女が口噛みの酒を造り、お神酒として用いることが行われていた。泡盛は蒸留酒であるが、やはりお神酒として使用されることがあり、その場合には「ウグシィ」（御五水）と呼ばれる。

7章
リキュール

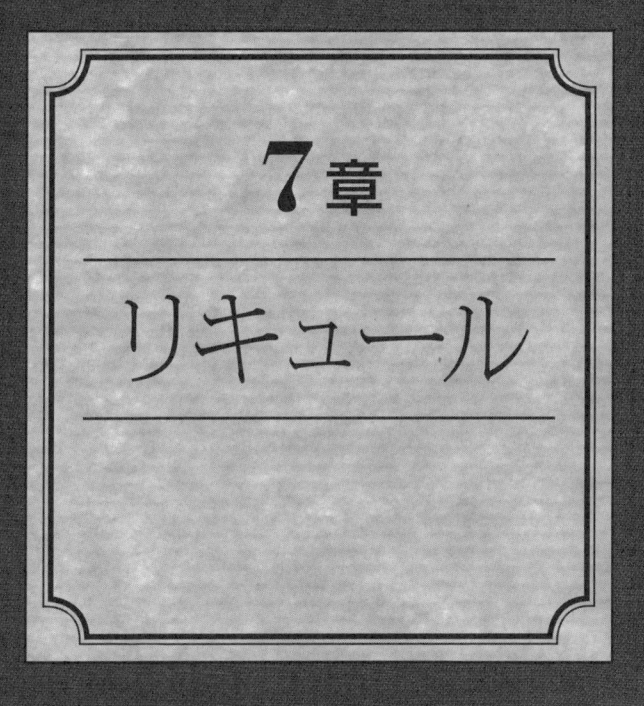

リキュールの定義

　酒は大きく分けて、醸造酒、蒸留酒、混成酒に分かれる。
　リキュールとは、この混成酒を指すもので、一般的にスピリッツに何らかのエキス分や糖分を加えたものを指す。
　日本の酒税法上は、酒類と糖分を原料とし、エキス分が2%以上であるもののうち、既成の酒分類以外をほぼ「リキュール類」に分類している。あまりにも緩やかな規定なので、厳密にリキュールを分類する場合、欧米の法制を参考とする。
　EUの場合、15度以上のアルコールで、1ℓあたり糖分を100g以上含むものを「リキュール」と呼ぶ。「クレーム・ド (Crème de)」という名称を用いる場合、糖分が1ℓあたり250g以上、特に「クレーム・ド・カシス」の場合、400g以上となる。
　中でもフランスでは、「草根木皮、果実、穀類などを煎じるか、浸漬した液体、またはそれを蒸留した液体、または調合した液体であること。さらに砂糖などで甘みを加えられていること」と規定している。
　アメリカの場合、「蒸留酒を用いて、砂糖を2.5%以上含んでいるもので、果実や花、生薬などのジュース、あるいはフレーバーを使って造ったアルコール飲料」とされる。国内産は「コーディアル」と呼ばれ、合成フレーバーを使用した場合には、「アーティフィシャル」（人工）と明記しなくてはならない。
　日本でも、以前はフランスに近い「アルコール度数15度以上、エキス分21%以上」と定められていたが、昭和37年の酒税法改定で、アルコール度数とエキス分の規制を撤廃し、自由化に踏み切った。

リキュールの分類

リキュールは、その素材から、大きく分けて以下の4種に分かれる。

1 ハーブ(薬草)系

薬草を漬け込んだり、蒸留時に加えたりしたオーソドックスなリキュール。多種多様なハーブをブレンドすることにより、複雑かつ爽快な味わいを持つ。「不死の霊薬」(エリクシール)と呼ばれるのは主にこの種類で、修道院などで造られていた。
例:「シャルトリューズ」「ベネディクティン」「ドランブイ」「アブサン」「カンパリ」「アンゴスチュラ・ビターズ」など。

2 フルーツ系

果物のエキスを取り込んだリキュール。フルーツの実や皮を漬け込んだり、果汁をブレンドしたりすることで、果物の香りや味わいを取り込んでいる。カクテルで、果物の香りや味わいを取り込むためによく使われる。日本の梅酒などもこの分類となる。最古のリキュール・メーカー、ボルス社の「フルーツ・リキュール」は、16世紀にスタートしたリキュールの定番である。
例:「コアントロー」「オレンジ・キュラソー」「ディタ」など。

3 ナッツ系

　木の実や種子、あるいはコーヒー、カカオ、バニラなどの豆を使ったリキュール。芳醇な香りが特徴で、製菓用にも多用される。
例：「アマレット」「フランジェリコ」「カルーア」「リキュール・ド・カカオ・ブラウン」「バニラ」「チョコレート・リキュール」「アマルーラ」など。

4 特殊系

　20世紀になって食品加工技術が高まり、旧来では酒にできなかった動物性食品（牛乳、ヨーグルト、卵など）や、本来酒にならない野菜などを取り込んだ新しいリキュールが誕生している。
例：「ベイリーズ」（クリーム）、「アドヴォカート」（卵）、「ビスコタ」（ビスケット味）、「ヨーグリート」（ヨーグルト味）、「トマト」（名前の通り）など。

　なお、このほかに、原材料としてスピリッツではなく、ワインなど醸造酒を用いるもの、例えば「ベルモット」などがあり、これは法制上リキュールとはいえないが、本書ではリキュールの仲間として扱う。

リキュールの造り方

　リキュールは香味成分の抽出方法によって4種類に分類される。それぞれの技法は香味成分に合わせて選択され、しばしば、組み合わせて使用される。

7章 リキュール

1 浸漬法

酒に香味成分をつける方法。原料の酒に薬草や果実を漬け込むもので、もっとも古典的かつ普遍的な抽出方法である。直接、酒に漬ける冷浸法と、温水に漬けた後、覚ましてから酒に混和する温浸法がある。

2 蒸留法

ベースとなる酒に香味成分を加え、一緒に蒸留することで、蒸留液に甘味や色をつけつつ、香味成分を引き出したクリアな液体を得る。ハーブや果実の果皮を使ったリキュールによく用いられる。

3 パーコレーション法

コーヒーを抽出するのと同じ原理で、香味成分を熱湯やスピリッツに循環させて引き出す方法。一緒に蒸留すると変質してしまう素材に向く。

4 エッセンス法

天然、または、人工のエッセンスを、ベースの蒸留酒に溶かして添加する方法。蒸留法や浸漬法で造ったリキュールに、さらなる香味を加えて、個性を出したい場合に用いられる。

薬用酒としてのリキュール

　リキュール類に分類できるものは世界各国に存在している。ここには、一般に知られる洋風のリキュールのほかに、梅酒などの果実酒、薬草酒の類が多数含まれる。簡単にいえば、沖縄のハブ酒であっても、砂糖分さえ足りていれば、リキュールとして扱うことができるのである。

　それはさておき。リキュールの誕生は、薬用に酒を用いることとほぼ同時期であると考えてよい。ワインにハーブや蜂蜜を混ぜて飲んでいたのは、おそらく味の調節もあるが、強壮剤としての効果を求めたものであろう。

　ギリシアの医聖ヒポクラテスは、医療用の薬草をワインに混ぜて患者に与えた。薬草を嚥下させ、薬効をすばやく吸収させる効用があったのである。

リケファケレ：黒死病対策にリキュールを

　現在のリキュールの原型がヨーロッパで誕生したのは、紀元12世紀の終わりから13世紀の初頭とされる。スペイン人で、ローマ教皇の侍医であったアルノー・ド・ヴィルヌーヴとその弟子、ラモン・ルルが、スピリッツにレモン、ローズ、オレンジの花、スパイス類を加えた。この薬酒は、多くの植物エキスが溶け込んでいたので、「リケファケレ」（溶け込んだ液体）と呼ばれ、これがリキュールになった。別の説では、「リキュール」はラテン語で液体を指す言葉から発したともいう。英語で酒を示す「Liquor（リカー）」も、リキュールの英語読みである。

　ヴィルヌーヴらが造り出したリキュールは、薬酒として珍重された。

7章 リキュール

　それ以前より、錬金術師たちが生み出した蒸留酒自体が、「生命の水」（アクア・ヴィタエ）と呼ばれ、薬用に珍重されていたが、これに多くの薬草エキスを溶け込ませたリケファケレは、さらなる薬効が期待された。

　おりしも、時代はいわゆる中世暗黒時代である。

　ヨーロッパの半分を殺したとまでいわれる黒死病（ペスト）が猛威を振るっており、リキュールやスピリッツが黒死病に効果があると信じられ、多くの修道院で造られるようになった。リケファケレは、黒死病にかかった患者の苦しみを和らげる効果があるとされた。

　修道院は、宗教施設であると同時に、当時の医療の中心を担っていた存在で、ワインの醸造の中心でもあった。彼らの多くはすでに薬草とワインを組み合わせる効用に気づいており、蒸留酒に薬草を漬け込む技法に気づくと、独自のリキュール開発を進めた。「シャルトリューズ」、「ベネディクティアン」など多くの薬草系リキュールがここから誕生し、不死の霊薬エリクシール（エリクサー）とも呼ばれ、強壮薬として珍重された。

太陽の雫、ロソーリオ

　薬として広がったリキュールは、やがて、イタリアでファッショナブルな飲み物として、もてはやされるようになる。

　15世紀になり、イタリア、ナポリの医師ミケーレ・サボナローラが、スピリッツに薔薇の香りをつけて女性に勧めたのが、評判になった。この飲み物は、「ロソーリオ」（太陽の雫）と呼ばれた。

　このロソーリオもまた、最初は医療用であった。ミケーレは、当時の医師の常とう手段として、患者の治療に薬用酒を用いていたが、薬用酒独特の薬臭さや味を嫌って飲みたがらない患者も多かった。そこでミケーレは、貴族が愛用する香水を参考に、薬用酒に薔薇の香りをつけたところ、好評を得てイタリア全土に広がった。

メディチ家の媚薬　ポプロ

　リキュールは、もともと強壮効果があり、やがてイタリアの貴族の間で媚薬として活用されるようになる。

　16世紀になり、イタリアの名門貴族メディチ家の娘、カトリーヌ・ド・メディチがフランス王アンリ2世に嫁した際、同伴したシェフが「ポプロ」というリキュールをフランスに紹介した。ポプロは、ワインにシナモン、アニス、麝香（じゃこう）で風味をつけたもので、ベースは蒸留酒ではないが、大変美味でおしゃれな飲み物として評判になった。アンリ2世をメロメロにした媚薬ともいわれ、フランス宮廷に一大リキュール・ブームを生み出した。

　やがて、ルイ14世の時代になると、リキュールに色をつけて見た目も派手にする技法が誕生し、「液体の宝石」ともいわれるフランス・リキュールが誕生していく。

酒の伝説

7章 リキュール

ハーブ・リキュール

薬用酒として誕生したリキュールには、様々なハーブを用いたハーブ・リキュールが古くから造られ、今なお多くの酒が伝えられている。

ベネディクト修道会の薬草酒

　現存する最古のリキュール・ブランドである「ベネディクティン」は、その名の通り、フランスはノルマンディ地方、フェカンにある、ベネディクト修道会の修道院で誕生したリキュールである。

　1510年、この修道院にいたイタリア人修道士ベルナン・ヴァンチェリがヨロイ草の根、ジュニパー・ベリー（杜松の実）、西洋ハッカ、アンゼリカ、シナモンなど27種類の薬草を用いて造りだした。まろやかな風味でフランスの2大リキュールと呼ばれる。ラベルにはD.O.M.と表記されているが、これは、「ディオ・オプティモ・マキシモ（Deo Optimo Maximo）」（至善至高の神に捧ぐ）という意味のラテン語の祈りの略である。

　ベネディクティアンは、1度失われた酒でもある。18世紀末のフランス革命でフランス王国は倒れ、市民による共和制が始まった。共和国政府は、貴族などの特権階級の資産を没収していき、ノルマンディの修道院にもおよんだ。ベネディクト派修道院もその財産を没収され、同時にベネディクティアンのレシピも失われてしまうのである。

　70年後、酒商人のアレクサンドル・ル・グランが製法の記録を発見し、復活させたのである。

シャルトリューズの霊薬

　フランスのアンリ4世は、イタリアから不老不死の霊薬エリクシールのレシピを手に入れたが、そのレシピは130種類もの薬草をグレープ・スピリッツとともに蒸留し、数年間にわたって熟成させるというもので、パリでは再現不可能として製造を断念した。

　だがこのレシピは、1605年に宮廷人フランソワ・デストレから、グルノーブルのシャルトリューズ修道院に伝えられた。この霊薬の調合は非常に困難なものであったが、1764年に修道士のシェローム・モーベックがついに霊薬を完成する。これが、フランスを代表する2大ハーブ・リキュールのひとつ、「シャルトリューズ」の原型である。

　薬草の配合は今も門外不出の秘密であり、工場生産されている現在でも、薬草配分だけは修道院から派遣された3名の修道士が行っている。

　さらに、シャルトリューズには初期のオリジナル・レシピに従って造った「エリクシール」も存在する。71度のアルコールに多くの薬草成分を溶かしこんだこの酒は、直接飲むには酒精も薬効成分も強すぎるため、角砂糖に1〜2滴落としてそのままかじる。薬草の香りは芳醇かつ強靭で、ほかのスピリッツに雫を垂らしただけで、その香りに圧倒される。

ドランブイ

　1745年にスコットランドで誕生した「ドランブイ」は、ゲール語で「満足すべきもの」という意味である。熟成15年以上のスコットランド・モルトを中心に、ヒースの花の蜂蜜とハーブをブレンドしたものだ。

　1745年、プリンス・チャールズ・エドワード・スチュワート（別名ボニー・プリンス）は、王座を得るためにスコットランドへ船で渡り、ハイランドの氏族がこれに答えた。当時のイングランド王に対して兵を起こした王子は、ロンドンへ向かったが、ロンドンに着く直前にダービーの戦い

で敗れた。フランスからの援軍が来なかったのだ。

　王子の軍の将軍たちは撤退を決意したが、追撃されコロードンの戦いで追い詰められた。ハイランダーの戦士たちは降伏をよしとせず、全滅するまで戦った。そのお陰で王子は、ハイランドに戻ることができ、スカイ島の豪族マッキノン家に匿われた。

　こうして生き残った王子は、ハイランドの人々に感謝し、個人的な秘薬を彼らに教えた。これがドランブイ（幸福の酒）の始まりである。

　マッキノン家は、この霊薬を家伝の秘密としていたが、150年後の1906年、「ドランブイ」というブランドで売り出し、今や世界的なブランドとなり、ハイランドの人々を楽しませている。

13年間の幽閉が生み出した執念のエリクシール

　サー・ウォルター・ローリーは、16世紀にエリザベス1世に寵愛された貴族で、新世界探検を何回も行い、イギリス最初の新大陸植民地をロアノーク島に築いた。新大陸産のタバコをイギリスに初めて持ち込み、喫煙という習慣を広げたのも、アイルランドにジャガイモを持ち込んだのも彼だ。

　女王の外出時、その足元に水溜まりがあったのを見て、さっと自分のマントを水溜まりの上に広げたという。生涯独身を貫いた女王の愛人であり、彼は開拓した新大陸の植民地を独身の女王に捧げる意味で、「ヴァージニア」と名づけた。

　エリザベス女王の死後、反乱の罪でロンドン塔に13年間も幽閉された彼は、その獄中で『世界の歴史（A Historie of the World）』を書き上げるとともに、大陸から持ち込んだ薬草を中庭で栽培し、採取したハーブやスパイスを漬け込んで独自のリキュールを造り上げた。

　ローリーは、出獄後に再び新大陸に渡り活躍したが、スペイン植民地を略奪した罪で1618年に斬首された。彼の死後、当時のレシピを元に再

現されたのが「サー・ウォルツ」である。ハーブの濃厚な味わいと強烈なアルコールが賦活作用をもたらす。

彼の面影は、「ニッカウヰスキー」のラベルデザインに残されている。

健胃薬として誕生したビター

リキュールには、薬として誕生したお酒が多いが、その中でもビター（苦い酒）と呼ばれる苦味酒の系譜がある。

現在、カクテルのアクセントとして多用されることの多い「アンゴスチュラ・ビター」はその好例で、1824年にベネズエラのアンゴスチュラ、現在のボリバルにあった英国陸軍病院で、軍医のシーガートが胃を丈夫にするための飲み薬として造り出した。ラムをベースに、リンドウの根などで苦味を加えたものである。現在は、トリニダート・トバコのアンゴスチュラ・ビター社が製造している。

同様に、ドイツのラインベルグで誕生した「ウンターベルク」は、44度のスピリッツに世界43カ国から集めたハーブとスパイスを浸漬したもので、酒を飲みすぎた際に、胃腸を守る胃腸薬として愛用されている。20mℓの小瓶3本セットで売られており、本場ドイツでは毎日、100万本

リキュールを味付けに使う

リキュール類は甘いものが多いので、そのまま飲んでもおいしいが、もうひとつの使い道として、香味成分を生かした料理やデザートの味付けである。例えば、甘いリキュールをバニラアイスに軽くたらすと、大人の雰囲気があふれる本格デザートに早変わりする。

サラダのドレッシングやカルパッチョのソースをつくる際、フルーツ・リキュールを隠し味や匂いつけに使ってみるのも面白い。

が消費される胃腸薬の定番となっている。食前に飲むと食欲増進、食後に水割りで飲めば、消化促進の効果がある。

フランスには、軍人のガエタン・ピコンがアフリカで造り出した苦味酒「アメール・ピコン」(アメールはフランス語で「苦い」)があり、オレンジの果皮、リンドウの根、砂糖を使っている。

苦味を味わう酒：カンパリ

19世紀半ばのイタリアで生まれた「カンパリ」は、ビターオレンジ、キャラウェイ、コリアンダーなど、多数のハーブを配合して造られた苦味酒で、真っ赤な色合いが印象的である。トニック・ウォーターやソーダ水、ビールなどで割るとおいしい。

1860年に、ミラノの中心地、ドゥオモ広場の一角に店を構える酒屋兼酒場の主人、ガスパーレ・カンパリが「ビッテツ・アルーソ・ドランディア」(オランダ風苦味酒)として売り出したのが始まりである。ガスパーレの死後、息子が酒の名前を「カンパリ」に変更して海外にも輸出、1932年に小瓶入りの「カンパリ・ソーダ」を売り出したところ、大人気となった。

マンドラゴラ

マンドラゴラ(マンドレイク)といえば、根っこが人の形をした伝説上の植物を思い出す。首吊り死体から垂れた精液や血液を吸って咲くとも、引き抜く際には悲鳴をあげ、その声を聞いた者は死んでしまうともいわれる。そのため中世の魔術師たちは、この草を引き抜く際には、犬を用いた。

さて、このような伝説を持つマンドラゴラの名前を持つ植物が実在する。地中海から中国西部にまで分布するナス科の植物で、春咲きと秋咲きがあり、春が雄、秋が雌とされ、恋ナスビともいわれている。根に数

種のアルカロイド成分を含むため、取り扱いには注意が必要である。
　本書で紹介する「マンドラゴラ」は、スペイン、ナバーラ地方のリキュールである。砂糖大根の糖分をベースに造ったお酒に、マンドラゴラほか、多数の薬草を漬け込んだ酒だ。リコリス（甘草）のほどよく爽快感のある甘味と、馥郁たる複雑な味わいの酒に仕上がっている。ボトルが取手のついた独特なガラス瓶であるのも、特徴となる。

アブサン　緑の魔酒

7章 リキュール

「アブサン」は、長らく幻の酒、悪魔の酒と呼ばれてきた。

アブサンとは、ニガヨモギなどのハーブを使用した緑色のハーブ系リキュールで、胃腸強化、風邪の治療、解熱などの作用がある。フランスとスイスの国境地帯で採れるニガヨモギなどを多用した薬用酒として、フランスの薬草学の権威、オルディオール博士が開発した。このレシピを元に、フランスのペルノ社が生産し、フランス陸軍が解熱用に採用するまでになっていた。

58度から70度と非常に強く、水に垂らすと白濁する。しばしば角砂糖に垂らした後、火をつけてアルコールを飛ばしてから水に溶かして飲む。これはチェコ・スタイルと呼ばれる。

アブサンは、19世紀のパリで大人気となり、多くの芸術家や文人がこれを愛飲した。中には、阿片の夢が見られる強い酒として愛飲した者もおり、その多くが酒に溺れ、破滅していった。

やがて、アブサンこそ酒害の原因として、禁止されるにいたる。アブサンに使われたハーブのうち、ニガヨモギのオイル分に含まれるツヨン成分が神経を冒し、幻覚症状や精神錯乱を引き起こすとされ、1872年に製造・販売禁止となった。

それでも、アブサンの人気は消えず、アブサンを造っていたペルノ社は、アブサンからニガヨモギの成分を抑えたアブサンの代用品である「パスティス」を生産するようになった。「パスティス」とは「贋作」の意味である。

さらに、マルセイユのポール・リカールが、1932年に、プロヴァンスのスターアニスやリコリス、フェンネルなどを96度のスピリッツに浸漬

した「リカール」を発売、マルセイユの夏の香りといううたい文句で大人気を博した。

「リカール」と「パスティス51」は、ながらくアブサンの代替品として人気を博している。1975年にペルノ社とリカール社が合併、今ではペルノ・リカール社としてハーブ・リキュール業界に勇名をとどろかせている。

その後、1995年にWHOが再検証した結果、ツヨンの害悪はそこまで強くなく、一定の度合いを守るのであれば、酒として飲用してもかまわないことになった。この告知に対して、日本やスイスなどではアブサンが解禁され、生産・販売が再開されたが、フランスなどいくつかの国ではいまだ禁止されている。

悪魔の酒

アブサンには、悪魔が造った酒という伝説がある。

昔、アブサンの原型となるニガヨモギの酒が山中の修道院で造られていた。そこへ、悪魔がやってきて修道士をたぶらかすついでに、彼らの酒を味見したところ、そのおいしさに夢中になってしまった。

やがて、悪魔は気づいた。「この酒を世界に広めれば、人間は堕落して、神のいうことを聞かなくなるに違いない」と。悪魔は人間を堕落させることが仕事であるから、これほど素晴らしい酒はない。

かくして、アブサンは悪魔の手で広められ、人々は堕落していったのだというのだ。

アブサンは本当に悪魔の酒だったのか？

まず、アブサンやその仲間の酒は、もともとはスイスの地酒の一種。現地ではアブサン草とも呼ばれるニガヨモギのほか、数種の薬草を浸漬

させて造った薬用酒を、フランスの薬草学の権威が普及させたものである。WHOの発表通り、アブサンに含まれるツヨン成分をある程度まで抑えれば、神経を冒すようなものではないとされる。

ではどうして、パリの人々を堕落させる悪魔の酒になったのか？　これにはいくつかの説がある。

まず、アブサンの品薄問題である。19世紀、パリでのアブサン人気は異常なほどであった。本来スイスの一地方の地酒にも近い薬用酒アブサンは、そのような大人気にはなかなか対応できず、たちまち品薄になり、アブサンの類似品が氾濫した。その中に薬効成分が強すぎたり、似ているが有害なオイル成分の強い薬草を混入させたりしたものがあり、これらの品質が劣ったものを飲んで状態を悪化させた患者がいたとされる。

また、よくない飲み方をしすぎたともいわれる。当時の文人や芸術家の中には、アブサンが幻覚をもたらすという説を信じて、幻覚を見て新境地を開くべく、アブサンを鯨飲したものがいた。

どのようなアルコールであれ、飲みすぎてはよくない。最悪の場合、アルコール中毒症になって、ある種の神経的な失調や精神の不安定状態、せん妄状態をもたらす可能性がある。ましてやアブサンは、60～70度という強いアルコール度数を持つ。そのまま飲めば、舌が麻痺して味が分からなくなるほどだ。これを薄めたとはいえ大量に飲めば、それは派手に酔っ払い、泥酔した目に何が映るか分かったものではない。さらに、一部の人間は阿片を混ぜて飲んだともいわれており、麻薬中毒の可能性も否定できない。

であるから、アブサンだけを攻撃するのはどこかバランスを欠いた議論であるかもしれない。

実際、アブサンに、幻覚剤としての強い薬効があったかといえば、それは疑わしい。WHOの勧告解除の通り、ツヨンの毒性は従来いわれていたほど強いものではないとされている。また当時の人々は、刺激物に関しては、現代人よりもずいぶんデリケートで、カフェインやアルコール

がより過激な効果を持っていた。例えば、18世紀の怪奇小説には、中国伝来の緑茶を飲みすぎて幻覚を見るという話がある。

　そして最後の説は、アブサンが本当においしいからだ、というもの。実際、水で割ったアブサンは非常に美味であり、ついつい飲みすぎてしまう。困ったものである。

そのほかのリキュール

　リキュールには、様々な由来を持つものが、数多く存在する。そういった魅惑的な伝説を持つ酒の話を、いくつか取り上げてみよう。

画家の純愛　アマレット

　ミラノ名産のアンズ・リキュール「アマレット」には、ロマンチックなエピソードがある。

　アマレットの本家「ディサローノ・アマレット」が誕生したサローノ町は、ミラノの北にある小都市である。16世紀、ベルナルディーノ・ルイーニという画家が、サンタ・マリア・デレ・グラツィエ聖堂にキリスト生誕の絵を描くためにやってきた。彼が寝泊まりしていた宿屋の女主人は非常に美しい人で、一目ぼれしたルイーニは、聖母マリアを描くにあたり彼女をモデルにした。すると彼女は、その感謝を表現するために、アンズの種核を主な材料とした、甘くて美味なリキュールを画家に贈ったという。

　1807年、サローノの食料品店店主カルロ・ロメニコ・レイナは、この逸話を再現するべくアンズの種核を中心に、17種類のハーブやフルーツ

7章 リキュール

を使ってこのリキュールを造り上げた。飲んでみると地元のお菓子、アマレッティに似た味がしたので、「アマレット」と名づけた。アーモンドのような香りがかぐわしいリキュールである。

修道士フランジェリコのボトル

　ヘイゼルナッツから造られた「フランジェリコ」は、腰に紐を巻いた人型のボトルが特徴的なリキュールである。

　17世紀、イタリア北部のピエモンテ州とリグニア州の境にあるポー川の源流近辺に、フランジェリコ（フラ・アンジェリコ＝天使のような）という名前の托鉢僧が住んでおり、世を棄て山中で木の実を拾って暮らしていた。彼が野生のヘイゼルナッツなど木の実から多くのリキュールを造っていたという伝説があり、これを再現したのが「フランジェリコ」である。

　そのため、フランジェリコのボトルは、当時の托鉢僧を思わせるデザインになっている。

レディ・ゴディバの心意気

　カカオ・リキュールの中でも、特にチョコレートの味わいが濃いものを特にチョコレート・リキュールという。その中でも、チョコレート製造の老舗、ゴディバが造り出した名品「ゴディバ・チョコレート・リキュール」がある。ゴディバは、1926年にベルギーで開業した老舗であるが、その社名にあるゴディバとは、イギリスの歴史上の女性である。

　11世紀のイギリス、コベントリーに住む人々は、領主レオフリック伯爵の課す重税に大変苦しんでいた。住民の生活苦を知った領主の妻レディ・ゴディバが、税を軽くするよう申し出たが、強欲な領主は税を軽減するつもりはなかった。そこで、伯爵は答えた。「おまえが一糸もまと

わない姿で町中を廻ることができたならば、税を軽減してやろう」
　当時のイギリスは、厳格なキリスト教社会であり、貞淑を定められた高貴な女性にとって家族以外に肌を見せることなど不道徳で、あまりにも恐ろしい行動だった。ましてや、裸で町を回るなど恥辱で死んでしまうほどの行為であった。そのため、美しく慎み深いレディ・ゴディバは大変悩んだ。
　しかし、とうとう彼女は決断し、聖霊降臨祭の次の金曜日に白馬に乗って街を廻ることにした。
　これを聞いた住民たちは、レディ・ゴディバの強い自己犠牲の心根に打たれ、その日は窓を固く閉ざして彼女の裸を見ないようにした。
　ゴディバ社は会社を作るにあたり、彼女の優しい心、そして自己犠牲の精神をたたえて、社名にゴディバの名を冠したのであった。

欧風卵酒　アドヴォカート

　日本では風邪を引くと、卵酒を造って飲む習慣がある。日本酒を温め、といた卵と砂糖、生姜の汁を加えたもので、欧米風にいえばカクテルのエッグノッグに近いものといえる。
　ドイツやオランダでは、自家製造のスピリッツに卵の黄身と砂糖や蜂蜜を加えたリキュールを造り、同じように飲んでいた。スピリッツに卵黄と砂糖、または、蜂蜜やハーブを加え、滑らかになるまで混ぜ合わせる。飲むとおしゃべりになることから、弁舌さわやかな「弁護士」を表す「アドヴォカート」という名前がついた。
　同じく卵のリキュールといえば、目玉焼きをイメージしたボトルの「エッグ・リキュール」が有名である。こちらはウォッカをベースに、卵黄とバニラを加えている。

7章 リキュール

医食同源を求め、薬酒を飲む

　アジアにも、リキュールに近い混成酒が多数存在する。漢方医学でも、薬草を酒とともに飲むと薬効が目覚しいとされ、その延長として周代から多くの薬草酒が造られた。

　朝鮮半島の名産、朝鮮人参酒を筆頭に、薬草をつけた酒がアジアにも多数存在する。中国文化圏では、植物のみならず、獣や蛇、トカゲ、あるいはそれらの特定部位まで漬け込んで薬草酒とする。その多くには精力増強の意図があった。

　さらに、医食同源を報じる中国には、「悪い場所を治すには、その場所を食べて補う」という考え方があった。このため内臓が弱ったら内臓を食べ、精力が衰えたら性器周辺を食らうという健康食が推進された。そこで精力を象徴するような生き物を丸ごと酒につけ、酒に染み出したエキスを飲むようになったのである。

利久酒

　日本には、戦国時代末期の秀吉の時代にリキュールが入ってきたとされ、利久酒と呼ばれた。酒に薬草や果実をつけることは、漢方に通じる考え方であったし、本来の御屠蘇は漢方薬を酒とともに飲む薬用酒であった。

　本格的な洋風リキュールが日本で製造されるようになったのは、明治以降とされる。

お屠蘇

　日本の漢方薬酒として、もっとも有名なものがお屠蘇である。

　もともと屠蘇とは、三国志時代の中国で活躍した伝説の名医、華陀が作った屠蘇散という漢方薬である。この屠蘇散は白い粉末であるが、これを酒や味醂と混ぜて飲み健胃を計るもので、風邪の初期症状にも効く。

　現在でも、簡単に薬局で手に入るので、試してみていただきたい。

著名なリキュールの名前の意味

キュラソー	南米ベネズエラ沖の島。この島の乾燥オレンジを使って、初めてオレンジ・リキュールが造られた
コアントロー	製作者の苗字
イエーガーマイスター	猟師頭
カハナ・ロイヤル	ハワイの王家
ガリアーノ	フランスの武将
パルフェ・タムール	完全な愛
スーズ	製作者の妹スザンヌの愛称
コルドンルージュ	赤いリボン
リモーニ	レモン
マラスキーノ	ダルマチアに産するマラスカ種のチェリーから
カルーア	アラビア語で「コーヒー」
サパン	もみの木。もみの若芽から造られる
サザンカンフォート	南部の快適な日々
トリプル・セック	3倍、辛い（ほかの甘いリキュールに比べ）
パッシモ	パッション・フルーツから命名
ノールド・ナ・アハテン	夜8時過ぎ

酒の伝説

8章
カクテル

無限の可能性を持つ
カクテルの世界

　カクテルとは、酒を中心とした複数の材料を、客の目の前で混ぜ合わせ、提供する形の飲料を指す。

　主に、製氷機の発明以来、普及した現代的な酒の楽しみ方であるため、コールド・ドリンクのイメージが強いが、常温のカクテルや、温かいホット・カクテルもある。アルコール飲料をベースとするが、ノン・アルコール素材だけで造ったり、酒とはいえない度数までアルコール度数を下げたりした、ノン・アルコール・カクテルも存在する。

　カクテルは、ベースにする酒の種類、それにどんな酒を加えるかどうか、また酒以外の副材料の組み合わせ、デコレーションの有無、使用するグラスなどの組み合わせによって、無限のバリエーションを持つ。カクテルの王様「マティーニ」は、ドライなジンにほんのわずかなドライ・ベルモットを加えるだけだが、微妙な差によって1000以上のレシピがあるし、オリーブの代わりにパール・オニオンを入れれば「ギブソン」と呼ばれる。カクテルの女王「マンハッタン」は、ライ・ウィスキーをベースとするが、ウィスキーをスコッチに変えるだけで「ロブ・ロイ」と名前が変わる。ドライ・ジンにアンゴスチュラ・ビターを加えたカクテルは、カクテル・グラスに入れると「ピンク・ジン」だが、ロック・グラスに入れると「ジン＆ビターズ」になる。

　さらに店ごと、バーテンダーごとに味わいも異なる。最終的には、目の前の客の状況や好み、酔いの度合いなどに合わせて微妙に内容を変えるのが、バーテンダーの技術であるともいえるが、これはかなり高度なサービスでもあると考えておくべきだろう。

　また、カクテルを売り物にするバーには、しばしばバーのオリジナル・

カクテルがあるので、これを楽しむのもよいだろう。筆者は、本書の取材中、とあるホラー趣味のマスターが経営するバーで、「ネクロノミコン」と「ショゴス」という、クトゥルフ神話（ホラー小説界の創作神話）にちなんだカクテルをいただいたし、映画とタイアップしたオリジナル・ドリンクもいくつか見ている。

酒を混ぜる

「酒をほかの何かと混ぜる」という行為は、紀元前から、様々な場所で行われてきた。ギリシア人は、ワインを水や海水、果汁などで割って飲んでいたし、古代中国でも水や薬液と混ぜ合わせて飲んでいた。

日本の場合、江戸時代が終わるまで、酒は酒屋が樽で購入し、状況に応じて混ぜ合わせたり水を加えたりして、飲みやすいようにブレンドしていた。江戸の飲み屋はブレンダーでもあったのである。

やがて17世紀に、インドでパンチ（日本では、フルーツポンチの名前で知られる）が発明され、酒とフルーツジュースを混ぜるパーティ向けの飲み物として、インドからヨーロッパへ伝播した。これらは華麗なリキュールと融合し、見た目も楽しい飲み物となった。

カクテルという呼び方は、18〜19世紀のいずれかで発生したとされるが、いくつもの説がある。1874年に製氷機が開発されると、コールド・ドリンクが贅沢な酒の飲み方として広がり、カクテルは新たな時代を迎える。その後、禁酒法時代に、酒を飲んでいるように見えないという理由で、カクテルはバーの定番となった。

カクテルの語源

カクテルとは「Cock Tail」（雄鶏の尻尾）という意味であるが、これがいつどうしてカクテルの意味になったかは明らかではなく、様々な説がある。

1 メキシコの酒場から

メキシコのカンベチェという港町で、少年がミックス・ドリンクを作っていた。入港したイギリス船員たちは、その飲み物がおいしかったので名前を聞いたが、少年はうまく言葉が理解できず、かき混ぜるのに使っていた小枝のことだと思い、「コーラ・デ・ガジョ」（スペイン語で「雄鶏の尾」）と答えた。その名前が飲み物の名前だと思われて伝わり、カクテルとなったという。

8章 カクテル

2 独立戦争の逸話

　アメリカ独立戦争当時のことだ。ニューヨークの北、イギリスの植民地であるエムスフォードという町で、ベティ・フラナガンという美しい女傑が「四軒亭」というバーを営んでいた。彼女は独立派で、ある日、独立に反対する地主の家に忍び込み、そこの見事な尻尾をした雄鶏を盗み出した。彼女はその雄鶏をローストチキンにして、ラムパンチ（ラムとフルーツジュースを混ぜた飲み物）と一緒に、独立派の兵士たちに振る舞った。ベティは、そのラムパンチの入れ物に雄鶏の尾羽を飾ったので、以来、こうした飲み物をカクテルと呼ぶようになったという。

3 トルテカ族の王

　メキシコに住んでいたトルテカ族のある貴族が酒を混ぜて、王様に献上した。すると非常に美味だったので王様は非常に喜び、身近にいた貴族の娘である「ホック・テル」の名前をつけた。この伝説がアメリカに渡り、カクテルに変わったという。

4 雑種馬

　雑種の馬の目印として、尾を短く切ることを「コック・テイル」と呼んでいた。そのため、酒を混ぜたものを雑種という意味で、カクテルと呼んだという。

5 闘鶏

　西部のあるバーを経営する男には2つの自慢があった。闘鶏で無敗の記録を持つ見事な雄鶏と、親孝行な美人の娘であった。ある日、その雄

鶏が行方不明になり、男は意気消沈してしまう。そこで、娘は雄鶏を取り戻してくれた人と結婚すると宣言した。やがて、勇気ある青年士官が雄鶏を取り戻してくれたので、彼女は彼と結婚することになった。男は雄鶏が戻り、娘にもよい婿ができたので、祝いの宴を開いた。バーにあった酒を色々混ぜて飲んだところ、非常に美味であったので、このいきさつにちなんで「雄鶏の尾」と名づけた。

なお、「カクテル」という言葉が初めて使用されたのは、1806年5月、アメリカの週刊新聞「バランス・アンド・コロンビア・リポジトリ」の誌上で、翌週である5月13日、読者から寄せられた問い合わせに対して、初めて「カクテルとは」という定義がされた。こうして、初めてカクテルの定義が記事になった日を記念して5月13日はWorld Cocktail Day、世界的に「カクテルの日」としてお祝いされている（参考：カクテル文化振興会Tokyo インターナショナル・バーショーHP）。

なお、1786年、ロンドンの新聞「ザ・モーニング・ポスト・アンド・ガゼッティア・イン・ロンドン」が初出という説もある。

バーとバーテンダー

　カクテルを造るバーの接客職を、バーテンダーと呼ぶ。
　もともとバーとは、西部開拓時代に生まれた酒場である。最初はサルーンといい、棚に酒樽や瓶を並べて量り売りしていた。ところが、店主の目を盗んで樽から飲もうとする不心得者が続出したので、酒の棚と客席の間に、バー（横木）を渡して、客が直接、酒樽に触れないようにした。これがバーの始まりである。バーテンダーとは、客が勝手にこのバーを

8章 カクテル

越えないようにする番人であった。

　この横木が横板に変化し、現在の対面式カウンターバーに進化する。20世紀に入り、豪華なホテルに対面式バーが普及し、贅沢なカクテルを直接提供するようになると、バーが贅沢に酒を楽しむ空間に変わった。禁酒法時代、隠れて酒を飲むという背徳的な楽しみがカクテルとその提供空間を磨き上げ、心地よい隠れ家のような雰囲気を育てた。このバーにおけるバーテンダーとは、ひとりひとりの客に合わせて、カクテルを含む酒と料理、そして楽しい時間と空間を提供する、総合接待技術職なのである。

　酒マンガの傑作『バーテンダー』の第1話において、主人公は言う。「バーテンダーとは、優しい（テンダー）止まり木（バー）なのだ」と。

カクテルの楽しみ

　カクテルにはいくつもの楽しみがある。

　まず、酒には楽しみに費やすべき時間がある。例えばワインは、1杯のワインを15分以上かけて料理とともに楽しむべきであるが、ショットグラスに注がれたラムは、一息で飲み干すべきだ。泡が消えて生ぬるくなったビールは、やはりうまくはない。

　カクテルは、それぞれのタイプごとに飲み頃がある。まず、カクテルの多くはアルコールが強く、ちびちびとすするのがよいが、どの程度の時間をその1杯で楽しむかによって、ショート・カクテルとロング・カクテルに分かれる。ショートで5分以内、ロングで15〜30分程度とされるが、やはり、コールド・カクテルは温かくならないうちに、ホット・カクテルは冷めないうちに飲みたい。

　さらにカクテルは見た目が美しい。色合いや風情を見て楽しみ、それから口にしたい。

　また、1988年の映画『カクテル』で有名になったように、1980年以降、

酒 の 伝 説

8章 カクテル

カクテル造りの部分にパフォーマンスを加え、シェイカーや酒瓶をアクロバティックに扱うシューター・スタイルの新世代パフォーマンス型バーも日本に上陸しており、派手な演出が好きな方にはそうした楽しみもある。

カクテル作成の技術

カクテル造りは、大きく分けて以下の4つの技法を中心にする。

1 シェイク

シェイカーを用いる方法。氷、ベースとなる酒、加える材料をシェイカーに入れて振り、ミックスする。氷とともにシェイクすることで酒を冷やし、さらに空気を加えて複数の材料の味を融合させる。強い酒の角を取り、複数の材料を一気に纏め上げることができる。

2 ステア

ステアとは、「混ぜる」もしくは「攪拌する」こと。ミキシング・グラスという、やや大きめのビーカー状の入れ物に材料を入れ、バー・スプーンで攪拌して混ぜ合わせた後、氷や素材の澱を残して、飲料部分だけをグラスに注ぐ。

3 ビルド

　シェイカーやミキシング・グラスを使わず、グラスにそのまま酒や素材を注いで、グラスの中でカクテルを完成させる。ステアはあまりしない。炭酸を加える古典的な手法である。

　場合により、わざと各材料の層ができるようにすることで、見た目を美しくする場合もある。このように液体に酒や素材を浮かべる技法を、「フロート」と呼ぶ。

4 ブレンド

　バー・ブレンダー（ミキサー）を用いて、材料を攪拌粉砕混合する技法。氷を完全に細かくし、シャーベット状にするフローズン・カクテルなどに用いる。

5 そのほかの技法

　このほか、あらかじめグラスの内側を、ビターなど味の濃い酒でぬらしておくのが「リンス」。グラスの縁に砂糖や塩をつけておくのが「スノー・スタイル」。フルーツの皮の香味成分を微かに飛ばす技法が、「ピール」や「ツイスト」。また、オリーブやフルーツなどを添える「デコレーション」（飾り）など細かい技法がいくつかあり、上記と組み合わされる。

8章 カクテル

カクテルにまつわる伝説

　これまで、無数といえるほどのカクテルが生まれてきたが、その誕生にも数々の伝説が言い伝えられている。カクテルを語る上で欠かせない、いくつかの逸話を紹介していこう。

カクテルの王様　マティーニ

　ジンとドライ・ベルモットを組み合わせたカクテル「マティーニ」は、カクテルの王様と呼ばれる1杯である。

　1910年頃、ニューヨークのニッカポッカー・ホテルにいたバーテンダー、マルティーニが開発したカクテルとも、その原型となったカクテルに使われていたベルモットがイタリアのマルティーニ・エ・ロッシ社のものだったから、その英語表記であるMartiniになり、日本ではマティーニとなまったともいわれる。原型はジンにイタリアのスイート・ベルモットを垂らした「ジン＆イット」に近かったが、20世紀に加速する「ドライ志向」により、ベルモットの量を減らし、ジンをドライなものにした「ドライ・マティーニ」が大変評判になり、どれだけ男らしいかをマティーニのドライさで表現したともいわれる。

　なお、マルティーニ・エ・ロッシ社が、ベルモットを使ったカクテルに自社の名前をつけて宣伝をしたともいう説もある。確かにマティーニが世に知られて人気を得るとともに、ロッシ社のベルモットは有名になったが、その後のドライ志向の中で、マティーニにおけるベルモットの役割はどんどん下がっていった。そして、文豪サマセット・モームは、「マティーニのベルモットは絶対にノイリー・プラットでなければならない。

それも栓を開いたら、1カ月以内に飲みきること」と強く主張した。この影響からか、マティーニを造る場合、「ノイリー・プラット」が推薦されることが多い。

マティーニが「キング・オブ・カクテル」と呼ばれることになったのは、多くの有名人がこれを愛飲したからである。

アメリカでは、禁酒法を廃止したアメリカ合衆国第32代大統領フランクリン・デラノ・ルーズベルトがマティーニを愛飲し、自らも銀のシェイカーを振ったと伝えられている。黄昏時になり執務時間が終わると、「さて、夜のとばりが降りました。童心に戻る時間です。」と語りかけながら、ドライ・マティーニをスタッフに振舞ったというのだ。大統領は、19世紀のアメリカの詩人ロングフェローの詩をこよなく愛しており、この台詞もその詩の一節にあやかったものである。

この伝説がアメリカの上流階級に広まり、やがて黄昏時にドライ・マティーニを飲むのが流行となり、アメリカの中枢にいるエスタブリッシュメント層が飲むカクテルとして定着していく。

英国首相のウィンストン・チャーチルも、マティーニ愛好家であったが、敵国イタリアの酒を飲むわけにはいかないとして、戦時中はベルモットの瓶を横目で見ながらジンをすすり、マティーニの代わりとした。

チャーチルとルーズベルトには遠い血縁関係があり、この2人は酒飲み友達であった。そのため、第二次大戦の帰趨を決めるヤルタ会談では、スターリンにマティーニを勧め、そのうまさでスターリンを感嘆させた。

日本にマティーニを持ち込んだのは、GHQの総司令官となったマッカーサーである。彼はルーズベルト譲りのマティーニ愛好家で、日本に駐留した連合軍の士官たちもこれに習い、その結果、彼らの出入りで繁栄した銀座や赤坂のバーにマティーニがあふれることになった。

マティーニは、ジンとベルモットを組み合わせるという単純なカクテルだが、それだけに技術と創意、サービスが試される1杯となり、1000種類を越えるレシピがある。

酒の伝説

8章 カクテル

　ジンは「ビーフィーター」がスタンダードであるが、これをよりドライな「タンカレー」、あるいは「ゴードン」に代えるだけで味わいはかなり変わる。さらに、ドライ・ベルモットをシェイカーに加えるのでなく、カクテル・グラスの内側に塗るようにして、残りを捨ててしまうリンス技法で加える。あるいは辛口のドライ・ベルモットを甘口のスイート・ベルモットに変える。第2の酒をほんのわずか加える。オレンジの皮をその上でひねり、オイルを飛ばすなど、多種多様なマティーニ派生型のカクテルが存在する。

　ジンとベルモットの比率は、3：1から60：1まであり、15：1にした場合には、「モントゴメリー将軍」と呼ばれる。これは第二次大戦中、アフリカ戦線で戦った英国のモントゴメリー将軍が、ドイツの英雄で砂漠の狐と呼ばれた名将ロンメルを打ち破るために、英国軍とドイツ軍の戦力比が15：1になるまで、全面衝突を避けたことによる。

　マティーニのジンをウォッカに変えた場合、「007マティーニ」と呼ば

れる。かのスパイ小説のヒーロー、ジェームズ・ボンドが、映画の中で「ウォッカ・マティーニを、ステアでなく、シェイクで」と注文したことからこの名前がついた。

カクテルの女王マンハッタン

「マティーニ」をカクテルの王とするならば、女王と呼ばれるのは「マンハッタン」である。

マンハッタンは、ライ・ウィスキーとスイート・ベルモットを3：1、これにアンゴスチュラ・ビターを1ダッシュ加えてステアして、冷やしたグラスに注ぎ、マラスキーノ・チェリーを底に沈めた後、レモンピールをさっとツイストして香味を散らす。その名の通り、19世紀にマンハッタンで誕生し、多くの上流階級に愛飲された。

マンハッタンの名前については、アメリカでも東部と西部で説が違う。

東部では、英国のウィンストン・チャーチルの母親レディ・ランドルフ・チャーチルが考案したものといわれる。彼女は、ニューヨークのブルックリン生まれ、父は銀行家のアメナード・ウォルター・ジェロームで、結婚するまではジェニー・ジェロームという名前で、ニューヨーク社交界の花形であった。1876年、第19代アメリカ大統領選挙の際、彼女は民主党候補のニューヨーク州知事サミュエル・J・ティルデンを後援する会の幹事として活動した。その選挙戦の最中、後援会はニューヨークの高級クラブ「マンハッタン」で応援パーティを開いた。その際に、彼女の発案で造られたカクテルがマンハッタンである。実際に造ったのはクラブのバーテンダーであるが、アメリカのウィスキーとスイート・ベルモットというレシピの原型は彼女の発案であり、パーティまでにレシピのチェックを行い、GOサインを出したのも彼女である。

以来、マティーニの登場まで、アメリカ上流階級の好むエスタブリッシュなカクテルとして知られるようになる。

酒 の 伝 説

8章 カクテル

　これが西部に行くと、なぜか、ガンマンの気付け薬のことだといわれるようになる。マンハッタンはインディアンの言葉で「酔っ払い」という意味だという話までついてくるが、実際のマンハッタンは、「丘の多い島」という意味らしい。このほかにも、マンハッタンをイメージした酒であるという説がいくつもある。

　また、マンハッタンはアメリカのライ・ウィスキーで造るのが王道で、これをスコッチに変えると「ロブ・ロイ」と呼ばれるようになる。ロブ・ロイとは「赤毛のロバート」と呼ばれたイギリスの悪漢ロバート・マクレガーのことで、彼は後に義賊として祭り上げられ、イギリスの反骨精神を体現する伝説になった。

トム・コリンズ

　現在、「コリンズ・グラス」と呼ばれている、背が高く細めのグラスがある。このグラスはもともとトール・グラス（背高グラス）、またはチムニー・グラス（煙突グラス）と呼ばれていたが、あるカクテルのおかげでコリンズ・グラスと呼ばれるようになった。

　「トム・コリンズ」は、ロンドンの「リマーズ・コーナー」という飲み屋で誕生したカクテルだ。もともとはジョン・コリンズというバーテンダーが、オランダ・ジンで造ったカクテル「ジョン・コリンズ」のバリエーションとして、「オールド・トム・ジン」を使ったため、トム・コリンズという名前になった。ドライ・ジン、レモン・ジュース、砂糖をミックスしソーダで割る。レシピ的には「ジン・フィズ」と変わりがない。フィズとはソーダ割りのことである。

　では、どこが違うのか？　ジン・フィズは、タンブラーと呼ばれるよくある寸胴型のグラスで飲まれた。清涼感のあるカクテルで、一仕事終えた夕方に飲むのに最適だ。

　それに対してトム・コリンズは、細くて高いトール・グラスに入れられ、

しばしばストローが添えられていた。トール・グラスは細身のため、ソーダの炭酸を保持しやすく、最後まで清涼感が残るとともに、一般家庭ではあまり使われていなかったため、酒場という贅沢な空間のイメージがあった。その結果、トム・コリンズは酒場の名物になり、トール・グラスはコリンズ・グラスと呼ばれるようになったのである。

ブラッディ・マリー

カクテルにもいくつかのトレンドがある。

まず、「マティーニ」など古典的な王道カクテルの探求という流れがある。また近年のトレンドとして、ウォッカ、ラム、焼酎、アラックなどの西欧系以外のスピリッツを、フルーツジュースと合わせる試みが多い。ウォッカをベースとするのは、「バラライカ」、「ソルティドッグ」、「スクリュードライバー」、「モスコミュール」、「ブラッディ・マリー」（ブラッディ・メアリー）など、強くてインパクトのあるカクテルが多い。国産カクテルでも、「神風」、「雪国」で用いられている。

さて、そのウォッカ・カクテルの代表格というべき「ブラッディ・マリー」は、16世紀英国の女王メアリー1世（メアリー・チューダー）のことである。父親のヘンリー8世は、アラゴン王女キャサリンとの離婚問題から、英国教会を設立して脱ローマ教皇を図った。しかし、異母兄エドワード6世の早世に伴い、その後を継いだメアリー1世は、離婚されたアラゴン王女キャサリンの娘であり、保守的なカトリック教徒であったため、プロテスタント勢力を弾圧、英国教会の指導者たちを投獄し、200名以上を処刑した。このため、彼女は「血まみれメアリー」と呼ばれた。

1921年、パリの「ニューヨーク・バー」のバーテンダー、ペート・プティオは、ちょうど造っていたトマトとウォッカのカクテルが、まさに血の色をしていることから、メアリー1世の逸話にちなみ、このカクテルにブラッディ・マリーの名前をつけた。マリーはメアリーのフランス語読

8章 カクテル

みである。

　なお、本格的なブラッディ・マリーを造る場合、「クラマト」(ハマグリの出汁入りトマトジュース)を用意したい。これにウォッカ(スピリタスが望ましい)、タバスコを1〜2ダッシュ、さらにライム・ジュースを加えてシェイクする。ライムの配分がひとつのキーになるので、あまり柑橘系に慣れていない人は、ライムを少なめにするのがコツ。この場合は、「ブラッディ・シーザー」という。

　トマトジュースの栄養価が高いので、英国では、二日酔いの際の迎え酒に用いられる。

　ベースの酒を変えると、カクテルの名前も変わる。ベースをジンに変えると「ブラッディ・サム」、テキーラに変えると「ストロー・ハット」、ビールに変えると「レッド・アイ」、アクア・ビットに変えると「デニッシュ・マリー」、ウォッカを抜くと「バージン・マリー」というカクテルになる。

サイドカーはどちらから来た？

　「サイドカー」というカクテルは、第一次大戦中のフランスで生まれた、ブランデーベースのカクテルである。

　当時、フランスはドイツに圧倒され、一時国境の地域が占領された。そこで、ブランデーの蔵を発見した軍人が造ったのがこのカクテルである。サイドカーとは、バイクの横に座席をつけ3輪にしたもので、軽便な高機動車両として、偵察、指揮などに多用された。発案者は大尉であったとされ、フランス軍の士官であったとも、ドイツ軍の士官であったともいわれる。

　どちら側からやってきたかは分からないが、彼はサイドカーという最新のアイテムを愛用したハイカラで粋な人物だった。そう、戦場でカクテルを飲みたがるほどに。

日本を代表するカクテル、酎ハイ

　カクテル・バーなんていかないよ、と思っている人も多いかもしれないが、日本人の酒飲みは、実に多くの日本風カクテルを飲んでいる。
　「酎ハイ」である。
酎ハイとは、焼酎ハイボールの略で、焼酎をソーダ水で割ったものを指す。最近はソーダ水で割るとともに、梅、レモン、カボスなど各種の果実やフルーツのエキスを加えた酎ハイが多数誕生し、多くの酒場で飲まれている。
　また、ウィスキーや焼酎をウーロン茶で割る「ウーロン割り」は、しばしば酒のうまさを解しない下戸の飲み方とされるが、酒のように見えつつ胃腸を保護し、少しでも泥酔を避ける賢い飲み方かもしれない。

日本発のカクテル、電氣ブラン

　日本にカクテルが上陸したのは明治時代である。
　浅草に開業した「神谷バー」は、こうして誕生した老舗のバーであるが、この創業者、神谷伝兵衛は浅草で酒屋を経営していた。1880年からは洋酒の輸入販売を始め、やがてブランデーを売るために、1882年（明治13年）からブランデー、ジン、ワイン・キュラソー、秘伝の薬草を混ぜたカクテルを販売し始めた。
　当時は、日本酒全盛の時代であるから、ブランデーとジンの強い味わいは新鮮であり、口の中がしびれるような強いハイカラな酒として評判になった。そのしびれる感覚が、やはりまだ珍しく、文明開化の象徴であった電気になぞらえ、「電氣ブラン」（ブランはブランデーの略）と呼ばれ

酒 の 伝 説

るようになった。当時の浅草は、浅草寺界隈に映画館が誕生し、ハイカラな娯楽の町となっていたので、休日を楽しむ人々が神谷バーにも押しかけた。明治大正期の文豪たちの随筆や日記には、神谷バーと電氣ブランの名前がしばしば登場する。永井荷風、石川啄木、萩原朔太郎、高見順、谷崎潤一郎、坂口安吾、壇一雄など多くの文豪が神谷バーに通い、電氣ブランを傾けながら、ひと時をすごした。

電氣ブランは今でも、浅草の神谷バーで飲めるほか、オエノングループの合同酒精がライセンスを受けて製造販売を行っており、一般の酒販店でも購入できる。30度と40度のものがあり、神谷バーでは、30度のものを「デンキブラン」、40度のものを「電氣ブラン」と区別している。

ホッピー

　日本で独自に発達したカクテル用素材として、「ホッピー」がある。

　これは大正時代、赤坂でラムネやソーダを製造していた秀水舎が、当時は高級品だったビールに変わる、ノン・アルコール・ビアを目指して開発を始めたものである。残念ながら、素材となるホップの確保が困難であったり、第二次大戦が始まったりと状況はなかなか困難で、実際にホッピーの発売にいたったのは、戦後の昭和23年（1948年）となる。

　ホッピーは、焼酎を割る素材として大人気となり、焼酎のホッピー割りをホッピーと呼ぶようになった。ホッピーを販売する飲み屋では、焼酎を「ナカ」、ホッピーを「ソト」と呼び、必要に応じて、「ナカ追加」「ソト追加」という形で、客自身が自分で割って飲んだ。

　その後、ハイサワー系の躍進により、時代は酎ハイへと移行しつつあるが、近年のヘルシー・ブームで、プリン体を含まないホッピーの特徴が注目され、復権しつつある。ビールを飲みたいが、健康上ビールに含まれるプリン体が気になって飲めない人々にとって、ノン・アルコール、ノン・プリン体のホッピーは、救いの神といってもいい。

SFに登場する幻のカクテル

　カクテルは、様々な酒を混合するため、未来的な飲み物と見られたこともあり、様々なSFに登場する。

　SF界でも酒好きとして知られるユーモアSFの旗手、R・A・ラファティは、いくつもの短編にオリジナル・カクテルを登場させている。

　例えば、『とどろき平』に登場する「緑蛇の鼻嵐」は、ミシシッピーの辺境、沼地の中のシマロン・ホテルの食堂で供される特製カクテルであるが、緑色した粘土のジョッキに満たされた、強い川のにおいがする酒である。チョック・ビールのように適度のアルコール分があり、ミドリヘビ（実はそぞろ歩きにでかけたナマズの精霊）が1匹ずつ入っており、やつらが逃げ出さないうちに飲み込まねばならない。

　また、未訳作品『Mr. Hamadryad』には、「Stony Giant」というカクテルが出てくる。スーダン北部ドンゴラにあるサード・カタラクト・クラブの特製カクテルで、巨大なゴブレットに椰子酒を満たし、ご当地の塩っ辛い岩のかけらを振りかける。コウノトリの卵を殻ごと砕いて浮かべ、アラジンの胡麻を加えたらできあがりというものである。

　どんな味がするか気になったので、神楽坂のアフリカ料理店「トライブス」のマスターに頼んで再現してみた。ヤシ酒、塩、卵（中身のみ）、ゴマまでは非常に滑らかなアフリカ風アドヴォカート（卵酒）に仕上がった。少し辛さが欲しいねと、赤唐辛子を糸状にして散らしたら、スパイシーで飲みやすいカクテルとなった。ただし、卵酒系なのでずいぶんと回るのでご注意を。

　ちなみに、卵を殻ごと入れると、口の中がジャリジャリになるので、人類には向かないと思われる。

酒の伝説

9章
中国と朝鮮半島の酒

中国の酒の伝説

中国では「酒は天の美禄」という。

紀元1世紀の史書、「漢書」(食貨志)に見られる言葉で、「酒は天からの素晴らしい賜りもの」という意味である。

中国の酒造りの歴史は世界でもっとも古く、一説には商(殷)や周代に始まるとされている。すでに伝説の酒でも紹介した通り、果実酒のレベルでいえば、数千年におよぶとも氷河期に遡るともいう。

黄河上流の新石器文化とされる仰韶(ぎょうしょうぶんか)文化と、その後継とされる黄河下流の竜山(りゅうざんぶんか)文化では、酒器と見られるものが多数出土している。

中国酒は、大別して、以下の5種類に分類される。

黄酒

黄酒(ホワンチュウ)は、漢民族が紀元前から造り続けてきた伝統的な民族酒で、米やコーリャンなどの穀物で造られる醸造酒である。餅麹を用いる。

ろ過した清酒の場合でも、色合いは黄色から褐色を呈することが多く、黄酒と呼ばれるが、麹の種類によって赤もしくは黒に近い色もある。アルコール度数は15度程度。これを長年熟成させたものが老酒(ラオチュウ)と呼ばれる。

日本では、長江以南の紹興地方で粳米と餅米から製造される紹興酒が有名であるが、そのほかに紅麹を用いた福建省の紅曲酒(ホワンチュウ)(紅酒)(ホンチュウ)、黒麹を用いた烏衣紅酒、黍米を用いた長江以北の黍米黄酒などがある。

紹興酒の中では、彫刻し彩色した壺に入れて5年以上貯蔵したものを、特に「花彫酒」と呼ぶ。中国では、女児が生まれた際に紹興酒を壺に仕込んで庭に埋め、成長して嫁に行くときに掘り出して嫁入り祝いにする

という風習があり、女児酒とも呼ばれる。

　中国の神話や伝承の中で飲まれる酒の多くは、この黄酒である。そのまま飲むことが多いが、冬季には温めたり、水で割って飲んだりすることもあった。現在は15度程度であるが、古代にはさらにアルコール度数が低いものであったと想像される。

白酒

　米、麦、コーリャン、トウモロコシ、サツマイモなどを発酵させた後、蒸留したもの。透明な色であるため、白酒（パイチュウ）と呼ばれる。40度から50度とアルコール度数は高めで、小さな杯で一気に飲む。

　元の時代に、西方よりシルクロード経由で蒸留技術が伝わり、製造されるようになった。後漢の出土品の中に、青銅の蒸留器が含まれているため、後漢、すなわち紀元1世紀には蒸留酒があったとする説もあるが、この蒸留器が酒に用いられたかどうかは立証されておらず、そのほか元以前の蒸留酒の記録も、実証にはいたっていない。

　西夏時代に描かれた蒸留作業の図が、敦煌の石窟絵画の中にあることから、遅くとも12世紀までには蒸留酒が中国で造られるようになっていたと考えられる。

　麹の使い方で、大曲酒、小曲酒、麩曲酒に分かれる。

薬酒（葯酒）

　酒に植物や動物を漬け込んだ酒が薬酒（ヤオチュウ）。梅、クコ、人参、ウコンなどの各種薬草から始まり、果物、穀物、草木、竹葉、甲魚（スッポン）、トカゲ、蛇（ハブ、マムシ、コブラなど）など、多種多様である。甲骨文の中にも、ウコン酒の記録がある。

果酒

　葡萄酒(ブウタオチュウ)など、果実を醸造する酒と、果実を漬け込んで味わいを出したリキュール類が古くから造られて果酒(クオチュウ)と呼ばれている。桃、アンズ、サンザシ、ライチなど、多数の果実が薬酒に用いられているが、ワインはそれほど普及しなかった。白酒にアンズの果実を漬け込んだ「杏露酒(シンルチュウ)」などが日本でも有名。

　20世紀以降、中国でも多くのワインが飲まれるようになり、西域を中心に多数の中国ワインが造られている。

ビール

　ビールは、中国では完全に外来の酒となる。ドイツ人が1903年に、租借地の青島(チンタオ)にビール会社を設立したのが、中国ビールの誕生である。現在では数百のビール会社があり、中国のビール生産は世界第2位の量を誇る。

曲

　中国は、日本と同じように、コウジカビを発酵に用いるカビ酒文化圏にある。中国では、麹を曲といい、主に、固形の餅麹を用いる。

大曲

　大麦や小麦を乾燥させ、破砕して水と混ぜた後、レンガ状に押し固め

られた餅麹。摂氏28〜30℃ほどの養曲房に入れると数日で発酵し、40℃以上の熱を発する。高品質の大曲は、摂氏60〜65℃に達し、純粋な菌以外が淘汰され、純度の高い麹となる。主に白酒に用いられ、大曲酒と呼ばれる。

「茅台酒」、「五粮液」、「汾酒」などが大曲酒の代表である。

小曲

直径2〜3cmの球状、または楕円型の餅のように造られる餅麹。曲餅を整形する際に、あらかじめ数種の薬草など漢方薬の素材を混入させることによって、酒の味わいや芳香を付与する。

中国南部に多く、白酒、薬酒など各種の酒に用いられ、代表的な小曲酒の銘柄として、「桂林三花酒」と「湘山酒」の名が挙がる。

麩曲

小麦の麩に、コウジカビを繁殖させて作った曲。大曲に比べて、製造時間が大幅に短いため、快曲ともいわれる。20世紀に開発された技術で、工業的に造酒をする場合に向き、並級の散白酒（一般向けの酒、銘酒扱いはされない）の生産に使用されている。

酒窖

大曲酒は、粉砕したコーリャンを蒸し、大曲と混ぜた状態で、発酵窖（窖または池）と呼ばれる穴で発酵させる。窖は、地面に掘られた深さ2〜2.5m、縦横1〜3mの四角い穴で、材料を投入後に筵と土で密封し、一定期間発酵させる。短いもので3週間、長いものになると2〜3カ月も発酵させる。固体のまま発酵させるのは、世界でも珍しい酒造方法である。

窖は、長年使いこまれ、独特の微生物環境を得るようになり、老窖と呼ばれて大事にされる。
　やがて、発酵期間を終えた「もろみ」は窖から取り出され、甑(こしき)で蒸しながら蒸留する。蒸留された液体を甕に入れ、半年から2～3年の間、熟成させる。
　こうしてでき上がった大曲酒は、アルコール度数が53～60度と高いが、これは油脂を多用する中華料理と相性がよい。

酒の発明に関する伝説

　中国では、酒の発明に関する伝説がいくつか伝えられている。書物に残されているものも多くあり、ここで紹介していこう。

酒星

　まず、「酒星」の存在である。
　宋代の書物『酒譜』では、いくつかの伝説を上げた後、「天に酒星あり、其れ天地と並べり」と伝えている。つまり、天に酒の星があるのだから酒造りは、天地と同じように古いと述べている。
　「酒星」とは、星宿28宿のうち、柳宿に属する2つの星官のうち、酒旗星のことで、『晋書・天文志』に、「軒轅の右角南三ツ星を酒旗という。酒官の旗なり、宴饗飲食を司る」とある。軒轅(けんえん)は、中国の神話的な帝王である黄帝の苗字で、獅子座の2等星、アルギエバに当てられている。酒旗は、その隣のやや暗い3つの星を指す。獅子の大鎌と呼ばれる部分である。酒星は、神話上の三皇五帝のひとり、黄帝に関連する星であるが、

黄帝、またはその宮廷にいた役人が初めて酒を造ったともいわれる。
　酒星については、歴代の中国文芸で言及されているが、もっとも有名なのは李白の詩『月下独酌其二』である。

　天若不愛酒（天若（も）し酒を愛せずんば）
　酒星不在天（酒星は天に在らじ。）
　地若不愛酒（地若（も）し酒を愛せずんば）
　地中無酒泉（地に應（まさ）に酒泉なかるべし）
　天地既愛酒（天地既に酒を愛すれば）
　愛酒不愧天（酒を愛するは天に愧じず）
　（小沢書店『中国名詩鑑賞3』前野直彬 著 より）

儀狄

　もっとも古い酒の記録としては、紀元前2世紀の書物『呂氏春秋』に夏の王朝時代の官僚であった儀狄（ぎてき）が酒を造ったとある。漢代の『戦国策』にも、やはり、儀狄が桑の葉で包んだご飯を発酵させて造った酒を、当時の王であった禹（う）に献上したという記事がある。
　禹はそのあまりの美味に驚いた後、自ら酒を絶ち、民草にも酒を禁じた。その理由として彼が言った言葉が「後世、必ず酒を以て其国を滅ぼす者有り」というもので、その後の夏王朝では、傑王（けつおう）が酒池肉林に溺れて国を滅ぼすことになる。
　儀狄は、夏王朝の官僚といわれているが、原文は「帝女儀狄……」とあり、儀狄は女性であった。儀狄の儀は女偏に常と書く「ガ」という女性名の異型で、すなわち、狄という姓の一族の女性を指す。すでに「口噛み酒」の項で述べた通り、麹や麦芽を開発するまでの酒で穀物を使う場合は、唾液が発酵用に用いられていた。しばしばこの醸造を担当していたのが女酒と呼ばれる役職の女性で、酒造りを統括していたとされる。

杜康

　儀狄と並んで、酒の開発者と名前が挙がるのが、杜康である。酒を最初に造った人とされ、日本の酒造職人である杜氏という言葉は、彼の名前にちなんでいる。

　伝説によれば、杜康は、周時代の羊飼いであった。彼は、放牧の際、昼食代わりに粟の粥を竹筒に入れて持っていった。羊が草を食んでいる間に、桑の木の下でその粥を食べた杜康は、粥を少し食べ残したが、何かの拍子に粥の残りを入れた竹筒を、桑の木にあいたウロに入れたまま置き忘れてしまった。

　放牧は広い草地を巡回していくものだったので、しばらくそのあたりには行かなかった。やがて半月ほどして、その桑の木のところに行ってみると、実にかぐわしい香りが漂ってくる。木のウロをのぞいてみると、

9章 中国と朝鮮半島の酒

　そこには半月前に残した竹筒があり、その中にあった粥が発酵して酒になっていたのである。
　杜康は、このことから酒造りを始め、彼の故郷の杜康村で「杜康酒店」の看板を掲げた。杜康の酒は非常に美味で、1杯飲めばたちまち酔い、3杯飲んでも酔わない人はいなかったという。そのため、杜康は「3杯飲んでも酔わなければ、酒代はいらない」と言ったという。
　やがて、劉伶(りゅうれい)という老人がやってきた。
　彼は、酒に強い上戸だと自称し、一気に3杯を干したが、確かに酔わなかった。杜康は、「家に帰ってから酔いますので、7日後にお代をいただく」と言った。
　老人は家に帰ってから酔いが出て、尉も立てずに倒れこんだ。そのままずっと起きなかったので、家族は老人が死んだと思って心配した。
　7日目になって、杜康がやってきた。杜康は、「杜康酒を飲むと酔って寝ている間に療養し、寿命をそれだけ延ばすことになる。どうして死ぬものか、酔って寝ているだけですよ」と言い、老人を起こした。目覚めた老人は、大きく背伸びをして座りなおし、「まさに名酒そのものだ」と酒代を多目に払った。
　杜康の酒は、やがて皇帝にも献上され、皇帝の愛飲するところとなった。現在でも「杜康酒(トウカンチュウ)」という名前で生産されている。
　このように杜康酒はさらに有名になった。杜康は「酒仙」という号を賜り、杜康村は「杜康仙荘」の名を賜った。いまや、杜康は酒の代名詞となった。
　三国志時代の英雄、曹操が歌った『短歌行』では、美酒の代名詞として杜康が言及されている。この詩を掲載した『文選』においては、注釈に「康、字を仲寧、ある人の云うに曰く、黄帝のときの宰人、号を酒泉太守」という。
　後漢に書かれた世界最古の漢字解説書『説文解字』は、杜康は夏王朝5代目の皇帝、少康とする。「少康、初めて、箕、箒、秫酒を作る。少康

は杜康なり」とある。

　ちなみに、杜という苗字は、もともと劉の流れで、商の国（殷）に住んでいた、豕韋氏（おそらくは羊か豚などを飼っていた牧畜の一族）であったという。この一族は、周の武王が殷を滅ぼした際に杜（現在の西安の南東）に封じられ、杜という苗字になった。

猿猴造酒

　猿が酒を造るという伝説がある。
　猿猴とは、各種の猿類、テナガザルやヒヒのことで、彼らが木のウロにためた果実が酒になるというものである。猿が酒を飲むという話はすでに「酒偶然起源説と猿酒」の項（p.032）で紹介したが、この伝説は中国でできたものである。
　中国の山奥で猿が果実を集め、それが自然と酒になった。人間は、その猿の様子をのぞき見て、酒造りを学んだという。
　ある狩人は、猿酒を見つけた後、それを全て飲み干すのではなく、少しずつ失敬することにした。すると、愚かな猿はせっせと果実を運び、酒を造り足した。狩人はある日、つい飲みすぎてしまって猿の群れに見つかり、たたき殺されてしまう。
　別の説では、猿酒とは中国奥地で用いられる伝統的な猿猟の手法だという。猿は酒が好きなので、酒壺を山中に置いておくと、猿が寄ってきて飲み始める。もちろん猿も酔っ払ってしまうので、そうして寝込んだところを捕まえるのである。
　『三国志演義』に、かの名軍師・諸葛孔明が、猿の酒に救われるという話がある。南征に向かった蜀軍は、やがて瘴疫という疫病に苦しむことになる。しかし、地元の人々はそのような病気の気配がない。諸葛孔明は不思議に思い、地元の長老を呼び出して聞くと、地元の山にはサルナシの実がたくさんなっており、これを猿が集めて猿酒にする。その猿酒

を真似てサルナシの酒を飲めば、瘴疫に苦しむことはないのだという。早速、諸葛孔明は兵士を山に送ってサルナシの実を集め、これを酒につけて兵士たちに与えた。すると疫病は癒され、蜀の軍は遠征を続けることができたという。

酒の作法と伝説

中国には、酒を飲む際の作法についての話が多く残されている。中国ならではの酒の作法の中には、今なお残っているものさえあるのだ。

らい酒

中国では、儀式の締めくくりや、宴会の最初に酒を大地に注ぎ、神や祖先に祈りを捧げる。これを「らい酒」という。

酒盃を手に掲げ、祈りを捧げた後、酒を左、真ん中、右に注いだ後、残った酒で半円を描くように地にまく。明代の書物によれば、こうすることで、酒を「心」という文字のように注ぐことができ、心を込めて祭祀を行っていることを表現するのだという。

酒礼　酒宴の礼儀

中国では、酒の飲み方にも「礼」がある。

まず、儒教の教えの通り、年齢の上の者に従う。上の者が最初の杯を干さない間は、下の者は、杯に口をつけてはならない。

『礼記』によれば、主人と客の関係では、まず主人が客に酒を注ぎ（献）、

客が主人に注ぐ（酢）。その上で主人が酒に口をつけ、客に薦めてともに飲む（酬）。この献酢酬の3段階をもって「一献の礼」と呼ぶ。

これを3巡するのが正しき酒宴とされるが、後に簡略化されて1巡したら、自由に飲んでよいことになった。

さらに乾杯というように、注がれた酒は飲み干さなくてはならない。蘇州では、「杯中の余歴、一滴あらば、すなわち一杯を罰す」といい、酒を飲み干せなかった場合、さらに罰としてもう1杯飲む風習があった。このため、杯が空になったことを示すために底を相手に見せたり、頭上で酒盃を逆さに振って見せたりする風習が、中国各地や韓国など中華文明圏の各地に見られる。

中国の酒にまつわる逸話

酒の歴史が長い中国では、それだけ、酒にまつわる物語や逸話も多い。歴史上の人物が様々に酒を飲み、事件を引き起こしたり、それぞれが酒の飲み方を追求したりしてきた。

酒池肉林

夏王朝の儀狄が酒を禹王に献上した際、「後世、必ず酒を以て其国を滅ぼす者有り」として酒を禁じたが、その末裔の傑王は退廃的な暴君であり、酒に溺れた。

彼は、王宮に大量の酒を集めて池を造った。酒は池となり、これを造るために絞られた酒粕が丘をなした。「糟丘」という。さらに傑王は、人々が酒の池から杯で酒を汲むことを禁じ、牛のように這いつくばり、直接

9章 中国と朝鮮半島の酒

飲むように命じた。この姿は、はなはだはしたない獣のような飲み方であり、「牛飲」と呼ばれた。

　傑王はこのような愚かな行為を人々に強制し、結果、夏王朝は衰退して、殷（いん）にとって変わられる。

　残念ながら、殷もまた世代を過ぎるごとに退廃していった。30代目の紂王（ちゅうおう）は、妲己（だっき）という愛妾に溺れ、彼女を喜ばせるために面白そうなことを次々と行った。夏の傑王を真似て、酒の池を造り人々に牛飲を強いたほか、肉を林のように吊るして「肉林」と称した。多くの男女を裸にして酒池肉林に放ち、夜を徹して乱痴気騒ぎをした。

　かくして、殷が滅ぼされた後、周の武王は、酒に関する禁令「酒扱詰」を出した。王侯は酒を飲むにあたり「非礼」であってはならず、民衆は「群飲」、すなわち集まって酒を飲むことを禁じられた。この法令に逆らった場合、死刑となる厳しい法律であった。これが中国最古の禁酒法である。

　その後も、政治の乱れや飢饉などに応じて禁酒の令が唱えられたが、

酒を完全に廃止することはできなかった。

時代が変わり、孔子の20世の子孫である孔融は、曹操が禁酒令を出したときに反対して言った。

「もしも、酒が国を滅ぼすと言われるならば、夏の傑王、殷の紂王が女色を好んだから、結婚まで禁じるおつもりですか？」

鴆酒

中国の宮廷では、酒はしばしば武器となった。

鴆は、中国の伝説に登場する毒の鳥で、この羽を浸した酒は猛毒となり、飲めば死ぬとされた。大きさは鷲ほどで緑色の羽毛、銅色のクチバシを持ち、毒蛇を常食としていたためその体内に猛毒を持っていたという。

そのため「鴆酒」は、毒の入った酒を表す言葉となった。古代の帝王は臣下に対して「死を賜る」ことができた。その際、与えられるのが1杯の鴆酒であり、臣下はそれが王命と受け取ったのである。例えば秦の始皇帝の時代に、一時期に専横をほしいままにした呂不韋は、鴆酒でその命を絶った。

中国では毒の酒で政敵を暗殺することが何回も行われ、この鴆酒に対抗するにはサイの角の杯が有効とされたため、サイの乱獲につながった。

関羽、温めた酒を飲む

『三国志演義』において、董卓の暴政に対し、曹操を始めとした諸侯が立ち上がり、ついに「氾水関」で、董卓軍の先鋒を務める華雄と、反董卓連合軍の戦いが始まった。

董卓配下の猛将、華雄は9尺の大男で、薙刀の使い手であった。たちまちにして、呉の孫堅を追い詰め、その股肱である祖茂を討ち取った。その後、一騎打ちを申し出た武将たちを次々と切り伏せた。そこで名乗

9章
中国と朝鮮半島の酒

りを上げたのが、劉備玄徳の義兄弟であった関羽雲長であった。当時の劉備はまだまだ下級の部隊長に過ぎず、諸侯は身分の低い関羽の立候補を非礼としたが、曹操の取り成しで一騎打ちに出ることになった。

　この戦いは真冬であったので、曹操は暖かい酒を出陣の酒として勧めたが、関羽は「しばし、お預けします」と言って出陣し、たちまちにして華雄を倒した。彼が戻ってきたとき、諸侯は先ほど進めた酒がまだ冷めていないことに驚き、以降、劉備の一党に一目置くようになった。

同心酒

　中国西南地方のリス族は、客に対する最大限の敬意を表すために、同心酒、あるいは双人酒という酒の飲み方を行う。これは大きな木の椀に酒を注ぎ、並んだ2人の人物のそれぞれが片方の手を出し、協力して1杯の酒を同時に飲む。これによって、2人の人物が兄弟姉妹のように親密であることを示す。

　この習俗は中国を経由して沖縄にも伝わり、棒でつながった2つの杯を2人で同時に飲む専用の杯が存在している。

酒仙詩神、李白

　中国の歴史には、酒を愛した多くの文人が現れる。「君、当に酔人を赦すべし」と、隠棲して酒をうたい続けた詩人、陶淵明。美酒が飲めなくなったために宮廷を辞し酒の歴史を語った五斗先生・王績、「酔って詩を吟ずることこそ全て」と言った詩聖・白楽天など枚挙に尽きないが、あえて上げるならば、酒仙というべき詩人は、李白であろう。

　李白は、8世紀、唐の時代に漂泊しながら、文才を披露した詩人である。西域の生まれで、幼い頃は蜀の青蓮山で道士たちと暮らし、剣術に通じ、任侠の徒とも交流があったという。後に唐の長安に出て、玄宗皇帝と楊

貴妃に詩人としての才能を認められた。

　ある日、玄宗が李白に命じて、寵愛していた楊貴妃のために詩を吟じさせた。李白は、すでに酔っ払っていたが、『清平調』3首を書き上げて見せた。同時代の詩人、杜甫は、李白を称して、「一斗詩百編」と賞賛した。1斗（10升）を飲み、漢詩を百編吟じる才覚を持った偉大な詩人という意味である。

　また、酔っている李白は、宮廷の政治など意に介さない反骨者でもあった。玄宗は、楊貴妃を寵愛して政治を省みず、楊貴妃の伯父の楊国忠と、宦官の高力士が権力をほしいままにした。しかし彼らもまた、玄宗お気に入りの李白には手を出せなかった。ある日、玄宗が詩を吟じさせようと李白を呼び出したが、すでに李白は泥酔しており、役人が両脇から抱えてきた。それでも、飲めば飲むほどに創意があふれる男であったから、そのまま玄宗の前に連れてこられた。靴が脱げなかったので、高力士が靴を脱がせた。最高権力者の宦官が彼の足元にひざまずいたのだ。酔って墨がすれなかったので、玄宗に命じられた楊国忠が、小間使いのように自ら墨をすった。筆を持った瞬間、李白はしゃんとし、素晴らしい詩を書き上げたという。

　李白は歌う。

百年三萬六千日
一日須傾三百盃（一日須（すべから）く傾くるべし、三百盃）
（小沢書店　『中国名詩鑑賞3』襄陽歌　前野直彬 著 より）

　李白はその後、安史の乱で失脚し、親族の家で死んだ。晩年まで酒の絶えぬ人生であり、最期は酒の飲みすぎで胸を病んだといわれているが、一般には、采石磯の地で酔っ払って船に乗っているときに、水面に映る月を捕まえようとして長江に落ちて溺死したという伝説が知られている。

酒虫（蠱）

　中国の奇妙な話を集めた『聊斎志異』に、「酒虫」という物語がある。
　長山（山東省）の劉氏はでっぷり太っていて大酒飲みだった。「独酌するごとにすなわち、一甕を尽くす」という。毎日、ほとんど盃を離したことがない。長山では屈指の素封家で、「負郭の田三百畝、半ば黍を種う」といい、豊かであったので、酒のために家が傾くほどでもなかった。そこへ、ひとりのラマ僧が訪ねてきて、「あなたは病気だ」と言いだした。
　劉氏は毎日、酒を飲んでいるが、病気の気配はない。
　「いや、それこそ病気である。毎日、酒を飲んでも酔うことがないでしょう？」
　「いかにも」
　「それが酒虫のせいですよ」
　ラマ僧が言うのには、劉氏の体内には酒虫という悪い虫がいて、いくら酒を飲んでも酔わず、毎日大酒を飲むのはそのせいだという。
　劉氏は驚いて、ラマ僧に治療を頼んだ。
　「どんな薬がいるのでしょう？」
　「薬はいりません」とラマ僧は、劉氏を縛りあげ、日なたにうつぶせにしておいた。その首から５寸ほど離して美酒の杯を置く。するとやがて、炎天にあぶられた劉氏はのどが渇いて酒が飲みたくてたまらなくなった。目の前に酒があるのに、手足を縛られ飲めない。体の奥底から酒が飲みたくなった。するとのどの奥から何かが飛び出してきて、まっすぐ酒に飛び込んだ。見ると、長さが３寸ほどの肉の塊が酒の中を泳いでいるではないか？　見れば、魚のようにも見え、目も口もある。
　「これが酒虫です」と説明するラマ僧に、劉氏はお礼をいい、謝礼を渡そうとした。するとラマ僧は断り、「その虫をいただきたい」と言った。
　「何をするのですか」と劉氏が問うと、ラマ僧はこう答えた。
　「酒虫は、酒の精です。甕に水を張りこの虫を入れてかき回すと、たち

どころに美酒ができ上がるのです」

試してみると、まさにそうなった。

さて劉氏は、酒虫を吐き出した後、酒を憎むようになった。その後、彼はたちまちやせ細り、家も日増しに貧しくなって、やがて飲み食いもかなわなくなった。筆者いわく「虫は劉氏の福であり、病ではなかったのではないか？」と。一石を飲んでその富を減じず、一斗も飲まないようになったら、家が傾いた。してみると、飲み食いにはそもそも天与の命数があるのではないだろうか？

この話は、異国や古典からの物語を語ることの好きな文豪、芥川龍之介の手で紹介されている。芥川は、酒虫こそ劉氏そのものであり、酒を飲まぬ劉氏はもはや劉氏ではなかったのではないかと、書き添えている。

朝鮮半島の伝統酒

朝鮮半島に位置する大韓民国（以下、韓国）と朝鮮民主主義人民共和国（以下、北朝鮮）は、中華文明圏に属する国家で、儒教や仏教など中国の影響を深く受けながらも独自の文化を作り上げている。酒においても同様で、中国同様に小麦の餅麹を使用しつつ、独自の酒を生んでいる。

朝鮮半島の伝統的な酒は、穀物由来の醸造酒と蒸留酒、さらに薬草酒であるが、呼び方は以下のようになる。

マッコルリ（濁酒）

マッコルリ（マッコリ、マッカリ）は、うるち米または小麦をベースに、小麦の麹を用いて造る濁酒である。マッ（おおざっぱに）コルリ（漉した）

という意味の通り、各家庭の壺で仕込んだ醸造濁酒をザルで軽く漉して、そのまま飲むものである。

　度数は6～7度で、壺から瓢箪(ひょうたん)で作った茶碗のような器に汲んで、一気に飲む。さっぱりとした甘味が心地よい。農民が毎日のように仕込んで、農作業の傍ら栄養補給に飲む労働酒であることから、農酒(ノンジュ)ともいわれる。

　古来、マッコルリは、米で造られてきた。どこの家庭でも日常的に作ってきた家醸酒（家庭醸造酒）であったが、1910年の韓国併合によって日本統治下に組み込まれた際、日本の酒税法が適用されたため、違法となり表立って造れなくなった。戦後、日本の支配下から解放されたものの、朝鮮半島では戦争が続いた。米軍の食料統制下では、主食である米で販売用の酒を造ることが禁じられてしまった。そこで代替原料として、小麦粉で生産されるようになった。1992年になって、米によるマッコルリ生産も解禁されたが、すでに小麦粉を用いたマッコルリに慣れてしまっており、現在では米のマッコルリは、サルマッコルリと区別して呼ばれている。

　本来のマッコルリは火入れをしないものが多いので、瓶を空けたら早めに飲みきるのがよい。ペットボトル入りのものはよく振って飲むが、それは下世話なやり方であり、上澄みを飲んで底に残った澱は棄てるものという人も多い。

　近年では、葡萄やサンザシで味わいをつけたフルーツ・タイプもあり、飲みやすい。

清酒、薬酒

　うるち米をベースに小麦麹で醸造した醸造酒を元に、さらに漉した透明な酒を、韓国では「清酒(チンジュ)」または「薬酒(ヤクチュ)」と呼ぶ。日本でいえば清酒にあたるものであるが、もろみを布に入れて絞るのではなく、濃い目の布を張った深いざるを使って、もろみの上澄み液を漉す形で造られる。

酒 の 伝 説

濁酒に比べて高級な酒であり、貴族である両斑(りゃんばん)階層や僧侶などにも愛飲された。朝鮮王朝時代には何回か禁酒令が出たが、そのたびに貴族や僧侶たちが酒を薬といって誤魔化した。そのため、薬酒とも呼ばれる。

15〜18度で、やや甘く、香り高い。こちらも火入れをしないタイプなので、韓国の行政単位である「道」を越えて販売できなかったが、近年は日本国内でも購入することができる。

有名な清酒としては、「慶州法酒」がある。新羅王国時代から伝わる伝統製法で造られており、その製法が王国の法で定められ、王侯貴族専用の酒となったため、法酒の名前がある。その中でも「校洞法酒」は名水によって造られた慶州の名物であり、法酒を飲まねば慶州に行ったとはいえないとまでいわれている。

また、清酒あるいはマッコルリの中には、わざともろみの米粒を少しだけ混入させたものがあり、開封するとこの米粒がゆらりゆらりと揺れる風情が楽しめる。これを「トンドン酒」と呼ぶ。

焼酒、焼酎

穀物醸造酒を蒸留したスピリッツが、焼酒(ソジュ)または焼酎(ソジュ)である。

韓国焼酎の誕生は、元の到来によって蒸留技術がもたらされたためである。そのため慶尚道や全羅道などでは、焼酒をアレンニ、アラン、アレキ、アレイなどと呼ぶ。ペルシアのスピリッツ「アラック」に通じる言葉である。

元のモンゴル軍は、馬乳酒から作った「ラキ」という蒸留酒を愛飲しており、兵站作業の一環として朝鮮にも蒸留技術を普及させ、日本への侵攻に備えた。

この当時の焼酒は、40〜45度という強いもので、朝鮮王国はしばしば、「焼酒は薬用であり、飲用に用いてはならない」という法律を出した。焼酒は高級品であり、贅沢禁止令の一環でもあったのである。

しかしながら、15〜16世紀には焼酒は上流階級に浸透し、高級官僚や貴族の宴会では、焼酒を大杯で鯨飲するようになった。特に当時の官僚には、新たに登用された役人が上司や同僚を招いて大宴会をする「免新礼」という習慣があり、そこで焼酒が大量に飲まれた。そのため、新採用の若い役人がこの酒代で大きな借金をすることが多発し、国王が何回も禁止令を出した。

　伝統の韓国焼酎の中でももっとも美味とされるのが、安東焼酒で、ながらく韓国でもそうは飲めない伝説の高級酒となっていた。

　現代の韓国焼酎は、伝統焼酎と、希釈式の工業生産されたものに分かれる。後者は、戦中戦後の食料統制の時代に誕生したもので、一道一社、酒精も25度前後に調整されたが、ソウル・オリンピック以降、自由化が始まっている。日本でも有名な「眞露」（JINRO、日本ではジンロ、韓国ではチルロ）は、1998年に「眞露チャミスル」を出している。トレードマークの蝦蟇には温度確認の工夫がなされており、冷蔵庫に入れて蝦蟇がラベルに浮かび上がるまで冷やしてから飲むのがお勧めである。一般に韓国の焼酎は、割って飲む日本の焼酎と異なり常にストレートで飲むため、25度という度数の割には香りや甘味があり、飲みやすい。

酒道
韓国風の酒のマナー

　韓国と北朝鮮は、非常に儒教精神が強い国であり、日本とは酒飲みのマナーが大きく異なっている。特に、韓国は「礼」を重んじて、酒の飲み方についても、酒道（チュド）という節度がある。対して我々日本人は、酒の席は無礼講と割り切り、礼を失しても酒の席だから許すという風習がある。まるで逆の態度である。そのため酒宴のやりとりで、日韓の文化習慣の

差が浮き彫りになりやすい。そして困ったことに、無礼講と思っている日本人が気づかないまま、酒道に従う韓国人の嫌悪感を喚起してしまうのである。

　ここでは、日本人が間違いやすい酒道の一部を紹介しよう。

「長幼有序」（年齢の上下こそ正しい秩序）

　儒教の考え方として、年上への敬意を全ての面で払わなくてはならない。

　宴席での席順は、目上の者に配慮し、主人に配慮する。基本的には、目上の者から勧められた杯は断れない。ここでは中華風の献杯の礼が欠かせない。もちろん杯は両手で受け、酒を注ぐ際も両手を添える。

　献杯の礼については、中国の項目でも述べたが、この場合は杯を回す。つまり、同じ杯で飲むことが礼儀の一環である。日本でも、返杯の習慣がないわけではないが、もはや日常的には行わない。若い日本人の中には、清潔感に敏感すぎて、回し飲みを忌避する者もいる。

　献杯の礼が基準であるということは、ひとりで手酌で飲むのも、場を読まない無作法となる。さらに飲みたいならば、ほかの誰かに酒を勧め、その応酬の過程でさらに飲めばいいのである。

注ぎ足しはしない

　韓国では、酒の注ぎ足しは失礼にあたる。なぜならば、酒を注ぎ足しすることは、死者の霊を弔うための儀礼だからである。日本で、ご飯に箸を刺さないというタブーと一緒である。

男女有別

韓国の感覚でいえば、女性は男性に酒を注ぐ義務がない。逆に、酒を注いで回るのは下品とされる。男に酒を注ぐのは妓生（キーヤン）（職業的な遊女）だけであった。妓生の場合、杯に酒を注ぐだけでなく男の口元にそれを運ぶ。これを勧酒者といい、退廃したモラルの持ち主とみなされる。

体面を尊重せよ

韓国では長幼貴賎の序があるが、これはもちろん支払いのときに明確になる。その場の長となったものが、支払いを必ず持つ。年齢の上下があれば上の者が、身分の差があれば身分の上の者が持つ。同僚であった場合、誘った者が「主人」として皆を接待したのであるから、言いだしっぺが支払う。

主人が明確に分からない場合でも、日本のように割り勘はしない。支払う気がある者が伝票を奪い合い、ときには儀礼的な喧嘩までして、支払いを独占する。ここで支払うというのは、長幼貴賎序列の明確化であり、支払うことができる者の体面を立てるというものである。

多少の差異があっても、割り勘を多用する日本人からすれば、年上がずいぶん損とも思えるが、それは間違いである。年上はその分、酒宴で尊重されているし、何よりもそれまで長い間、さらに上の世代におごられてきた。今、支払う立場に立てたことが誇りでもあるのである。長期的に見れば、つじつまはすでに合っているのだ。

原爆酒

近年、韓国では、すばやく酔って盛り上がりたい仕事場の酒宴などで、「原爆酒」「爆弾」などと呼ばれる、恐ろしいカクテルの回し飲みが行わ

9章 中国と朝鮮半島の酒

れる。

　ビールの入ったコップに、ショットグラス1杯のウィスキーをグラスごと放り込む。アメリカでビールジョッキにショットグラスごとウィスキーを入れる「ボイラー・メーカー」というカクテルがあるが、これをビールのコップでやるのだ。泡が激しく立ったところを、かっと一気に飲み、両方のグラスが空になったのを座の全員に示す。すると次の者が同様に繰り返す。

　あっという間にでき上がる。景気をつけるには最高の1杯だが、酒と肝臓に自信のない人には決してお勧めはしない飲み方といえよう。

あとがき

　『探偵はバーにいる』というハードボイルド小説がある。北海道は札幌の歓楽街、ススキノにいる街の便利屋「俺」を主人公にした物語だ。「俺」は、ススキノのバー「ケラー」を根城にしつつ、ススキノを飲み歩きながら、ときに事件に巻き込まれ、ときに事件を解決する。そんな話だ。
　私は、この話を、調布のタイ料理屋でシンハー・ビールを傾けながら読んだ。暑い初夏の雨の日だった。生温い大気と甘辛いタイの麺料理のおかげでシンハーが妙にうまかった。隣の席で、フィリピーノらしいお姉さんたちと水商売関係の親父が宴会していたのが、妙にぴったりのBGMであった。
　酒は、面白いものだと思った。

　昔から酒が弱い割に、飲み会が好きで、色々な人に迷惑をかけてきた。ゲームデザイナーになり、若いゲーマーと愚かな酒飲みをすることもある。「1フィンガー、2フィンガー、シャイニング・フィンガー」（©印南君）とか、おかしな焼酎の飲み方をして、ホテルに投げ込まれたこともあった。
　鯨飲するわけでもないし、大人の酒の飲み方に憧れるわけでもないが、酒というものには、どこかやめられない魅力がある。
　そういう訳で、「お酒に関する神話や伝説の本を出しましょう！」と言ったら、新紀元社さんがGOを出してくれました。もう2冊ほど企画がありましたが、「飲む体力のあるうちにやりたい！」ということで、こちらから着手したら、予想通り、酒の世界というのはとんでもなく深く、広いもので、3年以上、飲み歩いても、底がまったく見えない。
　結局、ワイン・グラスの持ち方から学び直す羽目になった。毎回、思うのだが、何も知らないで飛び込んで、死にそうな目に遭う私の性格は

どうにかしたほうがいいのかもしれない。
　そして、運命は回帰する。
　ディオニュソス、キリスト、三輪山の大物主、ヤマトタケル、ゼウス、トール、ソーマ、そしてクトゥルフ……はっと気づくと、ゲームデザイナーとしていつも関わっている神々の名前がまったく別の顔をしてそこに並んでおり、ずいぶん不思議な気分になったものだ。
　それでも何とか終わりまでたどり着きました。
　酒そのものを語るには、まだまだ「飲み」の経験値が足りないことはよく分かっていますが、「酒の伝説」ということでご容赦くだされ。

■スペシャル・サンクス

　この本は多くの先人、現在の酒販業界関係者、アルコール関連サービス店舗、そして、酒好きの友人たちのおかげがあって誕生しました。
　日本ではほとんど入手できないアフリカの酒を端から紹介してくれた神楽坂のアフロフレンチ「トライブス」さん、アブサンとスピリッツの深淵を文字通り見せてくれた蓮見のホラー雑貨＆バー「BREEDLINE」さん、シェリーの奥深さを教えてくれた「バル・デ・オジャリア」の中瀬さん、いきなり押しかけてきた我々にワイナリーを見学させてくれた東晨洋酒さん、突然の取材にも気楽にエールの話をしてくれた池袋エールハウスさん、酒販店の皆様、などなど飲み歩いてご迷惑をかけましたレストラン、バー、居酒屋、酒販店などのご主人、マスター、バーテンダー、あるいはお客様の皆さん、ありがとうございます。初めて来たおかしな客に秘蔵の酒を振舞ってくれた皆さんのご好意は忘れません。
　日本人と酒に関するインタビューと図表の引用許可をご快諾いただいた原田勝二先生他、多くの方々の研究、著書、あるいは直接のご助言があっ

て初めて、この本ができ上がりました。繰り返し、感謝の意を捧げます。

　蜂蜜酒に関して、京都三条御池にある蜂蜜専門店「ミール・ミィ」にうかがい、色々なお話を聞かせていただいた上、国内ではなかなか入手できない珍しい蜂蜜酒を色々試飲させていただきました。赤酒については、瑞鷹株式会社より貴重な資料を提供いただきました。古代風エールの飲み方のアイデアは、池袋エールハウスさんに教えていただきました。日本酒の古酒については、平安時代の再現酒などとともに、品川「酒茶論」でよい助言をいただきました。本当に、ありがとうございます。

　そして、この本のもっとも偉大な協力者は、一緒に酒を飲んでくれた人々です。主に、外付け肝臓として大活躍してくれた印南君、色々資料を貸してくれた上、様々なアドバイスをくれたお酒の師匠Ballanさん、秘蔵のワイン・コレクションを開けてくれた小和田さん、色々な飲み屋や酒を紹介してくれたクトゥルフ神話研究者の森瀬繚さん、たとえ夜が明けようと飲み会を諦めない酒好きの底力を見せてくださった作家の内山靖二郎さん、その他、色々なお酒を紹介してくれ、飲みにつきあってくれた友人各位。イベントごとに地元の銘酒を持ち込んでくれたゲーマー仲間たち。皆の友情と好意、そして、肝臓と舌がなければ、この本はできませんでした。ありがとう。そして、また飲みましょう。

2012年4月　朱鷺田祐介

　P.S.：さて、そろそろ、神楽坂のアフロフレンチ「トライブス」に行き、アフリカのビール「タスカー」とヤシ酒で一日を〆たいと思っております。

地図

■主な古代酒と醸造酒

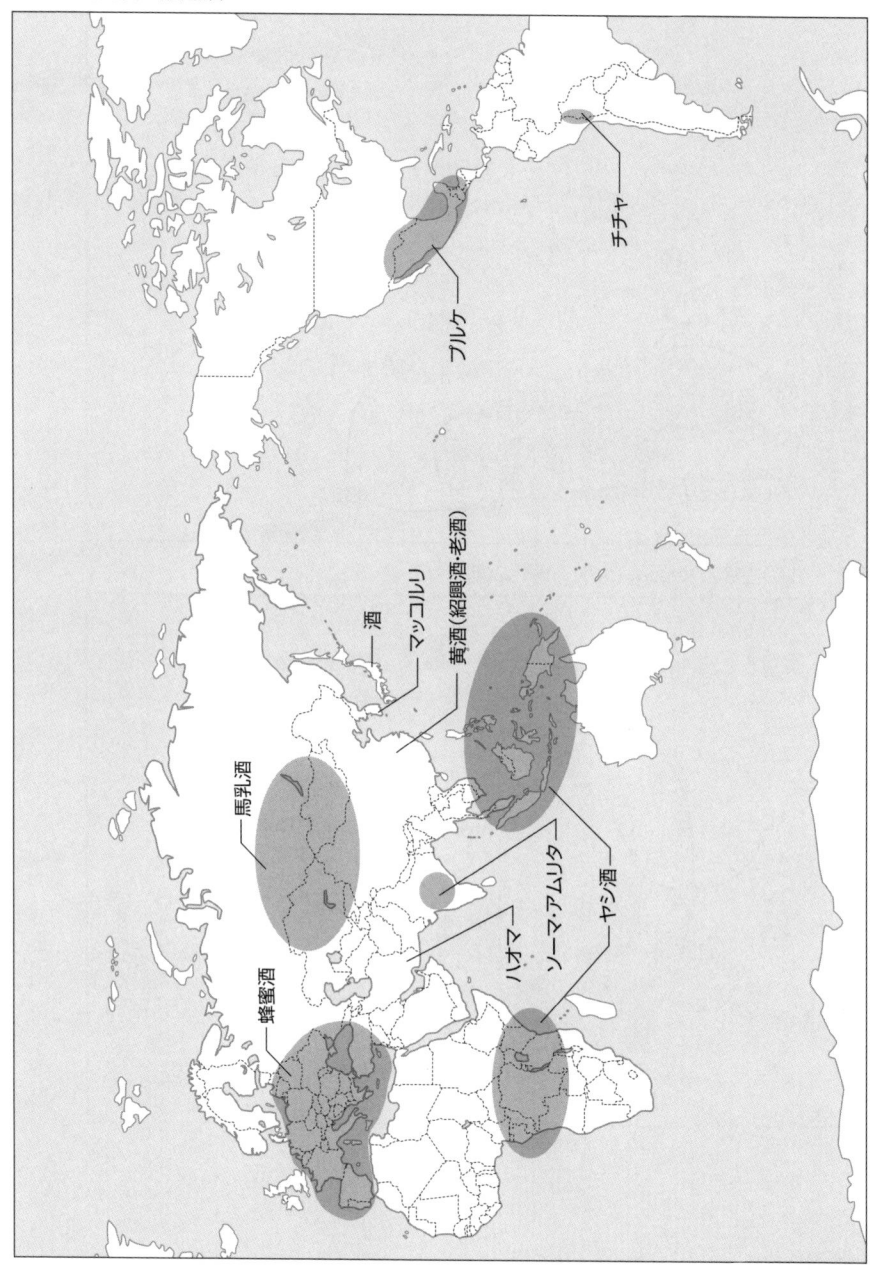

チチャ
プルケ
マッコリ
酒
黄酒（紹興酒・老酒）
馬乳酒
ソーマ・アムリタ
ハオマ
ヤシ酒
蜂蜜酒

■ワインの主な普及経路（大航海時代以前）

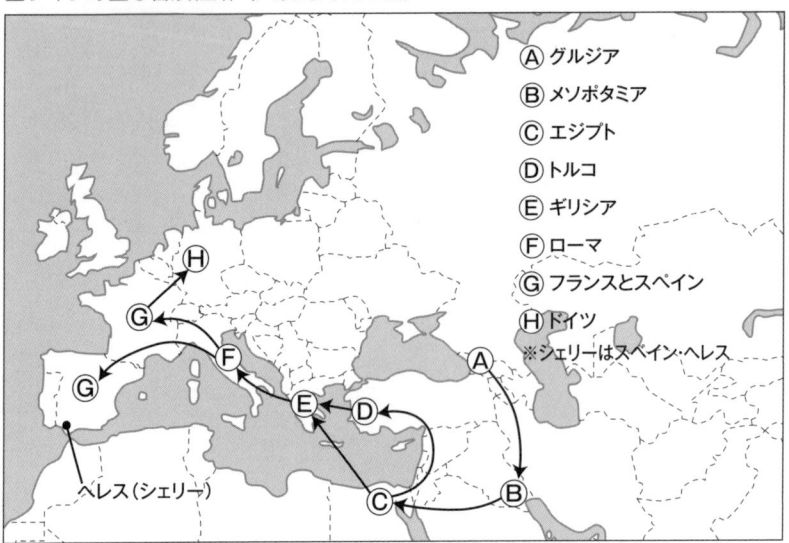

Ⓐ グルジア
Ⓑ メソポタミア
Ⓒ エジプト
Ⓓ トルコ
Ⓔ ギリシア
Ⓕ ローマ
Ⓖ フランスとスペイン
Ⓗ ドイツ
※シェリーはスペイン・ヘレス

ヘレス（シェリー）

■ビールの主な普及経路（大航海時代以前）

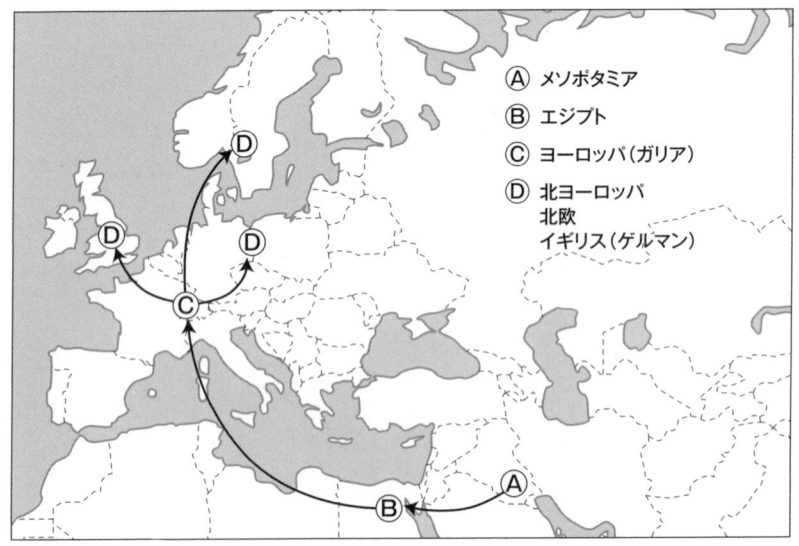

Ⓐ メソポタミア
Ⓑ エジプト
Ⓒ ヨーロッパ（ガリア）
Ⓓ 北ヨーロッパ
　 北欧
　 イギリス（ゲルマン）

地図

■主なスピリッツ（蒸留酒）

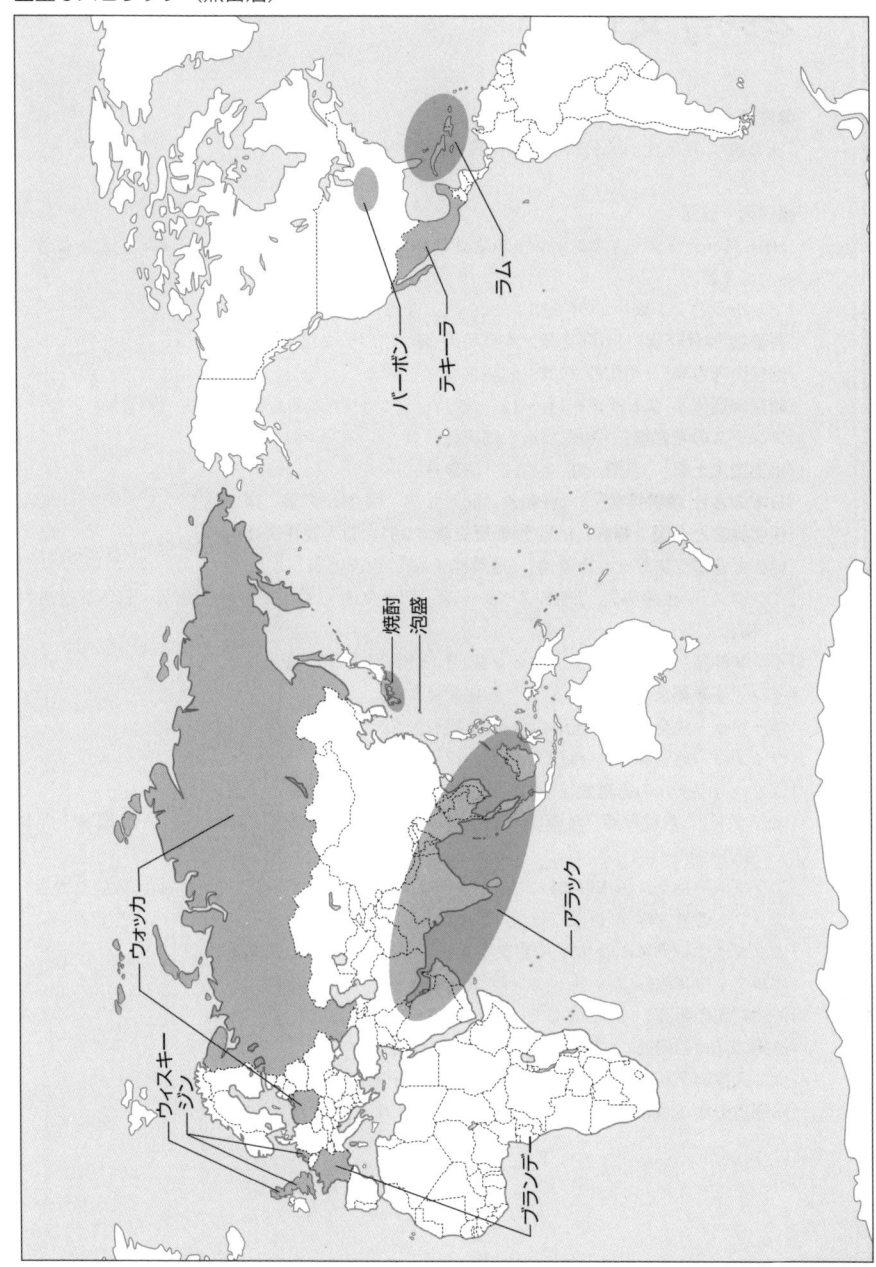

バーボン
テキーラ
ラム
焼酎
泡盛
ウォッカ
アラック
ウイスキー
ジン
ブランデー

参考文献

■資料
『灰の記』　灰九山口家資料（瑞鷹株式会社・提供）

■書籍・雑誌
『HBAバーテンダーズオフィシャルブック 2008年版』　日本ホテルバーメンズ協会 編著　ごま書房
『アッチラとフン族』　ルイ・アンビス 著／安斎和雄 訳　白水社
『吾妻鏡 現代語訳』　五味文彦、本郷和人 編　吉川弘文館
『泡盛の考古学』　小田静夫 著　勉誠出版
『暗黒神話体系 クトゥルー 1～12』　ラヴクラフト他 著／大瀧啓裕 編　青心社
『アンデスの考古学』　関雄二 著　同成社
『出雲国風土記』　萩原千鶴 全訳注　講談社
『日本の古社 伊勢神宮』　三好和義、岡野弘彦、櫻井敏雄 著　淡交社
『伊勢神宮と全国「神宮」総覧 別冊歴史読本39』　新人物往来社
『いまどきロシアウォッカ事情』　遠藤洋子 著　東洋書店
『インダス』　近藤英夫、NHKスペシャル「四大文明」プロジェクト 編著　日本放送出版協会
『インド神話』　ヴェロニカ・イオンズ 著／酒井伝六 訳　青土社
『インド曼荼羅大陸』　蔡丈夫 著　新紀元社
『ヴードゥー大全 アフロ民俗の世界』　檀原照和 著　夏目書房
『ウイスキー銘酒事典』　橋口孝司 著　新星出版社
『うまいカクテルの方程式』　渡邊一也 監修　日東書院本社
『エジプト』　吉村作治、後藤健、NHKスペシャル「四大文明」プロジェクト 編著　日本放送出版
『エジプト神話シンボル事典』　マンフレート・ルルカー 著／山下主一郎 訳　大修館書店
『エジプトの考古学』　近藤二郎 他 著　同成社
『エッダ／グレティルのサガ 中世文学集Ⅲ』　松谷健二 訳　筑摩書房
『オルフェウス教』　レナル・ソレル 著／脇本由佳 訳　白水社
『沖縄祭祀の研究』　高阪薫 ほか 編著　翰林書房
『沖縄のノロの研究』　宮城永昌 著　吉川弘文館
『女二人東南アジア酔っぱらい旅』　江口まゆみ 著　光文社
『陰陽道の本 日本史の闇を貫く秘儀・占術の系譜』　学習研究社

『カクテル&スピリッツの教科書』　橋口孝司 著　新星出版社
『ガリア戦記』　カエサル 著／近山金次 訳　岩波書店
『韓国の酒を飲んで韓国を知ろう』　中村欽哉 著　柘植書房新社
『漢書食貨・地理・溝洫志』　班固 撰／永田英正、梅原郁 訳注　平凡社
『完訳イリアス』　ホメロス 作／小野塚友吉 訳　風濤社
『旧約聖書』
『狂言集』　北川忠彦、安田章 校注　小学館
『ギリシア悲劇2』　筑摩書房
『ギリシア・ローマ神話』　トマス・ブルフィンチ 著／大久保博 訳　角川書店
『ギルガメシュ叙事詩』　矢島文夫 訳　筑摩書房
『初版金枝篇』　J.G.フレイザー 著　筑摩書房
『禁酒法のアメリカ　アル・カポネを英雄にしたアメリカン・ドリームとはなにか』
　　小田基 著　PHP研究所
『クトゥルフ神話ガイドブック』　朱鷺田祐介 著　新紀元社
『君当に酔人を恕すべし　中国の酒文化』　蔡毅 著　農山漁村文化協会
『月刊PLAYBOY日本語版』　集英社
『ケルトの神話・伝説』　フランク・ディレイニー 著／鶴岡真弓 訳　創元社
『ケルトの聖書物語』　松岡利次 編訳　岩波書店
『黄土に生まれた酒　中国酒、その技術と歴史』　花井四郎 著　東方書店
『古事記』　倉野憲司 校注　岩波書店
『古酒入門　時を経れば旨くなる「日本酒の本道」』　佐藤俊一、「サライ」編集部 編　小学館
『古代エジプト神々大百科』　リチャード・H.ウィルキンソン 著／内田杉彦 訳　東洋書林
『古代女性史への招待〈妹の力〉を越えて』　義江明子 著　吉川弘文館
『古代メソポタミアの神々─世界最古の「王と神の饗宴」』　三笠宮崇仁 監修／岡田明子、
　　小林登志子 共著　集英社
『古代ローマの食卓』　パトリック・ファース 著／目羅公和 訳　東洋書林
『酒づくりの民族誌』　山本紀夫、吉田集而 編著　八坂書房
『酒とシャーマン　『おもろさうし』を読む』　吉成直樹 著　新典社
『酒に謎あり』　小泉武夫 著　日本経済新聞社
『酒の神ディオニュソス　放浪・秘儀・陶酔』　楠見千鶴子 著　講談社
『酒の話』　小泉武夫 著　講談社
『酒の本棚・酒の寓話　バッカスとミューズからの贈り物』　コリン・ウィルソン ほか 著
　　サントリー
『酒の夜語り』　井上雅彦 監修　光文社
『酒は諸白　日本酒を生んだ技術と文化』　加藤百一 著　平凡社
『三国志演義』　井波律子 訳　筑摩書房

『三国志武将画伝』 中村亮 画／瀬戸竜哉 伝　小学館
『サンスクリット叙事詩・プラーナ読本』 J.ゴンダ 著／鎧淳 改訂・註　法蔵館
『シェリー酒 知られざるスペイン・ワイン』 中瀬航也 著　PHP研究所
『知っておきたい「酒」の世界史』 宮崎正勝 著　角川書店
『自遊人2008年9月号 新「ビール党」宣言』 自由人
『集英社ギャラリー「世界の文学」1（古典文学集）』 集英社
『守護聖者 人になれなかった神々』 植田重雄 著　中央公論社
『シュメル 人類最古の文明』 小林登志子 著　中央公論新社
『「食」の歴史人類学 比較文化論の地平』 山内昶 著　人文書院
『食の歴史を世界地図から読む方法』 辻原康夫 著／夢の設計社 企画編集　河出書房新社
『神統記』 ヘシオドス 著／広川洋一 訳　岩波書店
『神道の逆襲』 菅野覚明 著　講談社
『神道の本 八百万の神々がつどう秘教的祭祀の世界』 学習研究社
『神秘学の本 西欧の闇に息づく隠された知の全系譜』 学習研究社
『新約聖書』
『図説　エジプトの「死者の書」』 村治笙子、片岸直美 文／仁田三夫 写真　河出書房新社
『図説古墳研究最前線 最新の古墳調査による古代史像を明らかにする』 大塚初重 編　新人物往来社
『図説シャーマニズムの世界』 ミハーイ・ホッパール 著／村井翔 訳　青土社
『図説 メディチ家 古都フィレンツェと栄光の「王朝」』 中嶋浩郎 著　河出書房新社
『聖者の事典』 エリザベス・ハラム 編／鏡リュウジ、宇佐和通 訳　柏書房
『聖書 口語訳』 日本聖書教会
『世界ウィスキー紀行 スコットランドから東の国まで』 立木義浩 写真／菊谷匡祐 文　リブロポート
『世界古典文学全集第3巻（ヴェーダ,アヴェスター）』 筑摩書房
『世界樹木神話』 ジャック・ブロス 著／藤井史郎、藤田尊潮、善本孝 訳　八坂書房
『世界神話事典』 大林太良、伊藤清司、吉田敦彦、松村一男 編　角川書店
『世界の神話伝説 総解説』 自由国民社
『世界の宗教と教典 総解説』 自由国民社
『世界銘酒紀行』 フーディーズ・ティーヴィー 編　東京書籍
『ゾロアスター教』 P.R.ハーツ 著／奥西峻介 訳　青土社
『ネルソン提督伝 ナポレオン戦争とロマンス』 ロバート・サウジー 著／山本史郎 訳　原書房
『台所でつくるシャンパン風ドブロク 30分で仕込んで3日で飲める』 山田陽一 著　農山漁村文化協会
『「堕天使」がわかる サタン、ルシフェルからソロモン七二柱まで』 森瀬繚、坂東真紅郎、

　　　　　　海法紀光 著　ソフトバンククリエイティブ
『探偵はバーにいる』　東直己 著　早川書房
『中国』　鶴間和幸、NHKスペシャル「四大文明」プロジェクト 編著　日本放送出版協会
『中国古典文学大系　聊斎志異』　増田渉 訳　平凡社
『中国食文化の歴史』　バンダイビジュアル
『中国の酒書』　朱肱、竇苹 著／中村喬 編訳　平凡社
『中国の思想2　戦国策』　守屋洋 著　徳間書店
『中華飲酒詩選』　青木正児 著　筑摩書房
『中華料理四千年』　譚璐美 著　文藝春秋
『超古代文明』　朱鷺田祐介 著　新紀元社
『ディオニューソス バッコス崇拝の歴史』　アンリ・ジャンメール 著／小林真紀子 ほか 訳　言叢社
『道教の本』　学習研究社
『東方アジアの酒の起源』　吉田集而 著　ドメス出版
『東方見聞録』　マルコ・ポーロ 著／愛宕松男 訳注　平凡社
『どろぼう熊の惑星』　R.A.ラファティ 著／浅倉久志 訳　早川書房
『長いお別れ』　レイモンド・チャンドラー著／清水俊二 訳　早川書房
『南島の神話』　後藤明 著　中央公論新社
『西アジアの神話』　吉田敦彦 監修／岡田恵美子、岡田直次 編　ポプラ社
『日本書紀』　坂本太郎 ほか 校注　岩波書店
『日本酒の古酒 古酒・熟成酒・貴醸酒』　上野伸弘 著　実業之日本社
『日本の酒5000年』　加藤百一 著　技報堂出版
『バースデイ・セイント』　鹿島茂 編　飛鳥新社
『バッカスが呼んでいる ワイン浪漫紀行』　本間千枝子 著　文藝春秋
『播磨国風土記』　沖森卓也、矢嶋泉、佐藤信 編著　山川出版社
『パンとワインを巡り、神話が巡る 古代地中海文化の血と肉』　白井隆一郎 著　中央公論社
『ハンムラビ「法典」』　中田一郎 訳　リトン
『ビールうんちく読本 ニガ味にこだわる男たちへの48話』　浜口和夫 著　PHP研究所
『ビール世界史紀行 ビール通のための15章』　村上満 著　東洋経済新報社
『ヒゲのウヰスキー誕生す』　川又一英 著　新潮社
『古代エジプトファラオ歴代誌』　ピーター・クレイトン 著／吉村作治 監修／藤沢邦子 訳　創元社
『風土記』　秋本吉郎 校注　岩波書店
『風土記』　吉野裕 訳　平凡社
『文選＜詩編＞』　内田泉之助、網祐次 著／尾形幸子 編　明治書院
『ペルシア神話』　ジョン・R.ヒネルズ 著／井本英一、奥西峻介 訳　青土社

『マヤ・アステカの神々』　土方美男 著　新紀元社
『万葉集』　中西進 校注　講談社
『万葉集にみる酒の文化 酒・鳥獣・魚介』　一島英治 著　裳華房
『メソポタミア』　松本健、NHKスペシャル「四大文明」プロジェクト 編著　日本放送出版協会
『やし酒飲み』　エイモス・チュツオーラ 著／土屋哲 訳　晶文社
『ヤシ酒の科学 ココヤシからシュロまで、不思議な樹液の謎を探る』　濱屋悦次 著　批評社
『柳田國男全集 第11巻』　柳田国男 著　筑摩書房
『ユダヤ大事典』　新人物往来社
『芥川龍之介妖怪文学館』　芥川龍之介 著　学習研究社
『洋酒うんちく百科』　福西英三 著　河出書房新社
『酔っぱライター南部アフリカどろ酔い旅』　江口まゆみ 著　河出書房新社
『礼記 新釈漢文大系』　竹内照夫 著　明治書院
『ラヴクラフト全集1〜6』　H.P.ラヴクラフト 著／宇野利泰 訳　東京創元社
『ラルース酒事典』　ジャック＆ベルナール・サレ 著／白川兼悦 監訳　柴田書店
『リグ・ヴェーダ讃歌』　辻直四郎 訳　岩波書店
『李白』　王運熙、李宝均 著／市川桃子 訳　日中出版
『李白 飄逸詩人』　小尾郊一 著　集英社
『呂氏春秋』　呂不韋 編／町田三郎 編訳　講談社
『ルバイヤート 中世ペルシアで生まれた四行詩集』　オマル・ハイヤーム 著／竹友藻風 訳　マール社
『錬金術 おおいなる神秘』　アンドレーア アロマティコ 著／種村季弘 監修／後藤淳一 訳　創元社
『論集 酒と飲酒の文化』　石毛直道 編　平凡社
『わが酒の讃歌 文学・音楽・そしてワインの旅』　コリン・ウィルソン 著／田村隆一 訳　徳間書店
『ワインの教科書』　木村克己 著　新星出版社
『ワインの世界史』　古賀守 著　中央公論社
『ワイン物語 芳醇な味と香りの世界史』　ヒュー・ジョンソン 著／小林章夫 訳　平凡社
『The Complete Meadmaker』　Ken Schramm　Brewer Publications
『Dictionary of Gods and Goddesses, Devils and Demons』　Manfred Lurker　Routledge

■論文
『中部ヨーロッパにおける農事の諺、自然暦について』　植田重雄　早稲田大学第305号

■コミック
『BARレモンハート』 古谷三敏 著　双葉社
『バーテンダー』 城アラキ 原作／長友健篩 漫画　集英社
『ソムリエ』 城アラキ 原作／甲斐谷忍 漫画／堀賢一 監修　集英社
『ソムリエール』 城アラキ 原作／松井勝法 漫画／堀賢一 監修　集英社
『もやしもん』 石川雅之 著　講談社

■映像
『アフリカ・シュライン　フェミ・クティ』 Pヴァインレコード
『TBS世界遺産』 TBS
『知ってるつもり?! (9) 血塗られた悪役』 日本テレビ

■ウェブ・ページ
国税庁
公益財団法人　日本醸造協会
東京都酒造組合
サントリー
キリンビール
アサヒビール
サッポロビール
オリオンビール
月桂冠
DRAMBUIE
蜂蜜酒専門店「ミール・ミイ」
米国蜂蜜協会：The National Honey Board
瑞泉酒造
瑞鷹　赤酒.com
山口県くすのき商工会
國暉酒造
at home こだわりアカデミー
マンズ・ワイン キッコーマン
カクテルカタログジェニュイン：Cocktail Catalog GENUINE
カルピス
梅乃宿酒造
日本地ビール協会
ホッピービバレッジ

神谷バー
井戸尻考古館
読売新聞：YOMIURI ONLINE　シャトー探訪記
中谷酒造
超神ネイガー
ゴディバ：GODIVA
時事通信社
CNN.com
GIGAZIN.com

■イベント・団体・お店その他
ウィスキー・マガジン・ライブ
日本酒フェア
オーガスタ・フェスタ
日本アイルランド協会
江戸茶話会
トライブス　（アフロ・フレンチ）
バル・デ・オジャリア　（スペイン料理）
BREADLINE　（ショット・バー＆アブサン）
東晨洋酒　（山梨のワイナリー）
池袋エールハウス
モンゴル料理「故郷」
そのほか多数

ほか、多数の書籍、雑誌、ウェブ・ページを参考としました。
なお、本書の取材のために飲み歩いた、お酒スポットにつきましては、
筆者のブログ「黒い森の祠 http://suzakugames.cocolog-nifty.com/」でも
レポートしております。

索引

■あ

アイリッシュ・ウィスキー	227
赤酒	080
アクア・ヴィタエ	025,208
アスク・ボー	213
アセトアルデヒド	083
アダム	152
アッティラ大王	034
アドヴォカート	288
アドニス	038
アド・パトレス	041
アブサン	283
アマテラス	044
天野酒	099
アマレット	286
アムリタ	057
阿剌吉酒	211
アラック	210
アランビク	017
アリアドネ	139
アル・カポネ	233
アレキサンドロス大王	147
泡盛	263
アンゴスチュラ・ビター	280
アンブロシア	037
イカリオス	136
イエス	157
イシス	125,193
イシュタル	120
イナンナ	122
イブ	152
煎酒	101
ウィスキー	212
ヴェネンシア	180
ウォッカ	248
ウシュク・ベーハー	213
エーギルの大鍋	195
エール	198
エッセンス法	273
エリクシール	271,279
エリゴネー	136
猿猴	320
オイネウス	142
オグン	066
大気津比売	047
大物主大神	090
大山咋神	087
オールド・トム	245
オシリス	125,193
お屠蘇	290
オバタラ	066
澱引き	099

■か

カクテル	292
糟湯酒	095
カルヴァドス	241
関羽	324
カンパリ	281
ガンブリヌス	194
甘露	062
儀狄	317
ギムレット	246
曲	314
キリスト教	151,159
ギルガメシュ叙事詩	119,187
禁酒法	232
菌類	022
クヴァシル	041
クース	265
クー・フーリン	215
果酒（クオンチュウ）	314
久斯之神	089
口噛み酒	043
グラッパ	241
クラテル	149
グルジア	116
グレーン・ウィスキー	214
クレメンタイン	230
黒酒	078
グロッキー	256
クロノス	036
ゲスチン	116
ケルト神話	218
原爆酒	334
麹	073
麹曲	315
国産ワイン	177
コーシェル	156
古酒	107
コニャック	238
コリン・ウィルソン	218
混成酒	018

■さ

サーブ	020
サイドカー	307
酒解神	086
酒解子	086
酒人王	094
酒塚	102
酒虫	328
サトウキビ	256
サバージオス	143
シェイク	299

349

ジェニパー	242
シェリー	179
ジャック・ダニエル	232
シャムシード王	117
シャルトリューズ	278
シャルルマーニュ	168
シャンパーニュ	172
熟成酒	024
酒窖	315
守護聖人	160,163,204
酒星	316
酒池肉林	322
酒呑童子	105
酒礼	321
小曲	315
蒸留器	017,208
蒸留酒	017,208
蒸留法	273
植物酵素	022
ジョハネス・カミニウス	219
ジョン・バーレイコーン	222
シリス	189
白酒	076,078
ジン	242
シングル・モルト	221
新酒	024
浸漬法	273
少彦名神	088
スコッチ・ウィスキー	220
スサノオ	044,080
須須許理	092
スターター	021
ステア	299
スノー・スタイル	300
スピリタス	253
スピリッツ	209
スラー	059
スロー・ジン	248
清酒	024
生命の水	025,208
ゼウス	035,128
セクメト	193
セムス	126
セメレー	142
聖アルノー	204
聖アルノール	204
聖ヴァンサン	162
聖ヴィヴィアナ	167
聖ウェンツェスラウス	206
聖ウルバン	161
聖ゲオルグ	165
聖シクストゥス	165
聖ドロアテ	206
聖ネポムク	164
聖パトリック	215
聖ポニファティウス	205
聖マルタン	166
聖マルティヌス	205
聖ヨハネ	163
聖ラウレンティス	165,205
醸造酒	017
僧坊酒	097
ソーマ	053
素材由来菌	021
焼酒、焼酎（ソジュ）	331
ソレラ	181

■た

大曲	314
タウザー	223
唾液	021
高橋活日	091
濁酒	023,075
竹鶴政孝	234
樽熟成	215
タンカレー	246
タンムズ	120
チチャ	051
酎ハイ	308
チュツオーラ	067
酒道（チュド）	332
超人ネイガー	094
長幼有序	333
鴆酒	324
清酒（チンジュ）	330
ツイスト	300
ディオニュソス	127
ディオニューシア祭	145
テキーラ	260
デコレーション	300
テネシー・ウィスキー	232
電氣ブラン	308
同心酒	326
ドゥムジ	122
杜康	318
刀自女	084
ドブロク	075
トム・コリンズ	305
豊受大神	046
ドランブイ	278
トリアイ	037

■な

灘の生一本	102
ナッツ	272
ナツメヤシ	067
ナポレオン	249
ニガヨモギ	283
ニシカシ	189
日本酒	095

庭酒	074
ネクタル	037,038
ネルソン提督	257
ノア	151

■は

バー	296
パーコレーション法	273
バーテンダー	296
バーノン提督	256
ハーブ	271,277
バーボン・ウィスキー	228
白酒（パイチュウ）	313
ハイドロメル	031
ハイボール	236
ハオマ	060
バカルディ	258
羽衣伝説	048
パスツール	175
蜂蜜酒	030
バッカス	148
バッコスの信女	133
馬乳酒	068
ハネムーン	026,033
半人半蛙半文有孔鍔付樽	072
パンチ	294
ハンムラビ法典	190
火入れ	100
ピール	300
ビール	184
ビール純粋令	200
火の酒	209
ヒラルディア	260
ピルグリム・ファーザーズ	201
ピルスナー	202
ビルド	300
フィロキセラ	176
フェミ・クティ	188
フェルデナンス・ラム "19"	258
フォア・ローゼス	230
ブラッディ・マリー	306
フランジェリコ	287
ブランデー	237
ブランデー・グラス	239
プリマス・ジン	244
フルーツ・ブランデー	241
フルーツ・リキュール	271
プルケ	260
ブルゴーニュ	171
ブレンデッド・ウィスキー	221
ブレンド	300
ベネディクティアン	277
菩提泉	098
ポチーン	227
ホッピー	309
ポプロ	276
ボルドー	171
黄酒（ホワンチュウ）	312
ボンベイ・サファイア	246

■ま

マール	241
マイナス	132
松尾様	087
マッコルリ	329
マティーニ	301
マデイラ・ワイン	178
マヤウェル	263
マリアージュ	173
マンドラゴラ	281
マンハッタン	304
ミード	030
ミードラバー	032
ミシ	050
水割り	235
瓶落の酒山	075
酒造司	094
ミノタウロス	140
味醂	108
ミント・ジュレップ	231
メンデレーエフ	252
モニュマン・ブルー	189
モヤシ	185

■や

薬酒（ヤオチュウ）	313
薬酒（ヤクチュ）	330
八塩折之酒	080
ヤシ酒	063
ヤマタノオロチ	080
ヤマタケル	082,104

■ら

らい酒	321
ラム	255
ランビック	202
リキュール	270
リグ・ヴェーダ讃歌	054
利久酒	289
リケファケレ	274
李白	326
リュウゼツラン	260
リンス	300
レディ・ゴディバ	287
ロキ	199
ロソーリオ	275
ロバート・バーンズ	222

■わ

ワイン	112

Truth In Fantasy 88
酒の伝説
2012年5月28日 初版発行

■著者	朱鷺田祐介（ときた・ゆうすけ）
■イラスト	有田満弘
	川島健太郎
	那知上陽子
	原田みどり
■編集	上野明信
	株式会社新紀元社 編集部
■デザイン	スペースワイ
■発行者	藤原健二
■発行所	株式会社新紀元社
	〒160-0022
	東京都新宿区新宿1-9-2-3F
	Tel. 03-5312-4481
	Fax. 03-5312-4482
	http://www.shinkigensha.co.jp/
	郵便振替　00110-4-27618
■印刷・製本	株式会社リーブルテック

ISBN978-4-7753-0697-0
定価はカバーに表示してあります。
Printed in Japan